人类学研究

庄孔韶 主编

第叁卷

U0692993

ZHEJIANG UNIVERSITY PRESS
浙江大学出版社

图书在版编目（CIP）数据

人类学研究. 第3卷/庄孔韶主编. —杭州：浙江
大学出版社，2013.7
ISBN 978-7-308-11821-7

Ⅰ.①人… Ⅱ.①庄… Ⅲ.①人类学－研究 Ⅳ.
①Q98

中国版本图书馆 CIP 数据核字（2013）第160609号

人类学研究. 第 3 卷

庄孔韶　主编

责任编辑	王志毅	
文字编辑	周元君	
出版发行	浙江大学出版社	
	（杭州天目山路148号　邮政编码310007）	
	（网址：http:// www.zjupress.com）	
制　作	北京百川东汇文化传播有限公司	
印　刷	浙江印刷集团有限公司	
开　本	710mm×1000mm　1/16	
印　张	16.5	
字　数	270千	
版印次	2013年8月第1版　2013年8月第1次印刷	
书　号	ISBN 978-7-308-11821-7	
定　价	45.00元	

版权所有　翻印必究　印装差错　负责调换

浙江大学出版社发行部联系方式：（0571）88925591；http://zjdxcbs.tmall.com

浙江大学社会科学研究院资助

人类学研究第叁卷编委会

主　　编　庄孔韶

副 主 编　景　军

编辑委员（发起人）　庄孔韶　景　军　张小军　阮云星　赵旭东
　　　　　　　　　黄剑波　杜　靖

本期执行主编　张小军

美　　　工　张　锐

国 内 联 系 人　张猷猷

通 讯 地 址　浙江省杭州市西湖区玉古路浙江大学求是村 11 幢 506 号

邮　　　编　310013

电 子 邮 件　zyy123828@163.com

国 外 联 系 人　方静文（Fang Jingwen）

通 讯 地 址　Harvard-Yenching Institute，Vanserg Hall，Suite 20,25
　　　　　　Francis Avenue，MA 02138

电 子 邮 件　shamrock410@126.com

启真馆 出品

目　录

专题研究

001/　客家特性形成过程之研究
　　　——兼论民国初期著名军政人物的家族世系问题
　　　　　　　　　　　　　　　　　　　　　　　　瀬川昌久

033/　本土化的政治
　　　——基督教与清末民初的温州地方社会　　　　朱宇晶

077/　现代性的游移
　　　——清华学校的时间、空间与身体规训（1911—1929）　陈　晨

129/　清以来山西水利社会中的宗族势力
　　　——基于汾河流域若干典型案例的调查与分析　张俊峰　张　瑜

理论研究和学术史

171/　中介理论：以临床人类学重构人文科学
　　　　　　　　　　　　　　　　　　　　　　　阿梅尔·余埃特

211/　任乃强和他的《西康图经》
　　　　方志的"经世"情怀　　　　　　　　　　　徐振燕

251/　作者简介

255/　编后记

客家特性形成过程之研究

——兼论民国初期著名军政人物的家族世系问题

［日］濑川昌久 著，钱 杭 译❶

摘要：本文的目的是揭明客家在前近代至近代的中国历史演变中逐渐形成的过程。一批客家出身的民国著名军政人物的所谓"客家"性，是由罗香林所代表的客家民系研究者和赞扬者在事后附加上去的，至少那些被强化了的"性格"是被夸张了的。笔者的意图并非要挖掘这种"客家系著名人物理论"的虚构性本身，而是希望解释并理解这种赋予著名人物以"客家"性的过程。作为一种社会现象，某人的族群来源，其实是由他人构成的，具体做法就是把某一个人的行为和性格，与某种被当作族群性范畴的综合特征联系起来；同时，为了使这种联系得到社会的广泛认可，还需要正确地援引被当时社会作为本源性纽带予以公认的一些关系。像这一遵照正确句法而主张的族群意识，经社会接受和累积下来，贡献于将这种族群范畴的"特性"、"本质"作为一种稳定存在物的循环推进过程之中。对民国时期一批著名人物的归属族群所作分析，与用既定的族群性概念对"地域"、区域社会一类社会集团进行的描述式分析差异甚大，并且是一个更为动态的过程。

关键词：客家；族群特性；民国时期中国著名人物；孙中山

一

本文分析的是民国时期的一批著名政治家、军事家，尤其是那些被看作"客家系"人物的家族世系、个人经历和事业功绩；同时，还研究了把他们认定为"客家系"的依据和这些依据的形成背景。这是一个系统工程中的一环，其目的是揭明客家作为汉族的一个"亚族"（sub ethnic）范畴在

❶ 濑川昌久（Masahisa Segawa），国立东北大学东北亚研究中心教授。钱杭，上海师范大学中国近代社会研究中心、人类学教研室教授。

前近代至近代的中国历史演变中逐渐形成的过程。

以往的族群（ethnic group）研究，都以达致某种规模的社会集团以及支撑着它的文化整合为前提。在这类研究中，某一特定族群所拥有的特性，或者与这些特性相对应的一系列指标，均被看作是以集团规模存在并保持着的；而独立个人的言行、意识等因素，则被置于研究视野之外；在这之后，对"与族群有关的现象"（ethnicity **①**）展开的研究，就因为行为和认识主体的问题而转移了重点。在讨论与族群有关的各类现象时，虽然已经内含了某些本源性的纽带和指标，但在最终的意义上还是要把它还原为以行动为基准的主体的认识问题，因此仍然带有依客观状况而定的工具论性质。

即使在汉族多样化的次级分类中，客家也具有格外突出的特征和特殊性。有大量的纯学术性和普教性著作描述过客家"民系"或"族群"的特异性、优秀性以及历史延续性，在这一点上，汉族的其他亚群没有一个比得上它。目前已经确立并实际存在的关于客家的各种理论，带有相当明显的本源性和集合性特点。但是，这样一种客家形态的形成，并不是很久以前的事；其主体部分，只是展现在中国近代史的脉络中，而且还与一些具体的个人行为、认识，以及对他们的解释有着密切关联。

本文聚焦于民国时期活跃在军政舞台上的"客家系"著名人物，通过他们来揭示客家的形成过程；概言之，就是要努力说明这类"个人"性的要素，是以一种什么样的形式逐渐与一个关系到民族分类的集合性理论结合在一起的。附带指出，本文所涉及的"客家系"名人，主要限定于广东人，那里不仅是中国革命和中国近代化的先发地区，而且也是近代客家理论的发祥地。

二

民国人物，尤其是民国初期至中期活跃在以革命根据地广东为中心的政局中的一些主要人物，不少都出身于客家。

中国革命之父孙中山出生于广东省香山县（现广东省中山市），众所周知，广东也是清末革命运动的中心之一。辛亥革命前，孙中山在夏威夷创建了"兴中会"（1894），在登录的153名会员中，基本上都是粤系华侨，

---

① ethnicity 的中译语，以"族群性"、"族性"较为普遍，但是按照作者的意见，更符合本文表述的译语是"与族群有关的现象"。——译者按

而且同为香山县的就有 73 人，几乎占了会员的一半❶。不过，其中有多少属于客家系却不大清楚❷。

在这之后，孙中山又成立了"中国同盟会"（1905），会员中有许多人可能属于客家系。根据徐辉琪的研究，1905 年 6 月孙中山在东京召开同盟会筹备会时，联名襄赞的人物中有何天炯、谢良牧，这两位都出生于嘉应州（即今天的广东省梅州市）。另外，在当年入会的人员名册中，明确记载了以廖仲恺为首的 48 名"客籍志士"❸。除此之外，徐辉琪还用表格罗列了同盟会成员中可以确证为出身于"客籍"的 77 人，其中包括邹鲁、姚雨平、陈铭枢等。

同盟会的参与者中包含这么多客家人，因此在辛亥革命成功以前的历次武装起义中，客家系人物就作出了巨大的贡献与牺牲。不过，称这些人为"客籍"的根据，完全是因为他们的出生地是"嘉应州"、"大埔县"、"归善县"等客家传统的居住地区，而并非是详查了他们的家系、方言、自我意识之后作出的评价。这一点必须引起读者的注意。

1911 年 10 月，武昌起义取得成功，武装暴动在全中国迅速蔓延，当时在广州负责管辖粤、桂两省的清廷两广总督张鸣岐闻风而逃，广东政权落入革命派的手中。此时，就任广东都督的是在同盟会中作为孙中山助手的胡汉民，此人非常活跃，在香港指挥革命运动。出任副都督的是陈炯明，他也是同盟会会员，还是惠州地区的民兵首领❹。随后，当孙中山离开避难地日本，回国就任中华民国临时大总统时，胡汉民也应邀到南京，当了总统府的秘书长，广东省的实权则被陈炯明掌握。许多研究者都认为陈炯明也是一位客家系人物❺，但根据却不大充分。同一类人物中还有陈济棠、陈铭枢等人。以下，根据他们的出身、经历来考察他们与客家的关系。

---

❶ 韩志远：《客家人与 19 世纪末 20 世纪初的广东革命运动》，丘权政编：《客家与近代中国》，北京：中国华侨出版社，1999 年，第 126 页注 58。
❷ "兴中会的领导及主要干部可能都是广东人，客家人也不少。"丘权政编：《客家与近代中国》，北京：中国华侨出版社，1999 年，第 121 页。
❸ 徐辉琪：《客家与辛亥革命》，丘权政编：《客家与近代中国》，北京：中国华侨出版社，1999 年，第 81 页。
❹ 吴振汉：《国民政府时期的地方派系意识》，台北：文史哲出版社，1992 年，第 73 页。
❺ 金以林：《客家将军陈炯明与近代广东禁烟禁赌》，丘权政编：《客家与近代中国》，北京：中国华侨出版社，1999 年，第 208 页。Sow-Theng Leong（梁肇庭）：*Migration and Ethnicity in Chinese History*, Stanford : Stanford University Press, 1997, pp. 85, 88.

（一）陈炯明

关于陈炯明，有一种颇为流行的说法，称他出身于客家。例如，丘权政所编《客家与近代中国》一书收录了金以林的一篇论文《客属将军陈炯明与近代广东禁烟禁赌》，文中就明确地把陈炯明定位为"客属"。此外，梁肇庭（Sow-Theng Leong）也把陈炯明当作客家人对待。但是，这些论著几乎都没有提出关于陈炯明客家出身的根据。

据金以林说，陈炯明1878年出生于广东省海丰县，1899年考中秀才，不久之后，清廷宣布废除科举制，实行新教育制度。1904年，海丰县"速成师范学堂"成立，陈炯明入学读书。1906年，进入位于广州的广东法政学堂第一期，1908年，以优异成绩从该学堂毕业。翌年，清廷实行立宪改革。作为新制的一部分，各省纷纷设置咨议局，陈炯明因而当选为广东省咨议局议员。在咨议局中，陈与丘逢甲❶等人合作，提出在粤省禁止赌博等法令❷。

但是，金以林只说陈炯明是一个客家人，却没有拿出足以支持此说的证据。即使在有关陈炯明的年谱资料中，也看不到其客家出身的资料。陈炯明的出生地是广东省海丰县白町乡❸。海丰县内确实有一些地方住着说客家话的人，但那主要是指该县北部与惠东县、陆河县毗邻的丘陵地带，而白町的位置在该县东南部的平原地带。关于海丰县境内方言的分布情况，笔者曾有过详尽的阐述❹，这里再做一个简单概括。

在海丰县西部丘陵地带的腹地，少数民族的村子只有一个畲族村，除此之外的居民都是汉族。不过，海丰县的汉族很复杂，使用的语言有所谓"福佬话"、"客话"、"白话"、"尖米话"等4种❺。其中"福佬话"属于闽南语系方言，包括汕尾市在内的海丰县目前有80％左右的居民说这种话，涉及全县24个乡镇中的18至19个乡镇。分布的范围也非常广，以海丰县城为中心，绵延到后门、赤坑、大湖、汕尾、马宫等中部、东南部和沿海地区。由于这是一种被海丰县多数居民使用的语言，所以通常也被称为

❶ 丘逢甲，台湾客家出身，曾举行起义反对日本占领，失败后逃亡广东，加入同盟会参加辛亥革命。

❷ 金以林：《客家将军陈炯明与近代广东禁烟禁赌》，丘权政编：《客家与近代中国》，北京：中国华侨出版社，1999年，第208—211页。

❸ 《汕尾市人物研究史料（陈炯明与粤军研究史料）》（第一辑），汕尾市人物研究史料编纂委员会编，1994年，第41页。

❹ 濑川昌久：《广东省海丰县汉族地方文化与宗族》，《东北亚研究》2002年第6号，第1—25页。

❺ 杨必胜、潘家懋、陈建民：《广东海丰方言研究》，北京：语文出版社，1996年，第1页。

"海丰话"。

"客话"就是指客家方言，以海丰县东北部的黄羌、平东为中心，全县人口中有大约20％的居民说这种话。另外，该县西部的赤石、鹅埠、小漠地区，据说也有一些人说"客话"❶。"白话"即广东话（粤语），住在汕尾周边地区的一批所谓"深水渔民"都说这种话，人口大约在7000至8000人左右，其中大部分都是近100年间从粤西逐渐移居到此地的。第四种方言称为"尖米话"，分布在该县西部邻近惠东县的地区。尖米话和粤语、客话之间虽然存在着一些共同的要素，但总的说来是最接近粤语的一种"混合型方言"❷。使用这种语言的总人口，如果包括惠东县东部的居民在内，大约有7万人。

笔者于2001年、2002年两度赴海丰县实地调查。据现在海丰县城的居民说，白町周围住的人都说"海丰话"，就此而言，陈炯明不可能是客家人。陈姓是海丰县的大姓，其中大多数人也都讲"海丰话"。由于找不到有关陈炯明在实际生活中所讲语言及其家系的资料，因而无法证明以上所说就是确定无疑的事实，但他是个说"海丰话"的福佬系人物则是有可能的。

陈炯明被当作"客家出身"的具体过程虽然不大清楚，但有一个原因可能导致人们得出这个结论，那就是海丰县所处的地理位置。如上所述，大多数海丰人都讲闽南语系中的海丰话，从文化上来说，海丰与东面的潮州、汕头地区有很高的近缘性。但是，由于自民国以来，海丰与东邻的陆丰县同属惠州府管辖，因此，在许多时候海丰就被看作是"东江地区"的一部分；而东江一向又作为与梅县地区相同的客家中心地区而闻名于世，因而人们很自然地就作出了"陈炯明＝出身东江＝客家人"的推论。加上陈炯明的军队中有许多人都出生于东江地区，而且当"二次革命"失败，以及与孙中山破裂被逐出广州政界后，陈也一直把东江作为潜伏地伺机反抗，他的军事基础就建在东江。以上这些可能都是事实，但能够直接证明他本人是客家出身的证据却没有。

罗香林在1933年出版的《客家研究导论》一书的最后一章中，虽然力持辛亥革命后客家系人物在近代中国政界中作出巨大贡献的观点，但关于陈炯明的表现却说得相当含糊。罗香林除了明确地将陈铭枢、姚雨平、邹

---

❶ 杨必胜、潘家懿、陈建民：《广东海丰方言研究》，北京：语文出版社，1996年，第1页。
❷ 杨必胜、潘家懿、陈建民：《广东海丰方言研究》，北京：语文出版社，1996年，第2页。

专题研究

鲁等人看作客家人外，还同时提到了陈炯明。作为一个系列性的记载，这种写法虽然也可以看作是把陈炯明当成客家系人物中活跃的一部分，但如果仔细阅读，会发现书中其实并没有断言他也是客家人 ❶。这或许能说明罗氏本人尚未确信陈炯明的民系属于客家系，也有可能是因为罗氏不愿把这个曾与孙中山反目的陈炯明，收入在近代中国历史上建立过功勋的客家系人物的名单中。

陈炯明现在之所以被人们说成是客家人的背景，与最近出现对陈炯明重作评价的动向有着很深的关系。由于陈氏曾与孙中山对立并被驱逐出政界，其反面人物的形象一时难以否定，因此只能对他主政广州期间实施过的一些政策给予某种正面意义的评价，于是就产生了把他算为客家系著名人物之一的愿望。在这个过程中，陈炯明的出生地海丰县属于东江一隅的看法，可能发挥了重要作用。

（二）陈铭枢

陈铭枢虽出身行伍，但与陈济棠、张发奎等粤籍军人不同，他是一个通过在中央政界的活动而驰名中外的人物。1891 年，陈铭枢出生于广东省合浦县曲漳乡，毕业于保定军官学校，后加入李济深的粤军，参加了辛亥革命。

据孙思源说，陈铭枢是合浦县的客家人。母亲很早去世，颇受父亲和继母的虐待，不得已离家出逃，在大廉峒福禄乡的外祖母家长大成人。16岁进入广东陆军小学，不久参加同盟会，结识邹鲁、姚雨平等客家系同盟会成员 ❷。"广东省合浦县"是当时的行政区划，现属广西壮族自治区北海市。合浦位于广西南部沿海，与北邻的玉林等县一样，是广西境内客家聚居较为集中的地区之一，因此可以设想他或许是一位把客家话当作母语的人。罗香林在《客家研究导论》中，也把陈铭枢视为客家系著名军人之一。

陈铭枢最初加入粤军时的上司李济深，是广西东部苍梧县人，后来在福建"人民革命政府"、"中华民族革命同盟"、"国民党革命委员会"中，两人曾有密切的合作。然而，李济深似乎不属客家系。吴振汉指出，根据使用的不同方言，可以把民国时期颇为活跃的一批桂系政客和军人区分为

---

❶ 罗香林：《客家研究导论》，希山书藏 1933 年初版，上海：上海文艺出版社，1992 年影印版，第266 页。

❷ 孙思源：《客家名将陈铭枢与民联》，丘权政编：《客家与近代中国》，北京：中国华侨出版社，1999年，第 296—297 页。

四个类型。第一，出生于广西东部、讲"白话"亦即粤语的人，代表人物是李济深❶；第二，出生于桂林等讲普通官话地区的人，李宗仁、白崇禧就属于此一类型；第三，出生于广西西部、讲"土话"亦即壮语的人，比如陆荣廷等；第四，散居于各地的说客家话的人，如俞作柏等❷。

综观陈铭枢的生平事迹，当他加入同盟会时，会中确实已有许多客家系前辈，这一点应无疑问。徐辉琪回忆说，陈铭枢之所以会在陆军小学读书时就加入了同盟会，是因为在比他高一级的第一期学生中，有个名叫陈汉柱的同盟会会员，他是客家人，同样说客家话，在用客家话宣传"排满兴汉"思想时，令陈铭枢产生共鸣，因而决定入会❸。陈铭枢后来率领的粤军第十军和国民党军第十一路军，都是以粤籍士兵为主的部队，其中肯定也包含了很多客家人。

但是，如果追寻陈铭枢在中央和广东政界留下的足迹，却很难说他的活动都建立在客家系的人脉基础上。如前所述，他的长期盟友李济深是一个说"白话"的广西本地人，而不是客家。另外，他与同为广东客家系军阀的张发奎和陈济棠的政治路线、政治倾向也不一致，尤其是从陈铭枢加入蒋介石阵营的1927年至1932年这5年中，与反蒋势力处于反目成仇的状态，有时甚至兵戎相见。与张发奎、陈济棠相比，陈铭枢没有很明显的广东乡土意识和受地方利益支配的色彩；即便从他在上海成立神州国光社，宣扬国粹主义思想的倾向来看，也令人感到他的民族同一性已经超越了狭隘的地方主义。

（三）陈济棠

陈济棠出身客家的问题，在罗香林《客家研究导论》中有记载❹。另外，梁肇庭也认定了陈济棠的客家身份❺。陈济棠的老家是防城县（现属广西），位于靠近雷州半岛以西的沿海地区；就像陈铭枢的合浦一样，是中华人民共和国成立后由广东划归广西的。该地处于中国大陆海岸线的西南端，

❶ 李济深出生于广西。但梁肇庭却认为李济深是江苏人，可惜没有提出证据。Sow-Theng Leong（梁肇庭）：*Migration and Ethnicty in Chinese Histoiry*, Stanford: Stanford University Press, 1997, p.89.

❷ 吴振汉：《国民政府时期的地方派系意识》，台北：文史哲出版社，1992年，第127—128页。

❸ 徐辉琪：《客家与辛亥革命》，丘权政编：《客家与近代中国》，北京：中国华侨出版社，1999年，第87页。

❹ 罗香林：《客家研究导论》，希山书藏1933年版，上海：上海文艺出版社，1992年影印版，第271页。

❺ Sow-Theng Leong（梁肇庭）：*Migration and Ethnicty in Chinese Histoiry*, Stanford: Stanford University Press, 1997, p.88.

专题研究

人类学研究院

离越南边境不远，住着不少客家系居民，罗香林在《客家研究导论》中，也把合浦、钦县、防城3县归入"非纯客住县"之列❶。因此，陈济棠很可能把客家话作为自己的母语，或者他是移民的后代，来自系谱上讲客家话的人群所聚居的地区。

然而，我们却无法明确看到陈济棠到底是如何把"客家"这一自我意识，作为一种根据体现在自己的政治军事行动中的。与陈铭枢不同，陈济棠的基本视野不是全国性的，而带有很强的地方色彩。但那种地方色彩的框架结构，却始终是"广东"或者是"两广"，而不是"客家"。

与南京中央政府呈半独立状态的"西南政务委员会"的组成人员以粤籍人士为主，同时也包含了一批桂系盟友。委员会的核心成员中有胡汉民派元老邓泽如、邹鲁、唐绍仪，有与陈济棠关系密切的林翼中、区芳浦以及桂系军阀李宗仁、白崇禧等。在这个核心中，真正算得上是客籍的仅有邹鲁（今广东省梅州市大埔县）、林翼中（今广西壮族自治区北海市合浦县）2人，其他如邓泽如（今广东省江门市新会区）、唐绍仪（今广东省中山市）、区芳浦（今广东省南海市）等人，若就他们的出生地来看，说他们都是客家系也不是没有疑问的。此外，需要特别指出的是，陈济棠权力的扩大，是因为将张发奎、陈铭枢这样一些同为客家系的军人驱逐出广东政界后才实现的。

在当前对所谓近代中国"客家系名人"的评论中，陈济棠只不过被间接性地提到。例如，丘权政在《客家与近代中国》一书中盛赞陈炯明、陈铭枢、张发奎等一批客家系军、政人物在近代中国历史上留下的足迹，其中也没有提到陈济棠是"客家系名人"。至少和陈铭枢、张发奎这些在全国性的军、政舞台上建立了显著功勋的人不同，陈济棠作为粤籍军阀，又是一个推行"独裁"统治的人物，恐怕难以在评价时成为赞扬的对象。除此之外，他在语言、系谱和人际关系上是否具备客家人的特性，目前也还是一个不够明确的问题，这些都可能成为导致出现以上情况的原因。

（四）其他人

民国时期还有不少与中国当时的军政事务有关的客家系著名人士，如廖仲恺、邓铿、邓演达、黄琪翔、陈公博、姚雨平等。另外，即便不属于上述第一流人物，但出于军事方面的原因而成为民国社会基层中坚的人们

---

❶ 罗香林：《客家研究导论》，希山书藏1933年版，上海：上海文艺出版社，1992年影印版，第96页。

中，也有许多是客家人。不过，把这些人认定为"客家系"的根据却包含着某种随意性和含混性。因为从最早涉及此一问题的罗香林以来，在认定某人为"客家系"时，出生地就一直是一项最重要的根据。

例如，罗香林在《客家研究导论》一书的结尾处列举了一批客家出身的"政治大家"及"军事著名人物"，他说：

客家现在，很不少政治大家，如大埔邹海滨（鲁）先生，东莞黄宠惠先生，合浦林翼中先生，兴宁罗翼群先生，始兴陈公博先生，大埔范其务先生，梅县曾褰先生，平远曾养甫先生，兴宁刀敏谦先生，等等，都是和中国政局关系极大的，他们行动的重要，一般人都很清楚，这里用不着再录。……客家现代军事上的闻人，有梅县黄慕松先生，合浦陈铭枢先生，防城陈济棠先生，始兴张发奎先生，惠阳翁照垣先生，龙川黄强先生，五华缪培南先生，合浦香翰屏先生，梅县黄琪翔先生、黄任寰先生。他们的行动，都是和时局关系极大的，明眼人谁个不知，这里亦不用赘述了。❶

这样一种界定"客家人"的方法，至今仍然没有多大改变。比如在张天周关于黄埔军校与客家人之间关系的一篇论文中，就是这样来讨论廖仲恺的：

廖仲恺，广东省归善县（今惠阳）陈江镇鸭仔步村（今陶前村）人。由于惠阳是纯客家地区，因此廖的祖先无疑是客家人，而他当然就是客家人后裔。❷

张天周还讨论了黄埔军校毕业生中有多少客家人的问题，但他认定客家人的方法仍然与罗香林一样："从黄埔一期至四期，粤省纯客住县出身者上升至 200 人。"❸所谓"纯客住县"或"非纯客住县"一说，当然就是罗香林首先在《客家研究导论》中所用的说法❹，自罗氏以后的许多研究者也用这两个术语来称呼不同类型的客家聚居地。

在收入《客家与近代中国》一书的另一篇论文《客家与辛亥革命》（作

❶ 罗香林：《客家研究导论》，希山书藏 1933 年版，上海：上海文艺出版社，1992 年影印版，第 271 页。

❷ 张天周：《客家人与黄埔军校》，见丘权政编：《客家与近代中国》，北京：中国华侨出版社，1999 年，第 128 页。

❸ 张天周：《客家人与黄埔军校》，见丘权政编：《客家与近代中国》，北京：中国华侨出版社，1999 年，第 135 页。

❹ 罗香林：《客家研究导论》，希山书藏 1933 年版，上海：上海文艺出版社，1992 年影印版，第 94—102 页。

专题研究

为客家人的选择标准，也是其出生的县。具体说来，就是把出生于嘉应州（梅县）、兴宁、归善、大埔、镇平（蕉岭）、五华、平远、福建永定、福建长汀等"纯客住县"者，以及出生于合浦等部分"非纯客住县"者列为客家人。当我们准备把"客家"界定为一个族群性的范畴时，其界定方法最好要能体现各种要求，如该族群的文化属性（使用何种方言），基于祖先系谱的血统认定，以及纯粹出于主体意识的自我认同，等等。其中最后一种探寻个人归属意识的界定方法，最终的结果将归结到一些属于个人内源性层面的问题；如果现在就有可以详细说明这类内心意识的资料当然不成问题，如果没有，那么这种探寻在方法论上便具有了某种不可知的色彩。此外，依据系谱作出的界定方法，对能够得到当事人家系资料的情形而言固然很有效，但即便是著名人物，这种性质的资料也并不容易找到。在这种情况下，为了简便地辨别是否为客家系人物，一种快速有效的方法，即如前所述，依据某人出生的县份。

不过，就方法论而言这里确实存在着一些重要的问题。第一，即便是所谓的"纯客住县"，说客家话的也未必会占总人口的100%，县内应该还包括一定数量的外来人口或说其他方言的人；如果出生于所谓"非纯客住县"，那么其人是否是客家人，就更加不容易确定。由于这种统计上的不明确性，就产生了更重要的第二个问题，即根据这种性质的居住地来界定客家的方法，本身就意味着是按外部因素来确定某人是否属于客家系。也就是说，一个人的家族世系或自我意识如何可以不问，仅凭其出生于所谓"纯客住县"，居然就可以被认定具有了"客家人"的资格。这不仅是一种循环论证法，而且还把对客家身份的认定问题，与当事人的意识和文化属性分离开来，完全还原为对其出生地的确认。由于这种方法可以在没有讨论对象的详细资料的情况下也能"简便"地认定其为客家人，因此，为了把历史上的闻人、功臣说成"客家系"，并有意识地构筑起所谓"优秀性"和"美德"理论，它就成了一种非常有效的手段。

三

（一）罗香林理论：孙中山是客家

中国革命之父孙中山，是近代中国著名人物中最出类拔萃者，即便在日本，他的名字也是家喻户晓的，并且大家也都知道他是一个广东人。另外，孙中山属于"客家系"的说法，虽然未必达到普遍流传的程度，但在充斥于坊间书架上关于客家的通俗读物中，仍有不少书介绍他是一个客家人❶。

早在 1933 年，罗香林就在《客家源流导论》一书中概述了孙中山是"客家人"的观点。该书引用了出生于梅县的古直 1930 年出版的《客人对》一书的自跋：

> 此文成后，友人为予言曰：孙中山先生，亦客人也，何以不及？予往阅林百克《孙逸仙传记》，先生自言家庙在东江上，迁于翠亨，只数代耳。夫东江者客人聚处之域，而先生兄弟平日善为客语，又人人稔知，指为客人，诚非无据，然予终以审慎，故不敢著录。项中央党史编纂会，考查先生原籍，距石龙不过三十里，则益近真际矣！特书此，以待质定。❷

罗香林还自引了本人对古直所著写下的一段评论：

> 愚按孙公祖先，确为客籍。去年春，郭冠杰先生尝为予言："光、宣之际，有梅人某君，尝以革命事，往谒孙公。初相见，某君强操国语，顾字音不正，出口维艰，孙公睹状，慰曰：听君语，粤人也，盍以粤语谭论可乎？某乃改操广州白话，顾亦不熟，所言多不达意。孙公曰：子殆客家人乎？吾当与子讲客话也。某怪孙公能客语，叩曰：总理亦学客话乎？孙公曰：吾家之先，固客人也，安得不解客话？"又闻之范捷云（锜）师云："孙中山，实客家人与广府本地系之混血种，所居翠亨，原字菜坑，盖客家移民，初以种菜为生，故以菜坑名村也。"郭、范二先生，学问为时贤所敬，平日热心是非之辨，兹所论述，当可置信。林百克（Paul Linebarger）《孙逸仙传记》（*Sun Yat-sen and the Chinese Republic*）第一章谓孙公祖祠，在东江东莞。中央党史编纂会，谓孙公原籍，距石龙不过三十里，按其地望，亦在东莞县内，而东莞则固至今尚为客人与本地系人杂居之地。夫孙公已自言先代本为客籍，而原居东莞，又确有客家杂居，则孙公上代为客家之一，不待辨而明矣！然而孙公本人，则不能因此遂谓其为纯客人也，何则？林百克《孙逸仙传记》第四章，曾述孙公家庭，谓孙公生母，实曾缠足。考客家妇女，从无缠足之风，孙公生母必为广府本地系人，据此，

❶ 如高木桂藏：《客家——中国内部的异邦人》，东京：东京讲谈社，1991 年；林浩：《掌握亚洲世纪钥匙的客家原型》，东京：东京中央公论社，1996 年，等等。
❷ 罗香林：《客家研究导论》，希山书藏 1933 年版，上海：上海文艺出版社，1992 年影印版，第 263 页。

则范先生之言，益为不刊之论矣！❶

　　罗香林接着作了以下的分析：

　　这是两三年前旧话了。为着要彻底了解孙公的系籍问题，我曾特地去翠亨调查过一回，在翠亨距孙公故居不过二十步左右的中山农事试验场办事处住过两天。据个人调查观察参合比证的结果，昔年那篇短文论述各点，幸皆没甚谬误。孙公上代，原住紫金，后迁东莞，至十二世连昌公，复于康熙间与子迥千，迁香山县（今改中山县）东镇（今称第四区）涌口门村，与邻居不很融洽，故数传又迁同镇翠亨村，后来与本地系互通婚媾，至孙父达成（字道川）时，已是本地化了。孙母杨氏，及原妻卢氏，皆为曾经缠足的本地系人，孙公的姊（适杨）妹（已故），亦曾缠足，孙公父子，尚能客语，但他姊妹和母、妻，则已只操本地系白话了。翠亨村距石门坑凡四里，周围凡二十四村，就中除翠亨及迳仔路村外，其余都是纯粹的客家村落，孙公上世，种种经历，及其与客人和本地人的关系，各村老年人，多少还知道一点。据他们说："客人和本地人，到现在还是不很和睦，惟翠亨孙家，则自来主张互相联合，不肯排客。"这亦足徵他家确是客家与本地二系互相混合化的结果。经过了这次的调查，孙公的系属问题，可说已解决着了。❷

　　随后，罗香林得出了他的结论：

　　孙公是兼具着客家、本地二系特长的伟人。我在《评〈客人对〉》那篇短文并曾说过："……夫孙公，不世出之伟人也。其赋性之坚忍耐劳，冒险进取，其气量之恢宏广大，善能容人，其识见之高超卓逸，不拘末务，实足以代表广府、客家二支汉族之优良族性，谓非广府、客家实行同化之一种善果，不可得也。依不佞愚意，以为孙公人格，已超在客家、广府之上，已非纯粹客人，亦非狭义本地，依实定名，似无庸复以客家或广府诸名目以区别之！……"但此实是含有几分社会作用的言论，究之真际，孙公本人虽非纯粹客人，其事功或不宜归于客家民系；然若依中国"子系从祖"的惯例言之，以其将孙公及其事功，给归其他民系，似乎不如于叙述客家

❶ 罗香林：《客家研究导论》，希山书藏1933年版，上海：上海文艺出版社，1992年影印版，第263—264页。
❷ 罗香林：《客家研究导论》，希山书藏1933年版，上海：上海文艺出版社，1992年影印版，第264—265页。

民系时，权且给归并述，较为合理。质之通人，亦当没甚异议！●

如上所述，1933 年时，罗香林虽然把孙中山的系籍看作是客家人与粤省本地人"混血"的结果，但仍主张，若遵从中国的父系理念，他应该就是客家系人物。然而在罗氏数年以后出版的著作中，关于这一主题，却集中到了仅仅是论证孙中山的家系确实是客家这一点上，并且也不是前文曾提及的所谓"社会作用"，而是致力于考证其父系系谱的连续性问题这一"中国惯例"。

罗香林以孙中山本人所说"家庙在东江公馆村"为线索，前往"东江公馆村"调查，接着又到了紫金县忠坝的公馆背，并由此提出了一个假说，认为那里就是孙中山家系所在故地。在这基础上，他开始在当地寻找文献资料，终于在紫金县忠坝的孙屋排村，找到了一部由孙桂香收藏的《孙氏族谱》旧本，发现其中有这样一段记载："十二世祖连昌公，旧居公馆背，时遭多难，迁徙外地。"由于姓名、年代颇为一致，故得出结论：孙中山的祖先来自紫金县。以下是经罗香林"实证"过的孙中山家系（图 1—1）：

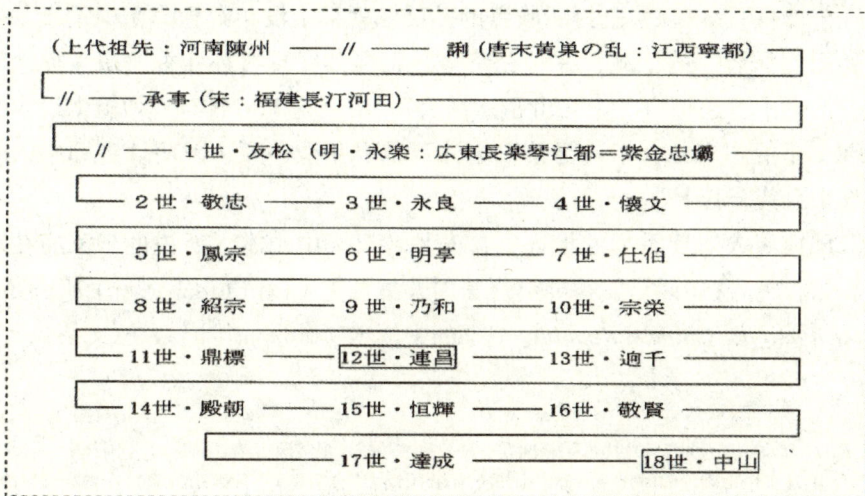

（上代祖先：河南陳州 ── // ── 訶（唐末黄巢の乱：江西寧都）

// ── 承事（宋：福建長汀河田）

// ── 1 世・友松（明・永楽：広東長楽琴江都＝紫金忠壩）

2 世・敬忠　　3 世・永良　　4 世・懐文

5 世・鳳宗　　6 世・明享　　7 世・仕伯

8 世・紹宗　　9 世・乃和　　10 世・宗栄

11 世・鼎標 ── 12 世・連昌 ── 13 世・迵千

14 世・殿朝　　15 世・恒輝　　16 世・敬賢

17 世・達成　　　　　　　　　18 世・中山

图 1—1　罗香林提出的孙中山系谱

罗香林对孙中山"民系"问题的上述考察，从比较灵活的判断逐渐演变为定论式的"客家说"，在其背景中，存在着与孙文家系相关的争论。以

● 罗香林：《客家研究导论》，希山书藏 1933 年版，上海：上海文艺出版社，1992 年影印版，第 265 页。

下，笔者主要参照邱捷、李伯新《关于孙中山的祖籍问题——罗香林教授〈国父家世源流考〉辨误》❶一文，来讨论针对罗香林展开的批评。

（二）对罗香林理论的反驳：孙中山是广东本地人

孙中山的家系源于东莞一说，20世纪30年代时曾为人们广泛接受，在胡去非所著《总理事略》以及国民党党史会1932年所编《总理年谱长编初稿》中，都提到孙中山的祖先是从东莞移居香山的❷。邱捷等人之所以在这里否定罗香林所提孙中山家系之"紫金客家说"，而重新认定"东莞起源说"，所依据的资料，就是孙中山故居翠亨村的一部《孙氏家谱》以及在该村村民中流传的口述史料。

20世纪30年代末，罗香林以《孙氏家谱》记载中存在许多矛盾之处为理由，认为这个资料缺乏可信性，并提出了所谓的"东江假说"，推测孙中山家系的故地可能在东江地区。随后，在东江流域的紫金县，寻访到与孙中山祖先有关联的一部孙氏族谱，并就此得出了上述"结论"❸。

成为罗氏提出"东江假设"根据的，是孙中山本人生前所说"家庙在东江公馆村"，以及翠亨村所收藏的孙氏《列祖生没年纪念簿》中关于"香山始祖连昌公"的记载；并且在紫金县忠坝孙屋排村孙桂香所藏《孙氏族谱》旧本中，还记有"十二世祖连昌公"。由于这个记载与《列祖生没年纪念簿》中的"十二世祖连昌公"名讳、世次完全一致，因而认定孙中山的祖先来自紫金县❹。

邱捷等人对罗香林的批评，首先是针对孙中山本人所说的"家庙在东江公馆村"。这句话是罗香林引自美国人林百克（Paul Linebarger）所著 *Sun Yat-sen and the Chinese Republic* 一书的中译本《孙逸仙传记》。原文是：

---

❶ 邱捷、李伯新：《关于孙中山的祖籍问题——罗香林教授〈国父源流考〉辨误》，中国孙中山研究学会编：《孙中山和他的时代——孙中山研究国际学术讨论会文集》（下册），北京：中华书局，1989年，第2274—2297页。

❷ 邱捷、李伯新：《关于孙中山的祖籍问题——罗香林教授〈国父源流考〉辨误》，中国孙中山研究学会编：《孙中山和他的时代——孙中山研究国际学术讨论会文集》（下册），北京：中华书局，1989年，第2275页。

❸ 罗香林：《国父家世源流再证》，台北：众文图书，1981年，第388页。

❹ 无论是根据地图还是罗香林的记述，公馆村所在的位置都不大明确。紫金县确实位于东江上游流域，县城也位于东江支流的秋香江边，但忠坝乡即如今的中坝镇，位置却在该县的西北部，从水系上来说，位于流向东邻五华县的中坝河上游。中坝河流经五华县后与梅江汇合，进而又与韩江汇合，然后经潮州入海。因此，如果公馆村也同样位于忠坝乡的话，那么它便不在"东江上"，即不属于东江水系了。

第叁卷

……其实我和我的几代近祖，的确是生在翠亨村里的。不过我家住在那里只有数代。我们的家庙，却在东江上的一个龚公村（译音）里。

这段文字的英文原文是：

…Choy Hung…that is the hamlet of my birth, and the birthplace of my immediate forebears. I say immediate forebears, for we have lived only a few generations in Choy Hung. The village of our ancestral temples is at Kung Kun, on the East River.

罗香林认为，中译本中的"龚公"村是"Kung Kun"一词的音译，正确的写法或许应该就是"公馆"村。

关于这点，早在罗香林著作出版之初就有人提出过疑问，认为 Kung Kun 很可能是对 Tung Kun 亦即"东莞"的误记。比如国民党党史委员会的邓慕韩就持有这样的看法，他认为该词的意思，也许是指家庙所在的村子位于东江水系的东莞县境内 ❶。顺便指出，东莞县位于东江下游，但是客家的主要聚居地则在东江中游的惠州以上地区，东莞的主要居民是东莞本地人，也就是以粤语系方言为母语的人。

罗香林对此反驳说，字母 k 与 t 绝不可能混同，故"Kung Kun"不会指"东莞"。他还指出，林百克与孙中山相交多年，过从甚密，作为美国人所撰传记，其客观性亦值得信赖 ❷。

邱捷等人则认为，在林百克的这部著作中还有多处误记，即使是从英语"村庄"（the Village）的顺序来看，把"Kung Kun"看作村名也很不自然，因此，罗香林的解释很难成立。况且孙中山的兄、姐从未谈到过所谓"东江公馆"，就是《孙氏家谱》中也没有任何相关的记录，这都令人感到非常奇怪。因此，"东江公馆村"一说很可能出于罗香林的虚构 ❸。

关于被罗香林当作"紫金说"另一重要根据的所谓"香山始祖＝连昌公"，邱捷等人也提出了疑问。他们指出，虽然罗香林发现的紫金县忠坝孙

---

❶ 邱捷、李伯新：《关于孙中山的祖籍问题——罗香林教授〈国父源流考〉辨误》，中国孙中山研究学会编：《孙中山和他的时代——孙中山研究国际学术讨论会文集》（下册），北京：中华书局，1989年，第2276页。

❷ 罗香林：《国父家世源流再证》，台北：众文图书，1981年，第391页。

❸ 邱捷、李伯新：《关于孙中山的祖籍问题——罗香林教授〈国父源流考〉辨误》，中国孙中山研究学会编：《孙中山和他的时代——孙中山研究国际学术讨论会文集》（下册），北京：中华书局，1989年，第2276—2277页。

专题研究

屋排《孙氏族谱》中确实记有"十二世祖琏昌公",但也只是说这个曾住在公馆村的人移居到了增城而已,去向不明,"于后未知";此人后来从增城迁至香山,完全是罗香林的推测之词❶。

邱捷等人随即又提出孙中山出生的村落不是客家村落。在香山县(现中山市)南部的五桂山地区,有不少客家村落,例如靠近翠亨村的石门、白企等村,都是客家村落。石门甘氏就是清初从紫金移居香山的客家。不过,翠亨村孙氏说的是粤语系的香山本地话,孙中山的母亲、姊妹都缠了足,孙氏各代祖先也都没有与客家通婚的记录。以上情况说明,翠亨村孙氏没有留下丝毫客家的传统。翠亨村孙氏祖先移居香山时所住的涌口村,也属于沿海一带的非客家地区。邱捷等认为,如果孙氏是出生于紫金的客家,那么按常理应该定居于客家村落中才对,但事实并非如此,这也是他们非客家的一个旁证。意味深长的是,他们引用了孙中山本人"不大会听"客家话的传闻❷。不过,关于孙中山本人对客家话的掌握程度,如上一节所述有完全不同的看法,罗香林不但引用了古直和郭冠杰的话,而且证明孙中山可以熟练地说客家话❸。

邱捷等人指出,罗香林的假设是在资料误读的基础上又加以臆测的结果,其结论自然与事实完全不符。基于这一认识,他们重新验证了翠亨村的《孙氏家谱》。上文已经说过,对于这部家谱的真实性,罗香林始终抱着怀疑态度,甚至还否定它就是孙中山家族的家谱。而邱捷等人则认为,就内容而言,这确实是一部孙中山家族的家谱。在国民党时代,国民党党史编纂委员会的邓慕韩曾经抄录过这部家谱,其内容与现存家谱完全一致;家谱中出现的祖先名讳,也可以在村子附近的墓碑上得到确认❹。

从记载的内容来看,这部家谱的编撰年代估计在1880年(清光绪六年)

❶ 邱捷、李伯新:《关于孙中山的祖籍问题——罗香林教授〈国父源流考〉辨误》,中国孙中山研究学会编:《孙中山和他的时代——孙中山研究国际学术讨论会文集》(下册),北京:中华书局,1989年,第2277页。

❷ 邱捷、李伯新:《关于孙中山的祖籍问题——罗香林教授〈国父源流考〉辨误》,中国孙中山研究学会编:《孙中山和他的时代——孙中山研究国际学术讨论会文集》(下册),北京:中华书局,1989年,第2278页。

❸ 罗香林:《客家研究导论》,希山书藏1933年版,上海:上海文艺出版社,1992年影印版,第263—264页。

❹ 邱捷、李伯新:《关于孙中山的祖籍问题——罗香林教授〈国父源流考〉辨误》,中国孙中山研究学会编:《孙中山和他的时代——孙中山研究国际学术讨论会文集》(下册),北京:中华书局,1989年,第2279页。

以后，而且可以断定不是重抄的旧谱，而是一部新谱。邱捷等人根据孙氏一族移居香山后，既缺乏财力，族中又未涌现一批读书人的事实，作出了这一推测。从19世纪70年代至80年代，孙氏家族中出现了一些在海外发财的人，并利用来自海外的汇款开始着手祖墓的迁葬事宜。家谱的编纂很可能与这次墓地改建工程有关❶。

家谱首先叙述了家族祖先墓地的迁葬过程，接着回顾了全族从东莞移居香山的经过，随后谈到在孙氏的第十一世祖时创建了孙氏祠堂。在记录了以上这些内容之后，家谱又记录了孙氏历代祖先的名讳和生卒年份。但是，按世代记叙的各位祖先之间的系谱关系不大明确，此外还有一些信息可能也有一定的缺损和误差。

不过，邱捷等人认为，由于家谱使用了很多当时被视为不规范的异体字和简体字，而且还包含了寡妇改嫁他族等内容，因此可以从反面证明这部家谱不是转抄自族内其他旧谱，其可信性相对较高。罗香林认为，这是一部把迳仔萌❷及左埗头等地不同世系的同姓人糅合起来的大家谱。然而，左埗头孙氏和翠亨孙氏并非什么"别系"，而是在翠亨孙氏六世祖乐南公、左埗头孙氏六世祖乐千公兄弟时才分支出去的同族。至于迳仔萌孙氏，不仅与翠亨孙氏同一祖系，而且本来就是一族。这是因为迳仔萌就是翠亨孙氏曾经所居之地，后来迁移村址，才搬到翠亨村居住，以前的迳仔萌在20世纪30年代就已经成了一片荒野❸。

罗香林认定翠亨村孙氏的始祖是第十二世连昌公，其后4代都是独子"单传"，到第十七世有兄弟3人，长子孙达成即孙中山之父。关于这一点，可能也存在误差。如果按其所述，那么当孙中山出生之时，翠亨村的孙姓应该只有3户，而实际上，当时村里却有8户"同宗"家庭。另外，从翠亨村孙氏祖庙历届重修碑文及散落村边各处的墓碑记载中，也可以确认存在着许多同宗者。由于这些人的世代辈行相同，因而可以证明属于同族关系。根据以上这些情况，邱捷等人判断，罗香林对翠亨村和

❶ 邱捷、李伯新：《关于孙中山的祖籍问题——罗香林教授〈国父源流考〉辨误》，中国孙中山研究学会编：《孙中山和他的时代——孙中山研究国际学术讨论会文集》（下册），北京：中华书局，1989年，第2280页。

❷ 萌，是广东地名中经常出现的一个俗字。

❸ 邱捷、李伯新：《关于孙中山的祖籍问题——罗香林教授〈国父源流考〉辨误》，中国孙中山研究学会编：《孙中山和他的时代——孙中山研究国际学术讨论会文集》（下册），北京：中华书局，1989年，第2281页。

专题研究

那里的孙氏家族状况几乎没有什么了解，同时也可以确认《孙氏家谱》具有很高的可信性❶。

据罗香林所说，翠亨村孙氏始祖是第十二世祖连昌公，他的父亲是紫金的孙鼎标。然而，在《家谱》中，香山孙氏的第十一世祖却是孙瑞英。罗香林认为，关于孙瑞英的记载存在着矛盾，这个孙瑞英不是翠亨村孙氏祖先。所谓矛盾，首先是世代数的问题。罗香林指出，胡去非所著《总理事略》说孙瑞英是第七世祖，相当于清代乾隆年间，从那时起到第十八世孙中山之间若经历了 11 个世代的话，那么每一世代的时间都过于短暂，因此是绝不可能的 ❷。而邱捷等人则认为这不过是对世代有不同的计算方法而已 ❸。比如，胡去非以孙中山本人为第一世，然后逆向反推，把 7 个世代以前的孙瑞英当作第七世祖；与此相反，那种把孙瑞英定位为第十一世祖的方法，则是从所谓的广东始祖（入粤始祖）孙常德开始计算的。

罗香林虽然没有把孙瑞英当作翠亨孙氏的直系祖先，但《孙氏家谱》以及其他讨论翠亨孙氏后裔来历的资料都把孙瑞英称作"初代"定居祖。邱捷等人引用了孙中山之父孙达成与其兄弟联名制作的"合约"文书，证明孙瑞英就是孙中山的直系祖先。20 世纪 50 年代初，一个名叫谭彼岸的人发现了这部合约文书，并作为与孙中山家系有关的新资料加以公布。合约的内容是孙达成兄弟决心共同开发由瑞英公留下的一块迳仔萌荒地。

1964 年，罗香林发表了论文，对这部合约文书提出反论。他认为，中国的土地契约传统中有一种方式，即，如果没有适当的权利享有人，通常会在契约上作出规定，准许外姓人或同姓不同宗的人来使用祖先土地。据此而言，这部文书虽然可以证明孙中山之父，与早于他入住翠亨的近邻、属于不同支系的孙氏家族之间存在着经济上的关系，却不能成为孙达成是瑞英公子孙的证据 ❹。

但邱捷等人则通过重读"合约"原文，指出由于文中有明确记载孙达

❶ 邱捷、李伯新：《关于孙中山的祖籍问题——罗香林教授〈国父源流考〉辨误》，中国孙中山研究学会编：《孙中山和他的时代——孙中山研究国际学术讨论会文集》（下册），北京：中华书局，1989年，第 2282—2283 页。

❷ 罗香林：《国父家世源流再证》，台北：众文图书，1981 年，第 393 页。

❸ 邱捷、李伯新：《关于孙中山的祖籍问题——罗香林教授〈国父源流考〉辨误》，中国孙中山研究学会编：《孙中山和他的时代——孙中山研究国际学术讨论会文集》（下册），北京：中华书局，1989年，第 2283 页。

❹ 罗香林：《国父家世源流再证》，台北：众文图书，1981 年，第 393—394 页。

成、孙学成、孙观成兄弟是瑞英公"嗣孙"的内容，因此孙瑞英毫无疑问应该就是孙中山的直系祖先❶。

作为可以证实此一结论的旁证，邱捷等人还讨论了瑞英公墓茔所在的位置问题。瑞英公墓现在位于翠亨村附近，但本来却在迳仔莨，20 世纪 30 年代和其他孙氏祖先一同迁葬至翠亨村周围。对当时情形尚有记忆的一些老人，都能证明瑞英公墓确实就是那时迁移过来的。罗香林在孙氏祖先迁墓之前曾到这个地区作过访问，那时只能确认第十二世祖连昌公之后的历代祖墓，并无瑞英公之墓，而这也就成了他断定孙瑞英不是孙中山直系祖先的根据。但这只是罗香林当时碰巧没有发现而已，实际上，第十一世祖瑞英公之墓与第十二世祖连昌公之下的历代祖墓都在迳仔莨，后来才一起被移到翠亨村附近。邱捷等人认为，这一过程正可以说明孙瑞英确实是孙中山的直系祖先❷。

罗香林说，翠亨村的孙中山故居中收藏着一本《列祖生没纪念部（簿）》，上面只记载着到第十二世祖连昌公为止的祖先名字，而没有第十一世祖孙瑞英的名字。罗香林把这一事实作为证实其论点的另一项重要依据。邱捷等人则认为，这个文件原本就只记录达成公一家以及第十二世祖至第十六世祖的生卒时间，并无其他内容；至达成公一代，所有去世的家庭成员（包括孙中山的侄子和长女）均有记载，孙中山去世的时间也记下了，因此这并不是孙家历代相传的文献，故而缺少第十一世祖瑞英公以及以前各代祖先的名字，也就没有什么不自然的。另外，这部文书只记载了第十二世至第十六世的直系祖先，省略了旁系祖先，这也是被罗香林误解为孙氏四世"单传"的原因。由于文件的性质是"生没纪念"，所以只能从已查明生卒时间的世代记起；关于孙瑞英，《孙氏家谱》第十一世祖条下注明"生终年月无考"，因此不明生没时间的他当然就无法被记入其中。

罗香林还对《孙氏家谱》中关于"乾隆甲午年十一世祖瑞英公即迁来迳仔莨居住，建造祖祠"的一段记载持怀疑态度，并作为这部家谱的内容

❶ 邱捷、李伯新：《关于孙中山的祖籍问题——罗香林教授〈国父源流考〉辨误》，中国孙中山研究学会编：《孙中山和他的时代——孙中山研究国际学术讨论会文集》（下册），北京：中华书局，1989年，第 2284 页。

❷ 邱捷、李伯新：《关于孙中山的祖籍问题——罗香林教授〈国父源流考〉辨误》，中国孙中山研究学会编：《孙中山和他的时代——孙中山研究国际学术讨论会文集》（下册），北京：中华书局，1989年，第 2284—2285 页。

专题研究

不值得信赖的重要理由❶。根据上述《列祖生没纪念部（簿）》所记孙氏祖先的生没年代来看，第十二世祖连昌公生于 1669 年，卒于 1728 年，第十三世祖迥千公生于 1701 年，卒于 1752 年。如果瑞英公是他们的先辈，则绝不可能在乾隆甲午年（1774）还活着，并迁到迳仔蓢并建造祠堂。这一点连邱捷等也不得不承认确是一个矛盾。他们的解释是，这很可能出于家谱的误记：

　　《孙氏家谱》仅系一未完成之稿本，资料既不完备又未加考订，文句不通，词不达意，开头的部分几乎没有一句是通顺的。我们认为，既有证据证明瑞英公确为连昌公的先代，所谓瑞英公"乾隆甲午年迁居迳仔蓢"应系一种误记。比较可能的情况是，《孙氏家谱》的修撰者把瑞英公定居迳仔蓢及其后代再迁至迳仔蓢与翠亨、并建造瑞英公祠两事混记为一事了。❷

　　被作为旁证的还有墓地。邱捷等人认为，像孙中山祖先那样的平民阶层，通常都把墓地建在所居住的村落附近，他们核实了《孙氏家谱》中所记祖先墓地后发现，孙氏第十世祖之前的墓地都位于涌口村附近。十世祖中埋在翠亨村附近的，只有一位祖妣梁氏，而第十一世以后的祖先墓地大多建于包括迳仔蓢在内的翠亨周围。由此看来，说第十一世祖瑞英公是迁居到迳仔蓢的孙氏始迁祖，应该是可信的。此外，从第十二世祖和第十三世祖的生没之年推测，瑞英公迁居的时间当在明末清初。

　　不过，邱捷等人还指出存在另一种可能性，即在瑞英公迁居迳仔蓢后，他的子孙改换了居住地。根据清乾隆八年（1743）的土地契约文书，可知第十三世迥千公当时住在涌口村附近。顺便说一下，这份契约，是孙梅景和另外两位族人把"容窝祖"名下的共有土地卖给孙廷尊及迥千公的文书。根据《家谱》，容窝公是孙氏第七世祖之一，该文书说明，孙梅景等是容窝公的直系后代，而迥千公则是容窝公的"房亲"。这种向祖先居住过的涌口村的复归，或许和清初朝廷发布的"迁界令"而被强制移居沿岸村落一类事件有关❸。

---

❶ 罗香林：《国父家世源流再证》，台北：众文图书，1981 年，第 390 页。

❷ 邱捷、李伯新：《关于孙中山的祖籍问题——罗香林教授〈国父源流考〉辨误》，中国孙中山研究学会编：《孙中山和他的时代——孙中山研究国际学术讨论会文集》（下册），北京：中华书局，1989 年，第 2285—2286 页。

❸ 邱捷、李伯新：《关于孙中山的祖籍问题——罗香林教授〈国父源流考〉辨误》，中国孙中山研究学会编：《孙中山和他的时代——孙中山研究国际学术讨论会文集》（下册），北京：中华书局，1989 年，第 2286 页。

另外，在翠亨村流传的一些口述资料中，翠亨村孙氏始迁祖是第十四世殿朝公。邱捷等人据此推测，乾隆甲午年间迁居翠亨并建造祖祠的，正是这位殿朝公，而第十一世瑞英公移居迳仔蓢的时间也不可能是在乾隆甲午年。如果瑞英公本人确实"建祠"，那么以该祠为中心形成的祭祀单位，理应包含比瑞英公更早的上代祖先，然而翠亨孙氏的祖祠，却只是瑞英公祠。孙中山之父孙达成等人得到开垦许可的，也是"瑞英祖"名下的土地。因此，翠亨孙氏构成的祖先祭祀单位，其发起者必定是以瑞英公为始祖的后代子孙❶。

罗香林在《国父家世源流考》一文中，对民国时期流传很广的孙中山家系东莞起源说作了种种批评，邱捷等人对此也有所反驳。在国民党时代，胡去非所著《总理事略》，叶遒中所著《孙中山先生之先世》，以及东莞县上沙乡的孙绳武、国民党党史委员会的邓慕韩等人均主张孙中山的家系起源于东莞，罗香林则以资料中存在矛盾为由予以否定。邱捷等人认为，历史资料中存在一些细微矛盾本是常有之事，他们对罗香林以枝节问题为借口全盘否定孙氏源出东莞的论点进行了批评❷。

邱捷等人认为，为了探究孙中山家系的起源，必须首先依据《孙氏家谱》。《孙氏家谱》明确记载，从始祖开始至四世祖为止，俱居于东莞县长沙乡，五世祖礼瓒公迁居涌口村。他的两个儿子乐千、乐南以后分别住在左埠头和涌口。罗香林认为这部《孙氏家谱》是迳仔蓢孙氏及孙瑞英的家系，而翠亨孙氏则属于别一世系。而邱捷等人通过上述考察，认定孙瑞英是翠亨孙氏的直系祖先，关于孙中山家系起源于东莞的记载因而是可信的❸。

据说孙中山的一些家族成员也作出过孙氏起源于东莞的表示。如1931年4月26日，孙中山的姐姐孙妙茜曾对国民党党史会的工作人员说："孙氏

❶ 邱捷、李伯新：《关于孙中山的祖籍问题——罗香林教授〈国父源流考〉辨误》，中国孙中山研究学会编：《孙中山和他的时代——孙中山研究国际学术讨论会文集》(下册)，北京：中华书局，1989年，第2287页。

❷ 邱捷、李伯新：《关于孙中山的祖籍问题——罗香林教授〈国父源流考〉辨误》，中国孙中山研究学会编：《孙中山和他的时代——孙中山研究国际学术讨论会文集》(下册)，北京：中华书局，1989年，第2288页。

❸ 邱捷、李伯新：《关于孙中山的祖籍问题——罗香林教授〈国父源流考〉辨误》，中国孙中山研究学会编：《孙中山和他的时代——孙中山研究国际学术讨论会文集》(下册)，北京：中华书局，1989年，第2289—2290页。

专题研究

始祖在东莞县，至五世始迁中山县，其后于此县中曾迁徙一二处，至十四世始住翠亨村。"❶

至于孙中山本人是否认定本系起源于东莞的问题，前文曾提到过林百克所著《孙逸仙传记》中的"Kung Kun"不是"公馆"而应是"Tung Kun"，即"东莞"，但毕竟字母有误，终难凭信，为此，邱捷等提出了另一个有力旁证。1912年5月11日，广州召开了一次"孙氏恳亲会"，欢迎辞去临时大总统职务后返粤的孙中山。当时恳亲会的主持者在致辞中特别提到"我孙氏子孙，自南雄珠玑巷迁来广东后，散居各处……"孙中山的答词称与会者为"我族叔伯兄弟"，内容涉及家族、民族和国家的关系❷。

邱捷等人认为，如果综合考察以上种种资料，孙中山家系的"东莞起源论"显然远较罗香林所提倡的"紫金起源论"更为可信❸。在他们所撰长文的"余论"中，邱捷等人还指出，关于孙中山家系的"紫金起源论"这一"误传"，是国民党孙中山研究中一个"不算太小的错误"；而之所以会产生这一错误，则具有政治上和学术传统上的原因。罗香林的著作出版后，就受到国民党史政机构成员邓慕韩等人的批评，甚至还有人建议禁止发行，但由于某些"党国要人"已有表态，问题只能不了了之，后来也没有为弄清真相而继续努力。在学术传统上，当人们追溯名人的系谱时总有一种倾向，那就是希望尽可能地将他们与某一著名祖先联系起来，尽管罗香林标榜"以科学方法治史"，但最终仍无法打破这种旧史学的窠臼❹。

表1-1罗列了罗、邱关于孙中山家系问题的不同观点。

---

❶ 转引自邱捷、李伯新：《关于孙中山的祖籍问题——罗香林教授〈国父源流考〉辨误》，中国孙中山研究学会编：《孙中山和他的时代——孙中山研究国际学术讨论会文集》（下册），北京：中华书局，1989年，第2290页。

❷ "南雄珠玑巷"是位于粤北南雄市内的一个真实地名，在广东本地人之间广泛流传着一种祖先曾经在那里生活的祖先同乡传说，因此在移民史上非常著名。从这类传说中也能推测孙中山参加的这个"孙氏宗亲会"，是以广东本地人为主体的社团。

❸ 邱捷、李伯新：《关于孙中山的祖籍问题——罗香林教授〈国父源流考〉辨误》，中国孙中山研究学会编：《孙中山和他的时代——孙中山研究国际学术讨论会文集》（下册），北京：中华书局，1989年，第2291页。

❹ 邱捷、李伯新：《关于孙中山的祖籍问题——罗香林教授〈国父源流考〉辨误》，中国孙中山研究学会编：《孙中山和他的时代——孙中山研究国际学术讨论会文集》（下册），北京：中华书局，1989年，第2292—2293页。

表1-1 罗香林关于孙中山家系的理论及对此的反论

事项		罗香林说	邱捷等人对罗氏的批评
基本资料	家系起源	紫金县公馆村	东莞县上沙乡
	主要资料	《孙逸仙传记》(*Sun Yat-sen and the Chinese Republic*)，《列祖生没年纪念部（簿）》，紫金县忠坝孙屋排《孙氏族谱》。	翠亨村《孙氏家谱》，翠亨村民口头传承及墓碑。
林百克著作	"Kung Kun"	"公馆"。T、K不误。	"东莞"的误记。T、K有误。
	林百克著作评价	因其为美国人，因而是客观的。	多处有误记。
紫金《孙氏族谱》	十二世祖琏昌公	即十二世祖连昌公，为孙中山直系祖先。由紫金迁居香山。	仅为名讳相似。由增城迁居香山是罗氏臆测。
翠亨孙氏家谱	《家谱》的可信性	记述中矛盾很多，不可信。	内容可信。有误字等，足征其为原文。
	《家谱》所属	别系迳仔蓢孙氏的家谱。	肯定是翠亨孙氏的家谱
	迳仔蓢孙氏	先到此地的别一支系。	即翠亨孙氏。乾隆年间移居至此。
	十一世祖孙瑞英孙达成与瑞英祖的关系	别系迳仔蓢孙氏祖先 瑞英公是别系的先住者。只有经济关系。	翠亨孙氏祖先。连昌公之父。契约书明确记载达成为瑞英"嗣孙"。直系祖先。
	乾隆甲午年瑞英公移居迳仔蓢	从儿子的生没年看不可能。《家谱》不可信。	与十四世祖殿朝公移居翠亨混同之后的误记。瑞英公实际移居年代是明末清初。
其他	对胡去非著《总理事略》等东莞说的评价	矛盾之处很多，因而不可信。	只有细微分歧而已，不应全面否定。
	翠亨孙氏的方言及风俗		说香山本地话。有缠足风俗，不与客家村通婚。
	孙中山能否说客家话	能说。	基本听不懂。

（三）对两者的比较与考察

如上所述，关于孙中山的家系问题在中国学术界一直存在着激烈的争论，其最初表现就是罗香林提出的"孙中山＝客家系"的观点。在关于孙中山的早期研究，亦即1933年出版的《客家研究导论》中，罗香林认为孙中山"非纯粹客人，亦非狭义本地"，是客家系（父方）与本地系（母方）"混血"的产物，因而兼有两方优点。在人物评价上，他主张"孙公人格，已超在客家、广府之上"，"无庸复以客家或广府诸名目以区别之"，强调了孙中山是一位不受狭隘的民系特性或利害束缚的泛汉民族、泛中国式的英雄。罗香林并未把孙中山作为客家系这一狭隘框架中的独占物，而贬低了中国革命的整体意义，对于这一点，我们必须给予充分的肯定。

但另一方面，在罗香林的研究方法中，显然包含着一种血统主义甚或本质主义的观点，《客家研究导论》一书似乎就是为此而写。他通过血统传递和文化继承两个方面认定客家是一个可追溯至古代的连续性实体，并且这一连续性还可以在学术上获得证明。如果参照此后的客家研究成果或族群研究的标准，这类观点因为明显带有武断色彩和过于简单化，理应受到批评。以"缠足"一事为例，由于罗氏将其存在与否作为判定某人是否为客家的不言而喻的标志，就使得"客家"这一族群性指标与诸文化要素之间的关系，被过于简单化地作了对应处理，其遭受批评是不足为奇的。虽然罗氏也提到过其他民系如广东本地人的所谓"特长"，但他对"客家民系"这一族群范畴具有整体性长处及优势则表示深信不疑，这同样表现了以上特点。

气质、精神与血统一起被继承，并为民系这类生物学意义上的人类集团所共同拥有，这一想法是否自古以来就存在于中国文化之中，在没有其他途径可资论考的情况下，是很难得出结论的。然而，我们却可以从中清楚地看到西方人类学、特别是进化论思维方法的影响。罗香林自己在其著作中就引用了韩廷顿（Ellthworth Huntington）的《种性》（*Character of Races*），布克斯顿（Buxton）的《亚洲人》（*People of Asia*），史禄国（Shirokogoroff）的《中国东部及广东的人类学》（*Anthropology of Eastern China and Kwangtong Provice*）等著作。可以推测，这些来自西方的学术概念，恐怕在罗香林形成"客家"集团印象的过程中发生了很大作用。

如果要以若干中国式理念来描述，那么正如罗香林本人所说，也许可以使用"子系从父"这个基于父系世系的系谱认识。有一种设想是把包括客家在内的各种民系看作为一种血统性的连续实体，这固然反映了当时西方人类学的思考方法，但即便如此，血统由父系单方面继承的观点，在西方理论中显然是不存在的。在这个意义上，罗香林的民系概念，应该说受到了中国式父系理念的深刻影响。罗香林的客家研究方法论本身，就极大地依赖于族谱这个媒介，并将之作为可供追溯过去连续性的一项资料。由于族谱既是宗族这一父系世系集团的记录，又是根据强烈的父系世系理念编纂而成的谱系，因此，通过对它的分析而重新构建的客家民系形象，也就不得不成为受到强大的父系世系理念规定的产物❶。

即便罗香林为讨论孙中山个人与作为族群范畴的客家民系之间的关系，他同样要假定，族谱或父系系谱是可以用来证明上述连续性的一种文献。对罗香林来说，孙中山的"客家性"，与孙中山在客家父系世系系谱上所居位置相等值，其应该加以论证的问题，首先就是要证实那个系谱。

但在上一节中，我们通过邱捷、李伯新等人的观点所展现的对罗香林理论的反驳，显然也是一种对罗氏所作系谱分析的批评，同样集中于对孙氏家族父系系谱的分析，在这一点上，应该说具有与罗香林相同的认识基础。邱捷等人不是用东江上游的紫金客家系谱，而是企图用与东莞本地人相关的系谱，来否定罗氏提出的"中山客家说"。然而，他们使用的方法其实和罗香林完全一致，无非是用孙中山个人的本源性归属问题来替换其父系祖先系谱存在的问题，两者在这方面并没有什么差别。

更重要的是，运用以上方法进行分析之后构建的所谓父系祖先系谱，对孙中山是否属于客家这个问题，是否能够明确作出非此即彼的答案，事实上也并没有确切的把握。正如笔者曾经对香港新界土著宗族的来历所作的论述，在东江下游地区，本地人与客家人之间的分别，如果追溯时至明末清初发布迁界令之前的阶段，则带有某种不确定性。在那些地区，目前作为典型的本地宗族而为人知晓的名门望族中，至少有一部分在明代以前的迁入之初，与今天以客家宗族闻名当地的宗族，有着极其相似的关于移居路径和来历的传说。它们之所以能够表示出地区社会内部"客家－本地"这一对立存在的轮廓，很大程度上可能是由于清初迁界令导致的大规模人口迁移，以及在这之后清政府推行客户与一般民户分割管理的政策所致❷。

总之，通过探求祖先的系谱，虽然可以清楚地发现某人究竟属于客家系还是属于本地系，但事实上暧昧之处仍有不少。以往的系谱编纂过程本身，或许还包括一些宗族族谱的编纂者，往往脱离真实的传承关系，抄袭远方同姓宗族的族谱，不断利用各种方法把自己的始祖与此谱相连，使之实现间断性的继承。所编纂的这些系谱，在某种程度上受到了编纂者所具

---

❶ 这类"族谱"所具有的片面性，以及当企图把它作为历史学或人类学的分析资料加以利用时在方法论上存在的争论，可参见濑川昌久：《族谱——华南汉族的宗族·风水·移居》第一章，东京：风响社，1996 年。

❷ 具体的典型，可以香港新界最大的本地系宗族锦田邓氏家族为例。参见濑川昌久著：《客家：华南汉族的族群与其境界》第二章，东京：风响社，1993 年。

专题研究

意图和所下决心的影响。无论是罗香林对紫金公馆背孙氏的系谱探索，还是批评者们所努力证明的东莞孙氏起源说，与其说是单纯的对族谱的客观分析，还不如说是与以往族谱编纂者重复进行的族谱编纂行为内容相近的工作。

　　至少我们从孙中山的母语（如按罗香林所说，孙中山的母亲是本地系，这里所谓的"母语"就是孙氏"母亲的语言"）、他在海外华侨社会中的交友范围，以及他在国民党政局内的人际关系等方面看，就可以知道孙中山所认同的集团，首先是广东人，即广东的本地人社会。说到语言，虽然如前所述，他是否会说客家话还存在着分歧，但他在粤语圈中成长，擅长讲粤地方言则无疑问。在他最早创立革命组织的夏威夷华人社会，就以粤系移民为主。在夏威夷置产立业的中山之兄孙眉，也是一位在当地粤系移民社会中成长起来的人物。此外，孙中山在"同盟会"中的同志黄兴（湖南善化人），为了筹措发动革命的资金，经常在海外华人社会中进行演讲，孙中山的儿子孙科跟随左右，为他当粤语翻译。这一类传闻❶似乎也能证明孙中山一家基本上都使用粤地方言。

　　即便从政治人脉来看，同盟会成立后孙中山的左右手、后来在国民党内地位亦仅次于孙中山的胡汉民、汪兆铭两人，也都讲粤语。胡汉民出生于广州以南的番禺县，汪兆铭尽管祖上来自浙江绍兴，但本人生在番禺，并在那里长大，因此说的当然也是粤语。正如前面提到的那样，在民国政坛扮演了重要角色的军人中有许多确实属于客家系；此外，在非军人的政治家中，廖仲恺、邹鲁等也都是客家人，但这些人是否构成了孙中山所谓的"客家人脉"，则并不明确。况且，说孙中山本人就是这个"客家人脉"中一员的看法，根据也是不充分的。而只要看一下孙科所属的南京政府立法院的人员构成，则很明显与粤系财阀圈相当接近。而且正如在与陈炯明决裂时表现出的，孙中山本人的思想常常超越了广东这个狭隘的地域。可以想象，正是这种广阔的视野和人际关系的公正性，才为孙中山奠定了其他任何人都无法替代的中国革命领袖的地位。因此，无论其意图如何，研究孙中山的祖籍和所属民系的尝试，所得到的结论，都不过是以极其简约化的形式把握住了他的思想、他活动于其中的世界的广袤。

❶ 吴振汉：《国民政府时期的地方派系意识》，台北：文史哲出版社，1992年，第73页。

四

目前中国是一个由 56 个民族组成的多民族国家，实施区域自治制度。与此相反，作为最大民族汉族中的大量"亚民族"，则不仅未获正式承认，在政治上无明确规定，而且在学术上也因种类繁多而受到暧昧化处理。比如关于"客家"，一方面常常被视为与"讲客家话的人"基本同义的一个文化范畴，另一方面，也有不少论著把它定义为一种具有历史性和血统性的集团。

由此可知，正如笔者在其他场合中已经讨论过的那样[1]，所谓"客家人"的分布范围和数量，往往依研究者所用的计算方法和定义而出现极大的差异。例如，在袁家骅等人编著的《汉语方言概要》中，讲"客家方言"的人约有 2000 万，占汉族总人口的 4％左右[2]。刘镇发则估计讲"客语"的人约有 4500 万，并认为，就语言人口来说，"客语"在世界各种语言中已进入前 30 名的位置[3]。罗美珍等人进一步估计讲"客家方言"的人数约为 9610 万[4]，其中包括居住在海外的 300 万人。

据某些学者看来，"客家"是一个笼统的文化范畴，也就是指所有使用客家语系汉语方言的人；与此相对，另一些学者则常常在"客家"概念中发现一种超越时代的、经艰苦继承而来的"传统"和"精神"，其中贯穿着一个基本观点，即把民族或它的次级集团视为具有共通的血脉和永存本质的实体。比如在对"民系"这一汉族中的"亚民族范畴"进行了公认的开创性研究的罗香林的著作中，就显著地表现出了这一倾向。

罗香林所著《客家研究导论》共分八章：第一章"客家研究的开端"，第二章"客家的源流"，第三章"客家的分布及其自然环境"，第四章"客家的语言"，第五章"客家的文教（上）"，第六章"客家的文教（下）"，第七章"客家的特性"，第八章"客家与近代中国"。在书中，罗香林试图通过语言、风俗等一部分具有客观性的文化指标来确定客家的外部特征，在第七章中，认为"一民系有一民系的特性"[5]，列举了作为客家特性的清洁、

❶ 濑川昌久：《客家与客家民族境界再考》，塚田诚之编：《民族移动与文化动态——中国边缘地区的历史与现状》，东京：风响社，2003 年，第 107—133 页。

❷ 袁家骅等：《汉语方言概要》（第二版），北京：文字改革出版社，1989 年，第 22 页。

❸ 刘镇发：《客语拼音字汇》，香港：香港中文大学出版社，1997 年，xxii。

❹ 罗美珍等：《客家方言》，福州：福建教育出版社，1995 年，第 4 页。

❺ 罗香林：《客家研究导论》，希山书藏 1933 年初版，上海：上海文艺出版社，1992 年影印版，第 240 页。

好动、野心、冒险、进取、俭朴、质直等。在最后一章中，他提到一批领导过近代中国各类运动的著名客籍人士，认为在他们身上确实体现了这些客家特性。

罗香林把民系归结为共同拥有某种特性的一个实体，这一见解，与他的客家研究结构完全一致，也就是把重点放在对其"源流"的历史性追溯上，前提是运用分析族谱的方法以证明其血脉的一体性和连续性。而且，历史上每个杰出人物的事迹，都可以认为是客家民系之"特性"所应有的，这一点在继罗香林之后的客家学研究中，常常被用来作为客家优秀性的证明，目的是为了强化其作为一个民族的自觉意识。

正如第二节通过对以粤籍为中心的一批被视为客家出身者的民国著名军政人物所作分析而明确了解的，这里包含了两类人物。一类是陈铭枢、张发奎等，只要根据地理位置和语言习惯就能明确地断定他们所属的文化集团是客家。另一类是孙中山、陈炯明等，从其生长的地域文化环境来看，其客家身份难以得到确证，所以只好利用系谱和其他的解释来证明他们属于"客家系"。此外，无论何时都没有明显的证据可以证明，在民国的军政舞台上，第二类人物曾经把自己具有客家身份这一点积极地利用于他们的人脉形成和社会竞争过程中。

由此看来，一批客家出身的民国著名军政人物的所谓"客家"性，肯定是由罗香林所代表的客家民系研究者和赞扬者在事后附加上去的，至少那些被强化了的"性格"是夸张了的。笔者的意图并非要挖掘这种"客家系著名人物理论"的虚构性本身，而是希望解释并理解这种赋予著名人物以"客家"性的过程。

在将这些著名人物往客家民系"靠拢"的过程中，一种最简单的方法，如第二节所述，就是根据某人的出生地作一番推论；另一种方法，如第三节所展现的孙中山研究个案，则是进行家族的系谱探索。这两种方法都以籍贯和父系世系这类中国社会内在的"本源性指标"为依据，那些著名人物的"客家性"因而不言自明，并由此形成了一种象征客家民系"特性"和"本质"的理论。

在论及"族群"归属之际，有一种立场是希望把个人特定的族群范畴问题，最终还原为其人自身的自我意识。虽然这看起来相当合理，但个人直接明了地展现自我意识的情形在现实生活中并不多见；即便说了，也要取决于具体语境和具体文脉，具有随机而不确定的性质。因此，只要这种重视自我意识的族群定义成立，由别人来规定某人属于某一族群的方法，就方法论而言将面临极大的困难。

某一个人属于某一个族群，不是由这样一种纯粹的自我意识来决定的内在问题所能穷尽。作为一种社会现象，某人的族群来源，其实是由别人构成的，具体做法就是把某一个人的行为和性格，与某种被当作族群性范畴的综合特征联系起来；同时，为了使这种联系得到社会的广泛认可，还需要正确地援引被当时社会作为本源性纽带予以公认的一些关系。像这一遵照正确句法而主张的族群意识，经社会接受和累积下来，贡献于将这种族群范畴的"特性"、"本质"作为一种稳定存在物的循环推进过程之中。

由此，就可以清楚地发现，对民国时期一批著名人物的归属族群所作分析——此时相当于"客家"作为一个族群范畴开始形成并实体化的时期——与用既定的族群性概念对"地域"、区域社会一类社会集团进行的描述式分析差异甚大，并且是一个更为动态的过程。

【濑川昌久附记】本文是笔者主持的《近现代客家著名人物的客家特性形成过程之研究》的部分成果，得到了平成十三—平成十五年度（2001—2003）文部省科学研究补助金·基础研究（C）（2）的支助。课题完成后，曾将部分内容以课题报告形式，刊登于国立东北大学东北亚研究中心《东北亚研究》第9号（2004）第1—34页。此次能有机会用中文公开发表，自然令人深感荣幸。为翻译而付出辛勤劳动的上海师范大学教授钱杭先生，是我相识20多年的老朋友，在宗族研究领域，已算得上是我的师兄。钱先生此前还翻译过拙著《族谱：华南汉族的宗族·风水·移居》（1999）一书。正由于他的精准转译，才使笔者的研究成果有了进入中国读者视野的机会，并因此而扩展了学术性论辩的范围。对于笔者来说，这真是莫大的幸运。

【译后记】 本文是濑川昌久教授（以下敬称略）在由他主持的日本文部省课题《近现代客家著名人物的客家特性形成过程之研究》主旨报告基础上形成的论文。文章通过对民国初期一批著名军政人物（尤其是"中国革命之父"孙中山）的"客家"身份形成过程的细致分析，证明所谓"客家"，其实是由罗香林等早期中国人类学家或民族学家一步步想象与建构出来的产物。就此一结论本身而言，中国学者应不会有太多的新奇之感，因为20世纪90年代以后国内就有不少人提出过类似观点，但作为一种努力摆脱族群"集体形象"、专从族群个体角度具体讨论客家建构过程的历史民族志，这仍然是一篇相当精彩的文章。

更重要的是濑川昌久对如何转换罗香林客家学范式的深入反思。关于这一点，除了看本文结尾部分的总结，还可以看最近由他主编的《客家的创生与再创生——从历史与空间出发的综合性再检讨》（风响社2012年版）一书的《序论》。他认为，客家研究的新局面，主要表现在人们已经开始揭示出与经罗香林总结的"客家持续且连续的整体性面貌"明显不同的一系列个别实态。在这个被他称为"客家研究第二范式"的引领下，客家起源的多样性、多元性，客家与其他集团界限的暧昧性，在被统称为客家的人群中文化的多样性，尤其是在客家内部作为"客家"的自我意识的强弱程度等等，成了研究者新的话题，并有逐渐成为研究主流的倾向。这样一来，就与当下对罗氏客家理论的实用性、功利性态度形成了鲜明对照："一方面，随着客家研究的深化，在学术领域内批判和动摇了有关客家的磐石般立体性图像；而几乎与此并行，在社会上，罗香林范式的客家形象又在不断被普及，普遍化程度大为提高，由此即出现了一种扭曲的现象。"至于究竟是什么原因造成了这一矛盾，濑川昌久没有深谈，他只是希望在他的论文和主编的书中，通过具体的个案，细致地阐明客家文化、客家意识的地域化多样性，对"客家整体性图像的假说性"进行批判性验证。作为一个以研究外国文化为专业的人类学家，他能做和应做的，大概只有这些；而他之所以能赢得中国学界同人的尊重，或许也正因为这一点。

本文翻译完成后经作者两次审定；译文涉及的几个重要术语，亦请作者再三斟酌。很明显，文中有部分内容的介绍色彩稍重了一些，专业客家学研究者可能会因此感到有些欠缺。但是，如果考虑到原文的课题报告性质和作者对原读者群阅读背景的体谅，中国读者就可以不作苛求了。总之，濑川昌久以"客家"为题对族群理论的深邃思考，对推进中国的人类学研究以及人类学的中国研究，具有重要的价值。

A Study on the Formative Process of Hakka Identities: With a Forcus on the Origin of Some Prominent Political and Martial Figures in the Early Republican China

Masahisa Segawa

Abstract: A Study on the Formative Process of Hakka Identities:With a Forcus on the Origin of Some Prominent Political and Martial Figures in the Early Republican China.

This article aims to examine how the discourse on the origin of prominent political and martial figures in early Republican period contributed the creation of typical image of Hakka Chinese as a group. Today's popular image of Hakka as a distinct Sub-ethnic group of Han Chinese with its excellent political and martial talents. and it's peculiar tradition such as round-shape dwellings is clearly a construction in modern times. Hakka intellectuals such as Luo Xianglin once insisted that many of prominent figures in political and martial scene of early modern China were of Hakka origin. Such a view was followed by later Hakka authors and it contributed a lot to the formation of an image, at least self image, of Hakka as a prominent group. Research on the life history of several so-called Hakka prominent figures reveals that there is much ambiguity in their roots as well as in their own identity. But still, propagators of Hakka prominence includes as many famous persons in modern China as they can into their imaginary Hakka stock. They often try to replace both ethnic identity and cultural attribute of a person with a mere matter of genealogy or a matter of the place of origin。 If they found the slightest hints of relation to Hakka genealogy or Hakka inhabiting area in the background of a famous figure, they concluded that the person ought to have been Hakka. Relation through the patrilineal descent or through the common place of origin is thought to be one of the most functional social bond in traditional Chinese society. Although creation of Hakka ethnic

identity seems to begin under the strong influence of modern Chinese nationalism as well as a modern western concept of race in early twentieth century,we can see that in the process of imaging Hakka as a social and historical unit, Chinese authors have repeatedly resorted to this traditional mode of social tie.

Keywords：Hakka; ethnic identity; prominent figures in Republican China; Sun Yat-sen

本土化的政治

——基督教与清末民初的温州地方社会 ❶

朱宇晶 ❷

摘要：本文回溯了基督教在清末传入温州到民国时期的历史，梳理了基督教在不同历史阶段被问题化的机制和过程，在此基础上讨论基督教意义的演变及其相应的社会秩序特点。本文所关注的三个历史阶段，它们所构成的"辨（华夷之辨）、分（海内分心）、聚（民族国家）"的连续统，是一个围绕基督教而展开的文化生产过程。通过本文的分析，笔者强调研究基督教要关注它作为客体的一面，关注它在特定历史时期、政治经济情境中的存在。最后，笔者简要探讨了反洋教所引申的民族主义对于理解当代一些流行话语的启示。

关键词：基督教；本土化；民族主义；华夷之辨；海内分心；民族国家；温州

一、引言

2003 年初春，笔者到温州市区的城西堂，拜访温州教会史的资深研究者——支华欣牧师。当时，温州教会的名声已经享誉全球，被人称之为"中国的耶路撒冷"；作为一个"书生气十足"的学生，我当时问支牧师："为什么基督教传到温州，地方上的人都能接受，基督教能传播开来，是不是因为它和温州的传统文化有相近的地方？"这位饱经世故的长者告诉笔者，基督教在清末民初的地方社会中并不是"一帆风顺"地被接受的，教会史上记录了多起温州基督教的"教案"——但是，支牧师从他的衣柜顶

---

❶ 本文是在笔者 2004 年清华大学硕士论文《晚清到民国时期温州地方的基督教》基础上改写而成的，受到导师张小军的多方指导，论文答辩委员景军、郭于华、裴晓梅老师都对本文有过指正；本文的后期理论阅读受到博士生导师香港中文大学 Joseph Bosco 以及陈志明、吴科萍老师的引导；香港中文大学历史系的卜永坚、社科院近代史研究所的杜丽红通读过我的硕士论文，并提出若干修改意见，在此一并致谢！一切文责由笔者自负。

❷ 朱宇晶，华东师范大学社会发展学院人类学研究所讲师，email：yjzhu@soci.ecnu.edu.cn。

上拿下一个十字架样式的饰物，他说这是晚清基督教传入温州之前，一位温州家庭世代保留下来的十字架。基督教伦理最早传入温州是在元代 ❶；而且在 19 世纪 70 年代洋教士再次进入温州，温州的苍南地区还有人声称家族中一直保留着基督教的传统。"（基督教文化）以前传入也没有问题、没有矛盾，元朝传过、明朝传过、清朝早年也传过，怎么到了清朝末年的时候，就成了问题？文化上没有什么不可以接受的。"——支牧师的一席话，猛然给了我一个警醒：面对本土和外来文化的互动所产生的"问题"，我们不能仅仅从本土或者外来文化自身去寻找症结，似乎还要关注特定历史时期的政治经济情境。

温州历史上曾经发生过三次大规模的反洋教运动，每一次运动的主力和攻击的对象都有所不同：1884 年，愤怒的民众冲进教堂，洗劫并火烧了全城所有的教堂、洋人住房、税务司衙署，在这场教案中，教堂和西教士作为"洋人"的一部分，成为受冲击的对象。1899—1900 年的反洋教运动中，"仇教"的民众集结在名为"义和拳"的地方武装势力之下，冲击了温州下属乡村的教堂，西人教士和中国教民受到不同程度的攻击。与此同时，以地方士绅为代表的团练力量认为拳民借仇教为名，行抢劫之实（"能抢教屋即能劫殷户"），因此他们以"清土匪、镇内变"为名，组织镇压拳民活动。在这个阶段，"反洋教"和其他阶级性冲突、"地方—中央"矛盾扭和在一起，形成非常复杂的历史图景。1925 年，教会学校——"艺文中学"的学生提出"反对奴化教育，收回教育权"的口号，最终脱离教会学校、发展"民族"教育；与此同时，英籍教会的牧师也提出"爱国爱教，收回教权"的目标，形成了轰动一时的教会自立运动。不过在当时的地方社会中，除了英籍教会发生自立运动外，其他美籍、法籍的教会基本上没有受到很大冲击。——如果我们把"反洋教"视为一种"逆向"地划定"基督教"或者"本土基督教"边界的极端反映，可以看到这个边界和划边界的"他者"在不同的历史时期都是不断嬗变的。这种边界和 Fredrik Barth ❷所说的族群边界有所不同，它并不是两个群体在互动中以边界的隐喻来建构各自文化要素的方式，这里的边界及其附设的意义是被特定的地方政治所生产出来的。

民族主义在近代教会史的讨论中也是一个不能回避的话题：一直以来，

---

❶ 《元典章·礼部六》曾经记载："大德八年……温州路有也里可温。"

❷ Barth, Fredrik, "Introduction", in F. Barth, ed., *Ethnic Groups and Boundaries*, Olso: Universitets Forlaget, 1969, pp. 9-38.

教案往往被解读为反殖民史的一部分。然而，纵观温州历史上的三次反洋教高潮，在"反侵略"、"反帝"的标签下，一些细节和内在复杂性需要重新引起我们重视：比如，1884 年的"甲申教案"是在中法开战 3 个月之后才发生的；1899—1900 年的义和拳运动里，不同团体对于"洋人"、"洋教"以及"灭洋"的态度也是非常复杂的；1925 年的反帝爱国运动中，运动的局部性和即时性也让我们重新审视运动背后的反殖民动力。——这些细节和复杂性背后，"民族主义"意义的建构、中央政府与地方社会的关系、地方社会乃至教会内部的秩序重组，都不是我们用"反殖民斗争"可以一言以蔽之的。

本文将以基督教在地方社会的"问题化"为切入口，分析作为外来宗教的基督教在地方社会的意义生产，探讨 19 世纪中叶以后到 20 世纪 20 年代，随着中央统治危机的深化，地方社会秩序重组的动力与路径。

二、文献综述：基督教的人类学研究与中国基督教的研究

（一）基督教的人类学研究

只有在最近一二十年，人类学领域中的基督教研究才有所积累；在过去很长一段时间里，人类学家把"基督教"视为一个"明显的"、"已知的"现象，"没有用一种崭新的、时常更新的视角"去研究它[1]。这种偏见在最近已经得到了修正，一则是因为有些人类学家发现基督教并不是一个同质的（homogeneous）、自主的（automatic）存在，基督教因"历史与地理背景"的差异而呈现多样性与复杂性[2]；另一方面，基督教是一种伴随着全球化而广为传播的文化现象，对于基督教的考察，从另一个侧面也反映出殖民主义、全球化的机制与效果。因此：基督教的人类学研究主要围绕两个主题展开：

（1）是否存在一个基督教的实质性内核（essence）。有些人类学家认为虽然基督教在不同的地点有所变异，但是基督教是一种关于"神圣与世俗"二分、超越性（transcendence）的神学[3]——这些学者关注这一基督教"本

[1] Cannell, Fenella, ed., *The Anthropology of Christianity*, Durham NC: Duke University Press, 2006, p.3.

[2] Otto, Ton and Ad Borsboom,eds., *Cultural Dynamics of Religious Change in Oceania*, Leiden: KITLV Press, 1996, p.6.

[3] Robbins, Joel, "What is a Christian? Notes toward an Anthropology of Christianity. Introduction to the Symposium", *Religion*, 2003, 33（3）: 191-199; Cannell, Fenella, ed., *The Anthropology of Christianity*, Durham NC: Duke University Press, 2006; McDougall, Debra, "Rethinking Christianity and Anthropology: A Review Article," *Anthropological Forum*, 2009, 19（2）: 185-194.

专题研究

质"（nature）对于非西方人群在道德、主体建构（construction of subject）方面的影响。但是也有学者认为没有一个不变的基督教本质，即使是西方社会的基督教神学也经历了演变❶，所以它的意义和内涵总是在具体的历史过程中被形塑的，学者们提倡把基督教放在具体的历史脉络和地方情境中进行研究，并在此过程中关注权力和意义形塑之间的重要联系❷。

（2）基督教是否是一种"西方"殖民文化？长久以来，基督教被视为一种殖民力量的载体，对传入地的土著实行意识形态的殖民；而人类学家对此有另外的发现：从某种程度来说，随着基督教文化的深入，对于被殖民者来说，基督教的皈依也实现了个人某种"增权"的效果、或者它已经成为了土著建构自身传统与认同的资源❸。当下关于基督教文化传播的研究，不再刻板地把基督教视为一种西方文化（或者现代性）或者殖民文化的代理，而关注它作为一种强势文化的象征如何在传入地的具体历史处境中被重新解释和实践。

（二）中国的基督教研究

中国的基督教研究（尤其是文化比较研究、思想史研究）长期以来也主要关心"外来"基督教文化与本土社会及文化的相互关系❹。这一类的研究都有一种共性——在思考的背景中都有一种中西二元图式，希望寻找基督教这样一个"原型"在中国的实现情况。在他们看来，接受基督教信仰

---

❶ 比如参见 Asad, Talal, *Genealogies of Religion*: *Discipline and Reasons of Power in Christianity and Islam*, Baltimore: The John Hopkins University Press, 1993.

❷ 比如参见 Asad, Talal, *Genealogies of Religion*: *Discipline and Reasons of Power in Christianity and Islam*, Baltimore: The John Hopkins University Press, 1993; Scott, M. W., "'I was like Abraham': Notes on the Anthropology of Christianity from the Solomon Islands", *Ethnos*, 2005, 70（1）: 101-125.

❸ 比如参见 Comaroff, Jean, *Body of Power*, *Spirit of Resistance*: *The Culture and History of a South African People*, Chicago: University of Chicago Press, 1985; Rutherford, Danilyn, "Nationalism and Millenarianism in West Papua: Insititutional Power, Interpretive Practice, and the Pursuit of Christian Truth", In Engelke, Matthew and Matt Tomlinson, eds., *The Limits of Meaning*: *Case Studies in the Anthropology of Christianity*, New York, Oxford: Berghahnbooks, 2006, pp. 105-128.

❹ 比如参见 Lee, Robert, ed., *Religion and Social Conflict, based upon lectures given at the Institute of Ethics and Society at San Francisco Theological Seminary*, New York and Oxford University Press, 1964; Gernet, Jacques, *China and the Christian Impact*: *a Conflict of Cultures*, Cambridge: Cambridge University Press, 1985; Tey, David Hock, *Chinese Culture and the Bible*, Singapore: Here's Life Books, 1988; 顾卫民：《基督教与近代中国社会》，上海：上海人民出版社，1996 年；何光沪、许志伟主编：《对话：儒释道与基督教》，北京：社会科学文献出版社，1998 年；Sumiko, Yamamoto, *History of Protestantism in China*: *the Indigenization of Christianity*, Tokyo: Toho Gakkai, 2000.

就意味着重塑人格与精神气质（这一点在一些中国基督教的社会学研究中也颇为常见）。而其中一些研究，虽然他们的问题意识也是在这样一种"中西"二元的线索上开展的，但是作者更为强调地方社会对于基督教文化内涵的改造、利用与重新解释❶。

另一些学者（主要是一些社会学家、历史学家）关注作为"群体"的基督教与既定社会政治经济结构的关系：比如有学者分析基督教的阶层、族群基础❷，讨论作为"群体"的基督教与所处社区的关系以及它所形成的社会效果❸。教会与国家之间的关系也是近年来基督教研究的热点问题❹，这些研究关注基督教作为一种社会组织所发挥的功能以及它所面临的社区处境、政治空间。

上文所回顾的中国基督教研究，大多把基督教视为一个独立、自为的主体（无论是把它视为伦理文化、还是社会群体）来理解它的功能和意义；而这些研究的前提——基督教的功能和意义是如何被认知和呈现的——这并不是一个不言自明的事实：比如怎样的教会才具有"正统性"？一些本土教会（比如地方教会）因为组织和仪式的特点，曾经被地方乡民甚至研究者认为是"邪教"或者是"非法教会"。又如，虽然基督教界认为一些教会精英所开展的社会公益事业代表了教会的一种社会贡献，但是因为政治条件的限制，这种公益事业不能以一种宗教团体的面目出现在公众

---

❶ 比如参见吴飞：《麦芒上的圣言：一个乡村天主教群体的信仰和生活》，香港：道风书社，2001年；Lozada, Eriberto P., *God Aboveground*: *Catholic Church, Post-socialist State, and Transnational Processes in Chinese Village*, Stanford, California: Stanford University Press, 2001.

❷ 比如参见 Dunch, Ryan Fisk, *Piety, Patriotian, Progress*: *Chinese, Protestants in Fuzhou Society and the making of a modern China, 1851-1927*, Ann Arbor, Mich.: UMI, 1996；沈红：《石门坎文化百年兴衰——中国西南一个山村的现代性经历》，沈阳：万卷出版公司，2006年；Cao, Nanlai, *Constructing China's Jerusalem*: *Christians, Power, and Place in Contemporary Wenzhou, Stanford*: Stanford University Press, 2010.

❸ 比如参见 Dunch, Ryan Fisk, *Piety, Patriotian, Progress*, *Chinese, Protestants in Fuzhou Society and the making of a modern China, 1851-1927*, Ann Arbor, Mich.: UMI, 1996; Madsen, Richard, *China's Catholics*: *Tragedy and Hope in an Emerging Civil Society*, Berkeley: University of California Press, 1998; Sweeten, Alan Richard, *Christianity in Rural China*: *Conflict and Accommodation in Jiangxi Province, 1860-1900*, Ann Arbor: Center for Chinese Studies, the University of Michigan, 2001; Lee, Joseph Tse-Hei, *The Bible and the Gun*: *Christianity in South China, 1860-1900*, New York and London: Routledge, 2003.

❹ 比如参见于建嵘："中国基督教家庭教会的现状和未来"，北京大学"中国宗教与社会高峰论坛"专题讲座（2008年10月8日，北京）；引自 http://www.purdue.edu/crcs/itemProjects/chineseVersion/beijingSummitC/transcriptsC/jianrongYuC.html.

专题研究

面前——从这个意义上来说，基督教的功能是不被社会所认知的。因而对于基督教的研究，既要重视它作为主体的一面，也要看到它是一个被认知和塑造的客体，这个过程内置了诸多权力关系的效果。基督教的生存境遇以及"能动性"很大程度上受制于特定社会政治、文化环境所赋予的发展空间。

另外，大多数对于基督教的研究，都在一种二元关系（比如基督教与民间文化、基督教与国家）的基础上进行分析，这种二元视角有利于更为清晰地呈现研究问题的焦点，但是如果在论证中僵化地套用这种二元概念体系，可能会无视基督教实践中的多元关系和复杂机制——比如，教内政治、地方政治、国家与地方社会关系如何在"基督教与本土文化"、"殖民与民族主义"的旗号下进行再生产或者转型。

三、作为"华夷之辨"的基督教

主降世一千八百七十八年，吾英国教士李华庆航海来中国，寓温郡嘉会里，传耶稣圣教，仅阅四年，即归道山。至八十二年，仆来继李任。其时居住于此，信徒甚寡。至八十四年，忽丁魔劫，突遭恶党劫掠财物，焚毁教堂，荡我书院，火我居房……

[英]苏慧廉 ❶（W. E. Soothill，1898）

——这篇刻在温州城西堂二中柱柱础上的碑文，记录了基督教进入温州的早期岁月，虽然只有寥寥数语，但是它已经告诉了我们一个惊险的历史故事——"甲申教案"。

（一）不被视为宗教的基督教

关于这场教案的缘起，苏慧廉妻子苏露茜 ❷（Lucy Soothill）在回忆录里写道"是中法战争引发了那场灾难"。她的丈夫苏威廉❸提到当时温州社

---

❶ 苏慧廉（W.E.Soothill，1861—1935），英国人，1881年冬来温传教，1881—1907年任循道公会（时称偕我会）温州教区教区长，在温传教25年，先后与友人创办艺文中学教会学校、定理医院和白累德医院，暮年回国，任牛津大学教授，著有《一个传教团在中国》、《儒、释、道三教研究》、《李提摩太到中国》。

❷ Soothill, Lucy, *A Passport to China*, London: Hodder and Stoughton, 1931, p.4.

❸ Soothill, William Edward, *A Mission in China*, London: Turbull and Spears, 1907, pp. 107-108.

会谣传"大清国的军队英勇击退了法国舰队",八月十六日晚又正逢天现异象(月食),当时出现了"夷狗吃月亮"的说法,有人投石滋扰他的讲道,愤怒的苏牧师把投石挑衅的乡人关入教堂,使外间民愤激昂,从而教堂受到冲击。《清末教案》的档案让我们看到,当时的地方官员总结这起教案为"细故而激成大案"❶,不过在这之前,民间社会早有"匿名揭帖"来表达"深恶洋人"的态度。在甲申教案中,不仅法国教堂受到冲击,英国人、意大利人、美国人(他们都是传教士),他们的教堂和寓所在动乱中也遭到了洗劫和焚毁;而且,"愤怒的民众把怨恨朝向位于北城外侧的海关署,把办公家具和档案移到埠头并烧掉。……闹事者开始用木筏渡江去英国领事馆和海关外勤课宿舍,但强劲的倒潮阻碍了横渡尝试,以致在多次叫喊后散去"(温州瓯海关资料)。从上述资料中,我们得到一个信息:1884年的甲申教案,不仅是针对外籍传教士,也是针对在温居住的其他洋人,可以说,它是把洋人作为一个不分国籍的整体进行冲击的,从这个意义上说,这一事件能否被称为"教案"都是值得商榷的——虽然它是由烧教堂开始的。与此同时,当外籍传教士在动乱中到处躲藏的时候,教会里的地方教徒却幸免于难;甚至当"大火烧毁了整个天主堂,却唯独剩下三间孤儿院舍";温州下属各乡县的基督教聚会点和教堂在这场动乱中也是安然无恙❷。这些小细节告诉我们,1884年的教案是一种"排外运动"(anti-foreignism),并非名副其实的反洋教行为(anti-Christianity)。人们并没有把宗教身份作为一个维度来划分人群,"基督教"没有对社会构成一种切割;"华夷"是一种群体界限,本地基督教徒依然属于"华"的一方,他们在教案中得以保全。

1867年11月,内地会传教士曹雅直(George Stott)偕同中文翻译由宁波来到温州,开始了清末新一轮的基督教传播。1876年中英《虎门条约》签订,外国传教士在温州有了合法传教权。相继有英国的偕我会(United Methodist Church Mission)、美国的安息复临会(Seventh-day Adventist Mission Board)来到温州。1882年偕我会派教士苏慧廉(William Edward Soothill)来温接替李庆华(Robert Inkerman Exley)传教,他为实现基督教

❶ 中国第一历史档案馆、福建师范大学历史系编:《清末教案》(一、二、三、五),北京:中华书局,1989年,第408—409页。
❷ 在1884年甲申教案以前,温州邻近主要乡县除了泰顺之外,基本上都出现了基督教信徒的踪迹(胡珠生:《温州近代史》,沈阳:辽宁人民出版社,2000年,第107页)。

专题研究

在温州的"本土化"作出了很大贡献：他实现了温州方言的拉丁化，按照拉丁字母拼写温州方言，用温州话给教徒讲解《圣经》（当时原来不识字的教徒，通过几星期的学习也能用拉丁文写信记账了）；另外，温州信徒原来不会习唱赞美诗，苏慧廉雇用民间吹打班来家吹唱，发现常用曲调罕用7、4二音，当即采用1、2、3、5、6五个音符制成简易的中调、长调、短调、八七调、七调等五只曲调，习唱后普遍使用于各种聚会中，长期流传不衰❶。可以说，他打破了当时在温州传教过程中因为沟通不良出现的瓶颈问题。为了拓宽传教的途径，来华传教士加强了教会的社会事功：他们开办学校招收贫人子弟，并创办现代医院医治疑难杂症、收容有困难的求医者，帮助鸦片吸食者戒毒。一些来温州市区就医的乡民，也帮助教会把信仰向温州乡村传播。天主教在温州的传播规模不如基督新教。虽然基督教在温州的星星之火已经点燃，但是相比于当时温州社会的其他民间组织，基督教信徒还是一个很小的群体。

"金锁匙巷一爿桥，一班细儿（笔者加注：小孩）拿底摇。米筛巷，打声喊，番人馆，烧亡吧！蹩脚番人逃出先，跑到永嘉（笔者加注：温州旧称）县叫皇天。永嘉县讲：老先生，你勿急，番钱送你两百七，讨只轮船回大英国。大英国，倒走转，温州造起番人馆。"❷——这首在温州民间流传的《甲申教案谣》，也让我们看到了当时人们对于基督教的一个理解。歌谣里的"蹩脚番人"就是传教士曹雅直，而"番人馆"指的就是被烧毁的教堂，歌谣用"番人"、"番人馆"的表达强调了基督教"非我族类"的特点，无论基督堂有怎样"仁爱慈心"的伦理特点（比如开办医院，救死扶伤），无论传教士如何兢兢业业地传播新的信仰，努力让基督教在当地的语言和文化中生根发芽，但是作为与"番"联系的任何东西，它都有被冲击的"合法性"，这种不加区别性，恰恰说明了基督教作为宗教特殊性的一面没有被民众所认识，那时候对基督教的社会认知集中于"华夷"的区别上。人们更加强调传教士"非我族类"的特点，以及在这个特点上产生的"排外"必然性。

那么，"华夷之辨"的观念是如何出现在地方社会的？它是一种文化优越性的体现吗？这种具有政治后果的"排外性"是清帝国意识形态的产物

---

❶ 支华欣：《温州基督教》，浙江省基督教协会，2000年，第65—66页。
❷ 胡珠生：《温州近代史》，沈阳：辽宁人民出版社，2000年，第115页。

吗？它在地方社会是否有特定的具体内涵？

（二）在地方经验中的"华夷之辨"

基督教作为"番人"（夷）范畴的事物被地方社会所认识和排斥——这种"华夷之辨"的观念并不是一种意识形态教化的结果，它形成于民间社会具体的生存体验：鸦片战争后"夷匪"骚扰的经历，使人们对于基督教（或者说洋人）的理解带有明显道德上的负面评价；同时因为早期传教过程中和"谋反者"的偶然联系，基督教作为"潜在威胁"的敏感性重新得到了证实，另外，就宗教风格（反对迷信和偶像崇拜）而言，它和具体的地方礼仪经济产生了现实的冲突，人们在言说中不断加重"种族分别"，以此来煽动对基督教的排斥。可以说，在"华夷之辨"观念的背后，支撑其生命力和号召力的是一种"地方主义"意识。

1. "海匪"时代的"华夷之辨"

1840 年（鸦片战争）至 1867 年曹雅直来温传教以前，虽然外国人没有正式进入温州内陆，但是地方社会对于"夷人"的存在并非一无所知。1832年，英国曾经借由东印度公司的轮船和东南沿海居民有过一定接触。1840年，温州塾师赵钧在接触到英国轮船散发的《英吉利人品国事略说》后在日记中写道：

……其说多责大清官吏贪酷，致使远国怨愤，有必报复意，自云距中国七万里，在粤贸易已经两百余年。率多夸张语，而其大意则在求通市也。通国奉耶稣教，原书"耶稣"二字抬格写，中有"天心无私，各国风俗大同小异"等语，计七八条。尾一行"华"、"英"二字用小字平列写，左华右英，盖俨然自以与国自居也。❶

——在当时的温州人看来，外国人是一个出于逐利动机（"争说夷人心，金帛所素婪"——当时地方士人的《夷氛》诗❷），要求"贪酷"的"大清国官吏"开启"互市"的一个海商群体。

就当时温州社会的具体遭遇来讲，它在鸦片战争中并没有被战火正面波及，但是太平日子没有维持太长时间。十年以后，对温州地方造成很大冲击的"海匪"出现了。可以说，一方面，我们看到当时劫掠温州沿海的"海匪"是个以"广东艇匪"、地方"无籍之徒"、"党英夷"或者"奉数夷

❶ 周梦江：《赵钧〈过来语〉辑录》，《近代史资料》1979 年第 4 期，第 128 页。
❷ 胡珠生：《温州近代史》，沈阳：辽宁人民出版社，2000 年，第 30 页。

人为主"的机会主义者组成的团体：

《过来语》❶载：

（1853年），近来广东洋匪党英夷载滨海州县滋事，每船奉数夷人为主，为挟制计。……（1853年7月3日），永嘉林干地方被广东艇匪白日登岸，劫去妇女七人，入港船计十余只。……（1853年11月18日）有广艇二十余只泊内江，居民纷纷逃避。十八日，官兵剿，贼乃退。又林干地方被艇匪焚掠，村人冒死御之而退……（1854年）有广东艇匪入温内港……艇匪皆党英夷而为之向导，起事多年。……闻江村无籍之徒有潜入匪船为之执事，国事不可为矣！……（1855年）现在海匪……（1856年）蒲州渔户，历年受夷匪滋扰不堪，合村忿怒。生员叶学程等首杀夷匪四人而支解之，夷人始惧。闻红毛夷船进泊瓯江，内多粤人，而粤人又持温之无赖为后援。❷

连当时的英国公使卜鲁斯都注意到：

镇江、舟山、温州的中国当局和居民，原来对于那些地方去的欧洲人都是很好的，毫无侵害地让他们在那儿住下去，在温州且做了很大的生意。不幸在没有任何权力加以管束的情形下，坏蛋逐渐聚集起来。这些坏蛋经常欺凌那些毫无反抗能力的居民还不够，终于在这几个口岸及其邻近水面当起土匪和海盗来了。❸

另一方面，外国人和地方社会也时常存在合作的机会：1858年，为了镇压"金钱会"的"匪徒"，当时的地方官员向洋人借"乌洋"作为"军饷"；期间官府与日本人的舰队也有所来往❹。当广东的匪徒来到温州时，温州官府"约英夷火轮船助攻"，联合"灭匪"❺——对于当时的地方社会来说，"夷人"是一个很难定性的群体：有时是敌人，有时却又是合作者。

另外，当时的温州社会似乎也没有一种和中央政府同仇敌忾的觉悟：当广东的艇匪"托名起义赴北"，途经温州沿海的时候，地方官吏馈银设宴

---

❶ 当时温州塾师赵钧的日记。
❷ 当时温州塾师赵钧的日记，第33—35页。
❸ 当时温州塾师赵钧的日记，第37页。
❹ 刘祝封，转引自胡承畴编：《温州近代史资料》，温州市教育局教研室和中学历史教学会编印，1957年，第22、27页。
❺ 周梦江：《赵钧〈过来语〉辑录》，《近代史资料》1979年第4期，第170页。

款待❶——完全是一副息事宁人的地方自利主义态度。地方社会的生存之道是非常"实用主义的",他们不一定对中央有一个名至实归的忠实,也不一定对其他地区的敌寇入侵有一种同仇敌忾的愤慨。中法战争开始三个月以后,当战争开始蔓延到和福建接壤的重要海港——温州,当时的永嘉知县还试图澄清中法战争"实与本城洋人,不论其为商人或传教士,均属无关"❷。我们需要把所谓的"灭番"放在地方自利的历史经验中进行理解,不能过于拔高这次"教案"的民族主义意义。

2. 与"造反者"联系的"华夷之辨"

1876年,温州的道台给当时天主教教士徐志修写信,表示,天主教中混入了"奸民"(前粤匪,后来在温成立秘密结社,"意图谋逆")施鸿鳌,官府在其住处搜出了"妖书符印",请天主教的教士到衙门去澄清"是否教中之物",以此来洗脱天主教的"造反"嫌疑。信末,道台还一再警示天主教要约束门下教徒,以防"无业奸民……借此(注:信教)为名,潜谋不轨",这就是温州历史上的"施鸿鳌案"❸。

太平天国运动在温州失利后,一些下层骨干转入地下活动,很大部分四散在先天教、无为教、斋教等民间宗教团体中。当天主教进入地方社会时(天主教最初是在乡村传教),"邑之他教匪,又争附之"❹,借天主教为掩护,从事秘密反清活动。当上文提到的"施鸿鳌、潘阿士"作为"谋反者"被捕获时,他们原来要借以隐身的"天主教"受到了普遍的怀疑,"教徒们因潘、施的伏法而受到同乡外教群众的歧视,甚至被看成同谋者和仇寇者"❺。

其实在19世纪60年代以后的温州社会中,反对"偶像崇拜"的并非独有基督教一家。地方士人笔下太平天国过境以后的温州社会,"贼毁城内神祠殆尽,仆其像,投之水火,乡村诸社庙虽未毁,然像设罕有完

---

❶ 胡珠生:《温州近代史》,沈阳:辽宁人民出版社,2000年,第34页。

❷ 支华欣:《温州基督教》,浙江省基督教协会,2000年,第23页。

❸ 胡承畴编:《温州近代史资料》,温州市教育局教研室和中学历史教学会编印,1957年,第160—161页。

❹ 项崧:《记甲申八月十六日事》,张宪文辑录,中国人民政治协商会议浙江省温州市委员会文史资料委员会编:《温州文史资料》(第九辑),杭州:浙江人民出版社,1994年,第227—229页。

❺ 方志刚译:《温州"甲申教案"前后》,中国人民政治协商会议浙江省温州市委员会文史资料委员会编:《温州文史资料》(第九辑),杭州:浙江人民出版社,1994年,第225页。

者"[1]。当太平天国的余部被认为匿身于天主教时，天主教在当时遭遇到这样的处境："一些中国暴徒，眼看自己一无所获，转而指控我们：一、说是我们的教徒挖了菩萨的眼睛。确实城乡有很多菩萨的眼睛被挖了，但究竟邪魔恶鬼或是我们的敌人干的呢？……数天后，突然发现两名某斋教徒毁坏菩萨的眼睛，他们经狂怒群众的暴打之后，即被绑送见官。"[2]因为"反对偶像崇拜"的行为方式和太平天国运动之后的一些民间结社有相似之处，基督教和天主教在当时遭到了误解，连带传教士也被误认为某个民间秘密结社或者外来盗匪的首领[3]。

基督教在传教初期，举步维艰。为了吸引人们来听福音，不能讲温州话的曹教士请了一位老先生在住处开办"男子学校"，讲授四书五经，学费全免并提供午餐，后来他还给学生家庭每月大洋10元的津贴[4]。为了和温州社会有更多接触，曹雅直又在闹市区开办书店，售书之余，请当地人坐堂为上门之人做祷告，一时人声鼎沸：艺人、浪人、妓女、无产者、变戏法的、算命先生、拉唱先生、走四方的商人、小偷和乞讨者、和尚和道士[5]——三教九流纷纷上门。从传教士的传记来看，最初对基督教表示兴趣的人群较多来自"社会边缘"。

带着这样的背景回到1884年，当法军逼进的时候，法国的教堂被刻画为潜在的侵略内应："说什么'城乡天主教徒在洋人领导下即将机会闹事'。……（9月6号）有人在府头门张贴'天主堂将于明后天集会，有300名教徒参加，准备向温城发动突然袭击'一标语。"[6]当时的教堂外的揭帖也说："……且我温城之内设有法属教堂，早已成为一批城狐社鼠的阴暗洞穴及其罪恶活动场所。吾侪岂能仍如往日袖手旁观而不采取行动，防患于未然？"[7]当"海匪"和"造反者"这两种机会主义的形象集中体现于"教堂"时，作为"危险"的代名词，它被怀疑、仇视似乎是一种顺理成章的逻辑了。

---

[1] 林大椿："太平天国在乐记事诗"，引自《敬乡楼丛书》，温州图书馆古籍部，1929年。

[2] 方志刚译编：《温州"甲申教案"前后》，中国人民政治协商会议浙江省温州市委员会文史资料委员会编：《温州文史资料》（第九辑），杭州：浙江人民出版社，1994年，第245页。

[3] Stott, Grace Gaggie, *Twenty-six Years of Missionary Work in China*, London: Hodder and Stoughton, 1898, pp. 45-46.

[4] Ibid., pp. 11-12.

[5] Ibid., pp. 27, 32, 33, 41, 44.

[6] 方志刚译编：《温州"甲申教案"前后》，中国人民政治协商会议浙江省温州市委员会文史资料委员会编：《温州文史资料》（第九辑），杭州：浙江人民出版社，1994年，第241页。

[7] 同上。

3. 礼仪"捐需"中的"华夷之辨"

基督教反对"偶像崇拜"、淡化祖先祭祀，在进入温州社会的过程中，会不会因此引起文化上的冲突？传教士苏慧廉来到温州乡间传教的时候，热情的乡民把放置祖先牌位和神明塑像的宗族祠堂出租给他们传教，只是在每年宗族聚会的时候才把祠堂收回自用——这位学者型的传道人非常纳闷：为什么这些人会把自己的祠堂出租给一个反对祖先崇拜的宗教来传教呢❶？这不只是苏教士的独特经历，神庙和祠堂也时常是曹雅直及其传教团队在乡村的传道之所❷。

然而，1884年温州街头出现这样的揭帖："中国向来重仁义道法，一向与各国人民礼尚往来，而各国元首亦咸知敬之以礼，献之以仪。奈何来华洋人中，外表道貌岸然，实则狼子野心，禁祭祀、除香火、易我民俗、弃我祖礼。其言其行，离经叛道，落拓不羁；且又诱人信其邪妄，置人于违法乱纪。"❸当时的地方士人项崧❹认为，当时民间反洋教的一个重要理由是："奉其教者，一切捐需皆得免"——我们不禁要问，这种"捐需"是一种国家或地方的法定义务吗？

天主教会留下的记录让我们看到问题的细节之处：曾在温州做过"温处道"的童兆蓉也在后来的回忆中写道："（端午节日）龙舟颇盛。大都一二痞棍为之倡率，敛钱之术不一，往往摊及教民，致滋口舌。"❺一位老年妇女为了死后能够按照基督徒的方式举办葬礼，放弃继承家中大笔财产，分家出来单过，从而没有族人干扰她葬礼的选择❻。——这些小片断都在告诉我们，基督教和民间社会所产生的"礼仪"摩擦，重要的症结不在于意义的冲突，而在于它触及了民间仪式中的经济义务。

山西太古人温忠翰来温任处道，经过一年的考察，他写成了《东瓯九

---

❶ Soothill, William Edward, *A Mission in China*, London: Turbull and Spears, 1907, pp. 42, 44, 48, 50-52.

❷ Stott, Grace Gaggie, *Twenty-six Years of Missionary Work in China*, London: Hodder and Stoughton, 1898, pp. 38, 40, 221, 233; 浙江省苍南县基督教协会编，《苍南县基督教简史》，教会内部资料，2007年，第35页。

❸ 支华欣：《温州基督教》，浙江省基督教协会，2000年，第22页。

❹ 项崧：《记甲申八月十六日事》，张宪文辑录，见中国人民政治协商会议浙江省温州市委员会文史资料委员会编：《温州文史资料》（第九辑），杭州：浙江人民出版社，1994年，第227—229页。

❺ 胡珠生：《温州近代史》，沈阳：辽宁人民出版社，2000年，第174页。

❻ Stott, Grace Gaggie. *Twenty-six Years of Missionary Work in China*, London: Hodder and Stoughton, 1898, p. 140.

专题研究

一书来分析温州民间社会"民风土俗有未尽纯美而又非法律禁令所能骤兴骤革"的地方特色，其中就提到民间礼仪的问题，他认为温州地方风俗太奢侈，用于各种民间礼仪的支出"计一岁之所用，奚止中人之产哉"，这在"昔日之市百货充盈，息金丰厚"的情况下是没有问题的，但如今的状况却是"今日之市贾运贩生意萧疏，岁入之款已减于曩时，岁出之款仍符于往岁"，因此礼仪"捐需"成为民间的沉重负担。但是，这却和所谓的"国家正统礼仪"是分叉的，甚至从官方的角度来说，都是不应该提倡的。但这却是地方社会排斥"外夷"的主要原因之一。这里我们触及到的问题是，谁在言说和维持"华夷之辨"？

（三）政府与民间社会分歧中的"华夷之辨"

1884 年中法战争期间，官府发布过公告为来温的"洋人"进行辩白，并申令民间停止对洋人的恶意攻击："务应按照条约，与洋人以礼相待，相安无事。倘若地保发现有人再在墙上张贴无名传单标语，且不论何地何人，必将予以拘捕，送交公堂审究，严惩不贷。本府定将按两公告办事，决不后退半步。唯希众百姓安居乐业，严谨遵令勿违。"❷从官府的公告里我们可以看出，虽然其时中法正在交战，但是作为国家代表的地方官员，他们强调的还是"按照条约"、"维护社会治安"等一些行政意义上的问题。在后来地方官员给中央的上谕中❸，他们突出了自己对于这些方面的重视（"教士洋人尚能保护无恙"、"其中必有不逞之徒显违谕旨，乘机滋事，亟应密速查办，以儆刁风"）以及事变本身的偶然性（"细故"、"正值月食之期"）。——这从一个反面也向我们间接传达了中央政府的一个态度：对内避免民间滋事，确保中央政策的行政效力；对外，保全洋人以策外交安全。

而对于当时的地方民众来说，他们更加强调的是"洋人"的危险性和地方社会在外敌入侵下的安危问题。从这个意义上来说，国家和地方民间在"华夷之辨"问题上的立场和态度是分离的。地方官员在教案之后的民间歌谣里被讽刺为"本府大忠臣，道尹通番人"。

暴民人数迅速增多，他们警告官方不要插手此事。而后他们四处出动，

---

❶ 温忠翰：《东瓯九说》，木刻本，温州图书馆藏，1879 年，第 17—18 页。

❷ 支华欣：《温州基督教》，浙江省基督教协会，2000 年，第 23 页。

❸ 中国第一历史档案馆、福建师范大学历史系编：《清末教案》（一、二、三、五），北京：中华书局，1989 年，第 408—409 页。

有目的地放火烧屋。❶

  及至傍晚，董（注：天主教的神父）终于获得机遇，向官府央告自己的危险处境和藏身地点。官府即急忙筹划营救，部署轿子、提灯，集合手执长矛的骑兵和肩负老枪的步兵，组成浩浩荡荡"仪仗队"，鸣锣开道，整队出发。行至离董身处约 50 步时，官令暂停前进，嘱咐一名随员——师爷（文书），带一轿子，去请董离开狭隘的避难所。既入室，他央请董迅速更换他带来的官服。董见衣冠惊而异之，乞水盥洗，涤除身上烟尘油腻。然后穿上官靴、绸袍、腰带、戴上红顶礼帽，威风凛凛，出屋上路，力蒙颌部长须。随员一声请，董入轿坐定，去和那为他瞒天过海而默然坐另一顶轿内的县官靠近。❷

  上文的描述不禁让我们对政府在地方社会的行政效力表示怀疑，地方官员不敢正面和暴动的民众发生冲突，远不如他们在上谕中表现的强硬和坚决。

  在官员的庇护无力、没有外交介入的情况下（如果有外交介入，这又另当别论了，比如教案发生以后，英国的舰艇进驻瓯江，炮口对准温城，民间一片沸然），基督教传教士在温州的早年岁月，处于一种比较弱势的地位。曹雅直在温州最初传道的艰辛在教会历史上总是被强调：这位被时人讥为"独脚番人"（因为他的一只腿是瘸的）的传道士，每次外出或传道时，时常遭遇众人的围困，人们（有一说是小孩）尾随起哄，甚至投掷石子。当曹无法脱身时，即撒一把铜钱，乘众人抢拾钱财寻机脱逃……

  本节主要讨论了基督教在温州早期的传教经历，1884 年的教案表明，虽然外国传教士努力积极地推动基督教进入地方社会，但是就最终的成就而言，基督教在当时的历史时期并没有作为一种宗教受到重视。地方社会把它纳入"华夷之辨"的经验框架中进行认识和排斥，使其脱离了宗教"自为性"的一面，而屈从于特定的"华夷之辨"。可以说，"华夷之辨"是基督教在当时地方社会的认知条件和生存环境。

  冯客说："'种族'实际上是一种与客观事实无关的文化构造。"❸这句话

❶ Soothill, Lucy, *A Passport to China*, London: Hodder and Stoughton, 1931, p.5.

❷ 方志刚译编：《温州"甲申教案"前后》，中国人民政治协商会议浙江省温州市委员会文史资料委员会编：《温州文史资料》（第九辑），杭州：浙江人民出版社，1994 年，第 249 页。

❸ 冯客：《近代中国之种族观念》，杨立华译，南京：江苏人民出版社，1999 年，第 2 页。

专题研究

虽然有所偏颇，但是它暗示了"华夷之辨"的观念在地方社会中没有一种不证自明的必然性，地方社会经历了一个"华夷不辨"到"华夷之辨"的历史过程。当我们细细体味这种地方"种族意识"的觉醒时，我们发现它是在地方社会具体的历史经验中形成的，在这种经验中，"基督教"（或者说"洋人"、"夷人"）被建构成对地方社会秩序具有潜在威胁的破坏力量，也正是因为这样的形成机制，"华夷之辨"的观念才能动员地方社会对基督教的整体"排外"行为。所以，追根究底，早期反洋教运动中体现的"华夷观念"实际上是一种地方主义的生存理念和安危意识。

对于"华夷之辨"的认知，民间社会和政府都有不同的态度和敏感点。国家出于外交安全的考虑表现了对"夷人"保护和优抚的一面，而民众基于地方经验重视"夷人"的危险性，并在此基础上形成一种地方性的排外情绪——这两种分歧落实到具体实践中，造成的结果是：国家的外交理念没有在地方社会得到贯彻，1884年反洋教运动的爆发以及之后地方官员在护教过程中表现的"软弱"，充分说明了当时政府行政指令的有效性和当时"皇权"统治结构中地方社会所具有的自由空间。

四、作为"海内分心"的基督教

19世纪末20世纪初的温州社会，基督教成为一个重要的社会现象，地方社会各种关注和讨论"基督教"的话语至今仍然弥漫于各种历史文献中。但是，我们是否能说，基督教在当时温州社会已经形成了上规模的发展态势？当以人数来计，相比晚清地方社会涌现的其他结社组织，基督教的发展规模和发展速度远不算突出的：19世纪中叶出现的民间结社组织，如瞿振汉起义、金钱会会众——在短短几年的发展中，瞿振汉的组织吸引了3000人，而金钱会更是动员了几万人 ❶；相对来说，基督教在温州社会传播了二三十年，皈依基督教各个教派的信徒也就只有几千人：以发展规模较大的循道公会为例，1905年循道公会在温州的受餐信徒统计为2144人 ❷——就组织规模来说，基督教还是一个小群体。但是，为什么基督教在当时的地方社会中变得如此"重要"？教徒"倚教"的各种恶行广为流传，

❶ 李世众：《晚清温州权力关系格局透视——以士绅为中心的历史考察》，华东师范大学历史系博士论文，2005年，第121页；孙衣言："会匪纪略"，载马允伦编《太平天国时期温州历史资料汇编》，上海：上海社会科学院出版社，2002年，第128页。

❷ 汤清：《中国基督教百年史》，香港：道声出版社，1987年，第463页。

是否"反洋教"也成为地方社会内部不同团体、中央政府和地方官员冲突和矛盾的焦点。清末民初的温州基督教，我们与其把它看成一支重要的社会力量，不如把它视为一个关键的社会象征。

（一）基督教与地方社会的分心

1. 教民群体的出现

随着温州社会与西方殖民者的进一步深入接触，洋人和基督教的"强势形象"被进一步生产出来，而加入基督教的中国教民因为宗教身份具有了不同的权力和道德形象。在19世纪80年代的温州地方文献中，我们基本上没有看到一个关于"教民群体"的独立描述，人们关注的是作为"夷人"的传教士，本地人的"教徒"身份被人们漠视，即使出现在大家眼中，也是众人轻视的对象："愚夫愚妇盲从其言行，亦自失其天赋矣。"[1]但是就在甲申教案结束的十几年中，随着"夷人之势，亦如炽云"[2]，"教民"的概念开始出现在地方社会中。不过，它是以一种标签化的形象出现的："邑之逋赋者，抗佃者，以及亡命不法之徒，以为教能庇身，相率遁焉。"[3]加入基督教的人——地方文献中出现的"吃番人教"、"倚教争讼"的教民，已经成为时人所诟病的一种社会势力。李世众[4]的论文中提到1898年瑞安（注：温州下属的县名）科场殴斗案，寒门出身的下层士子因为家庭背景，被阻止应试，最后气愤不过，"欲投西教以自保"。

Sweeten[5]通过分析江西省的教案材料，试图还原"民教冲突"的本来面目：他们认为冲突的根源实际上只是民间社会的日常矛盾，而且它们在基督教到来之前就已存在于地方社会，并不是简单的文化宗教冲突。不过，为什么这种早已有之的矛盾最后被扣上了"民教冲突"的帽子——这是一个很值得继续追问的议题。Lee[6]通过分析广东潮州地区的"民教冲突"认

---

[1] 支华欣：《温州基督教》，浙江省基督教协会，2000年，第22页。

[2] 项崧：《记甲申八月十六日事》，张宪文辑录，中国人民政治协商会议浙江省温州市委员会文史资料委员会编：《温州文史资料》（第九辑），杭州：浙江人民出版社，1994年，第227—229页。

[3] 同上。

[4] 李世众：《晚清温州权力关系格局透视——以士绅为中心的历史考察》，华东师范大学历史系博士论文，2005年，第178—179页。

[5] Sweeten, Alan Richard, *Christianity in Rural China*: *Conflict and Accommodation in Jiangxi Province*, *1860-1900*, Ann Arbor: Center for Chinese Studies, the University of Michigan, 2001.

[6] Lee, Joseph Tse-Hei, *The Bible and the Gun*: *Christianity in South China, 1860-1900*, New York and London: Routledge, 2003.

专题研究

为：虽然教民和平民之间的竞争和冲突早在基督教传入以前就已存在，但是教民归入基督教的行为，在当时的社区中被视为一种增权（empower），教民因而成为一个特殊的群体。

我们的确在传教士的日记中发现一些乡人试图皈依基督教、借以逃脱诉讼的事件：比如苏慧廉的自传里 ❶提到的惯偷，希望借由入教而不被官府追查，苏教士认为这是对入教的误解，最后鼓励这个惯偷去衙门自首；还有一个卖了寡嫂的恶霸，为了逃脱诉讼，盛情邀请苏慧廉到他家祠堂做礼拜，知道内情以后的苏教士断绝了和他的来往……单从这些事件和传教士的态度来看，基督教庇护不法之徒，只是地方乡民一厢情愿的想象。但是，无可否认，在地方社会的认知中，基督教已经成为了一种身份地位，而不仅仅是一种信仰归属。教民仗势欺人已经成为了当时比较流行的社会话语——无论传教士是否真正地纵容教徒恣意妄为。

2. 基督教与地方社会的对立

在 19 世纪 90 年代中后期，温州历史中比较频繁地出现一些"民教冲突"的记载：1894 年 7 月，瑞安潘岙民众因迎神赛会与教民发生纠纷，捣毁教堂，殴打教民。1895 年 4 月，永嘉教民因为抗捐地方迷信与民众产生冲突。1895 年 5 月，平阳乡间社庙神像被剜目破膛，谣传为耶稣教中人所为，乡民被激怒，拆毁萧家渡教堂和一众教民房屋，运动波及邻乡教民……❷

资料也显示，"民教冲突"受到当时地方官员的高度重视，在给温处道的建议书中（如《论温郡切近利病》），他们把这一问题放在首要位置，希望找到有效途径扼制教民气焰："若耶稣、天主，公立教堂，聚徒讲书，祸烈害酷……教民依赖教主，遇与良民争讼，主必腋之，官亦祖之，嗟乎，是鱼渊而雀丛也。……檄会泰西领事及两教主，凡入教男女令悉改从西妆，名谓显示保全，实为隐杜招引。"❸

地方士绅们虽然没有明确反对教民的言论，但是他们意识到教会发展对于地方社会形成的冲击，并有意把自己这一时期的活动与遏制基督教联系起来：地方名士孙诒让组织"兴儒会"，当地方官员专函询问兴儒会的性

❶ Soothill, William Edward, *A Mission in China*, London: Turbull and Spears, 1907, pp. 43-44, 69-70.
❷ 胡珠生：《温州近代史》，沈阳：辽宁人民出版社，2000 年，第 156 页。
❸ 同上。

质时，答曰：旨在遏制基督教的流行❶。维新人士陈虬："乙未（1895）……创办郡城利济医院，建药房，设学堂，开报馆。嗟夫！先生之建院设教，原欲寓教于医，出其所学，力行利济，以补国家政治所不及，使帝、神农之精光，远出基督、浮屠之上。"❷——虽然无法说明这些活动是一种文化主张，还是针对"时弊"的现实考虑，但是有一点是肯定的，在19世纪90年代后期，人们对基督教的影响有普遍的重视，并且，不同程度地站到了基督教的对立面上——当然，这种对立是态度和观念上的，并且社会各个群体对其认识和所受的影响也有程度差别，所以，它并不能导向一种统一的反洋教行为。

但是接下来的问题就是，当社会中出现一个以"除灭洋教"为己任的"拳民"群体时，为什么地方社会表现得一片恐慌，主要的对立面逐渐由"基督教（主要是教民）与地方社会"转移到"拳民与地方绅士（背后是地方团练力量）"之间呢？

（二）"义和拳"和"地方士绅"的分心

1. 不同的反洋教态度

光绪之二十五年（1899），有道士许阿雷者，结草庐于华表之蕃茹园中，不置炊具，人或问之，则曰："我为救世来，不食人间粟，安用炊具？"……"玉皇大帝遣我赤脚大仙，教我辈神拳法，炮火不能伤。今番人所恃者枪炮耳，枪炮无其用，则彼无能为，我大唐可以驱之出境，绝其阑入也。"❸

平阳金宗才"散卖双龙票布"，江南等地方传哥老会者初隐约，嗣后有一人来，自称瑞安人，查询此地之入者多少，并试验飘布号码，一一皆符。❹

上文讲述的两个故事，是温州"义和拳"组织的两个起源。当这些组织在温州形成不同据点，开始以"除灭洋教"为口号进行活动时，他们在

---

❶ 孙宪文:《孙诒让遗文辑存》，中国人民政治协商会议浙江省温州市委员会文史资料委员会编:《温州文史资料》（第五辑），杭州：浙江人民出版社，1989年，第84—85页。

❷ 池志澂，转引自胡承畴编:《温州近代史资料》，温州市教育局教研室和中学历史教学会编印，1957年，第100页。

❸ 张明东，转引自胡承畴编:《温州近代史资料》，温州市教育局教研室和中学历史教学会编印，1957年，第184—188页。

❹ 胡珠生:《温州近代史》，沈阳：辽宁人民出版社，2000年，第156页。

地方士绅（后来成为地方团练的组织者）的眼中是怎样的存在呢？

八月十五日……连日乡愚打神拳者纷纷妖言，谓此月十五日定当起事，破灭番人。为首者在上港马屿约于本日丑时祭旗，以致地保上城报祸，城为之闭，纷纷戒严。然久久卒无端倪，亦可见民之讹言矣。❶

德宗光绪二十六年庚子六月（1900年7月）蔡郎桥神拳会匪金宗财聚众作乱，散卖双龙票布，影借北洋义和拳匪，借名除灭洋教，诱民入会，从者蜂起。❷

——为什么士绅们会用"妖言"、"愚民"之类的表达修饰"义和拳"的活动，甚至怀疑其动机呢？要理解当时士绅们的认识，我们需要考察他们在这一时期的重要社会活动：维新变法。

随着和列强的接触日深，地方知识分子正在逐渐丧失"天朝上国"的优越感——尤其当中国在甲午战争中被日本打败以后，温州社会前往日本留学的人士骤然增加……他们看到日本仿效西方所取得的改革成效，纷纷表示要效仿西方诸国来改革政局、"拯救国难"❸，如此"英、德、法、美之盛，渐将可希矣"……19世纪维新变法思潮深刻席卷温州社会，这场运动最直接的后果就是让地方士人对西学有了一种前所未有的热忱和崇拜。相比之前他们对"番人"的歧视态度，如今的知识分子言必称"泰西"：《治平通议》（1893）是地方士子陈虬在维新时期的作品："……何谓定国债？泰西各国，每有大事，必告贷民政……何谓开新埠？泰西各国，每次换约，辄求增设口岸。……何谓弛女足？泰西男女入学，故材亦相等。……何谓开议院？泰西各有议院，以通上下之情……"❹陈介石《商务论》赞道："夫泰西各国之富、之强、之大、之盛，人必曰商务之兴也。"❺……

与"义和拳"提出的"我大唐可以驱之出境，绝其阑入"（一种怀旧情

---

❶ 张棡：《张棡日记——温州文献丛书》，俞雄选编，上海：上海社会科学院出版社，2003年。

❷ 王理孚、刘绍宽：《平阳县志·武卫志二》（民国卷），1926年。

❸ 这种提法也有值得商榷的地方：地方维新人士当时似乎已经顾及不到整个国家："……先生与虬以会试至京师，与诸忧国之士昌言变法自强。康有为欲为保国会，浙人汪康年、蔡元培及先生与虬意皆不然，谋归为保浙会……"（引自《欧风杂志·陈先生墓表》）——他们的拯救目标已经缩小到以地方为单位了。

❹ 陈介石，转引自胡承畴编：《温州近代史资料》，温州市教育局教研室和中学历史教学会编印，1957年，第105—115页。

❺ 陈介石，转引自胡承畴编：《温州近代史资料》，温州市教育局教研室和中学历史教学会编印，1957年，第146—151页。

绪的反洋教信念）相比较，士绅们因为接触西学日深，对于当时的"华洋"关系有一个更为深入的思考和定位，"……三大纲领既举，则唐、虞、三代之风，渐可复见，英、德、法、美之盛，渐将可希矣"❶。他们主张的"攘夷"之道，已经从"武治"的绝望（"黑龙江误信邪谣，妄与俄人开衅，兵端一开，连仗皆败"❷。——以战事来驱逐"夷人"是"不智"的）转向文治的"希望"了（比如施行"三大纲领"）。当民间社会还停留在用一种"迷信"的方式来动员乡民对"洋教"（或者说"洋人"）进行武力驱逐时，地方士绅在认识上和"拳民"出现了一定的分歧，这种分歧最后逐渐落实到地方士绅对"拳民"动机的普遍怀疑上，"拳民"群起而动的时候，士绅开始为之紧张，士绅关注的焦点渐渐由教民转到拳民。

2. 从"拳民"到"拳匪"

《厚庄日记》❸写道：

（笔者加：1900 年 6 月 21 日给友人的信）……郑家墩之垒匪金宗才分散飘布，今已明目张胆，木桥头一带颇有风动，看来团练之举，似不可缓……此等地痞能抢教屋，即能劫殷户。凡地方事与其酿变，毋宁激变，激则祸速而小，酿则祸迟而大。

（1900 年 7 月 5 日给友人的信）神拳将于七月（1900 年 8 月）半起事，江南此刻归者尚少，倘不急图，势必蔓延，不可收拾。

于是，伴随着士绅群体对于"拳民"作为危险力量的敏感性，地方社会迅速开设"团防总局"组织力量对抗"拳民"，"此次开局，同人商议总以清土匪、镇内变为主，海防则姑置谓缓图"。为什么"拳民"到最后变成了"土匪"，"除灭洋教"的运动变成了"内变"呢？这里面有怎样的脉络可以讨论？

在刘绍宽的日记里，他把"拳匪"和地方历史上的"金钱会匪"建立了联系（"拳匪均系极蠢蚩氓，看其举动情形，并金钱会匪之不若"），这使得我们有必要回顾一下历史上被称为"金钱会起义"的农民运动，看看它究竟

❶ 陈介石，转引自胡承畴编：《温州近代史资料》，温州市教育局教研室和中学历史教学会编印，1957年，第 146—151 页。

❷ 胡珠生辑：《李希程自定年谱及书札》，中国人民政治协商会议浙江省温州市委员会文史资料委员会编：《温州文史资料》（第九辑），杭州：浙江人民出版社，1994 年，第 272—293 页。

❸ 为"义和拳运动时的平阳（温州下面的一个县）团练总局副董"刘绍宽的日记，其手稿藏于温州图书馆，古籍部。

给当时的地方士绅留下了怎样的判断逻辑，使他们察觉了"拳匪"的危险性。

19世纪中叶的温州，"虽然不是太平天国和清政府对决的主战场"，也没有异族的正面入侵，但是这里远不是一处"世外桃源"："鸦片战争以后，清政府把筹措赔款的任务分配给浙江、江苏、安徽三省；而浙江省因为较少受到太平天国的波及，承担了更多的筹款任务"**❶**；晚清温州人口膨胀导致人地关系紧张、再加之土地兼并和集中，普通老百姓民不聊生，遇上大灾马上饿殍遍地**❷**；在温州的东部沿海，广东来的艇匪、失业的船工**❸**以及一些外国人互相勾结，冲击、抢劫陆地居民，成为地方的安全隐患；而与此同时，朝廷设立各种名目的捐输，按财产和田亩乐捐，使得没有势力的中下士绅和富户的利益严重受损**❹**，他们中的一些人，不甘"被困之以捐输"，以团练的名义组织起来，联合其他不同利益诉求的地方中下层（比如贡、廪、生、监等有功名的下层绅士、游手好闲之徒、习拳之人甚至军士、官衙里的办事人员），逐渐具备了和豪绅大族争夺地方权益的资本**❺**。1850年代，温州地方上爆发了两场大规模的暴动：北部的瞿振汉起义和南部的金钱会起义。这两次"起义"最后都被镇压，但是其中暴露的地方社会问题——豪绅大族和下层绅士、富户之间的冲突、贫民和地主、豪富的矛盾、村落之间的旧怨、地方官员的贪腐和无能等——都没有得到缓解**❻**。让我们看看在民间文献中留下的对"农民起义"的记录：

> 民间益知官兵为无用，乱机渐萌与此矣。……今者官民交困，最乐而易为者，其惟谋叛乎？我与若提一旅之师，取瓯城（笔者注：瓯城指温州）如反掌耳。……子托团练名，招募土兵……**❼**

---

❶ 罗世杰："地方申明如何平定叛乱：杨府君与温州地方政治（1830—1860）"，《温州大学学报（社会科学版）》，2010年第2期，总第23期，第6页。

❷ 李世众：《晚清温州权力关系格局透视——以士绅为中心的历史考察》，华东师范大学历史系博士论文，2005年，第89—91，107—108页。

❸ 周梦江、马允伦、蔡启东："试论金钱会起义的原因"，《温州师专学报》，1980年。

❹ 李世众：《晚清温州权力关系格局透视——以士绅为中心的历史考察》，华东师范大学历史系博士论文，2005年，第110—111页；罗世杰："地方申明如何平定叛乱：杨府君与温州地方政治（1830—1860）"。《温州大学学报（社会科学版）》2010年第2期，总第23期，第7页。

❺ 同上。

❻ 李世众：《晚清温州权力关系格局透视——以士绅为中心的历史考察》，华东师范大学历史系博士论文，2005年，罗世杰："地方申明如何平定叛乱：杨府君与温州地方政治（1830—1860）"。《温州大学学报（社会科学版）》2010年第2期，总第23期，第3—15页。

❼ 林大椿，转引自胡承畴编：《温州近代史资料》，温州市教育局教研室和中学历史教学会编印，1957年，第4—16页。

金钱会匪……设饭铺于其乡，善技击，结交皆拳勇辈……渐至闽疆亡命之徒，往依者众。……无赖子弟归者益众……翟令大喜，给以谕单，改名团练……一无赖出身，聚众十余万人。❶

一个比较显著的特点就是，这些"革命力量"刚开始出现的时候都依靠一种合法名义（团练），从而得到组织上的大发展。比较以上特征，19世纪末期的"拳民"组织未尝没有一种相似性。"拳民"托名"仇教"，趁机"酿变"的逻辑在这样的历史脉络里也似乎是自然并合理的："（1990年）六月十八日为余六十生辰，温城文武官绅戚友公制屏幛称祝，时警报纷来，人心惶乱，绅富多迁避……是月浙闽交界处土匪作乱，江山、常山二县城失守，衢州民乘势闹教，戕官踞城，杀西教士男妇七八人，教民多被难，经官军讨平之。"❷这段叙述告诉我们，当"拳民"发变的时候，除了他们的目标对象——教民要受到冲击，"官员"（戕官踞城）和"绅富"（从他们"迁避"的反应中）也是可能被卷入的两种人。所以，暴动的发生与否，和士绅的利益是紧密结合在一起的，士绅有一种"治乱"的自觉性。

与此同时，新近发生的地方事变以及从中反映出来的官府"治乱"的"无能"也使得地方士绅有一种警醒的意识：1898年地方上发生了民众闹荒，民众冲击永邑道府县衙署，同时，城中一富户也被掳劫一空。"四乡多借买谷为名抢抄富户，不一而足"❸。——如果发生民间暴动，那么官府并不是一个可靠的维持秩序的力量。在这种情况下，士绅作为"治乱"过程中的"中坚力量"，其角色地位被凸显出来。

《厚庄日记》曾写道：

（1900年6月24日，与友人宋仲铭笺）……查拳匪起于乾隆邵文生，以后历有办案，申报详哉言之，而乡愚只知仇教而起，故从之益伙，地方官亦未免讳匪，故未能大张示谕。阁下在城之便，可否向商当道，将拳匪起事蓄意原由，历叙晓谕，所谓明其为敌贼，乃可服也，虽属文告之末，当亦先事解散之一法也，是否裁之。❹

---

❶ 祝封才，转引自胡承畴编：《温州近代史资料》，温州市教育局教研室和中学历史教学会编印，1957年，第18—36页。
❷ 胡承畴编：《温州近代史资料》，温州市教育局教研室和中学历史教学会编印，1957年，第280页。
❸ 胡珠生辑：《李希程自定年谱及书札》，中国人民政治协商会议浙江省温州市委员会文史资料委员会编：《温州文史资料》（第九辑），杭州：浙江人民出版社，1994年，第279页。
❹ 刘绍宽：《厚庄日记》，温州图书馆古籍部。

专题研究

这一资料说明：一方面，士绅认为"拳民"作为一个早已存在的民间结社组织，因为"仇教"口号而发展壮大，对地方社会是有一定危险性的；另一方面，我们也看到地方士绅最初的目标并非一意要消灭"拳民"，他们的目的乃是要解除拳民的组织性。

（1900年6月9日）庆铎（笔者注：人名，一位拳师）为拳匪邀之数次，卜于神，谓从团练吉，遂邀雁宾来商团事，故深悉匪中情事。小诧（笔者注：人名）初闻庆铎入拳党，有徒弟数千，颇迟疑不决，余告以不许办团，彼将折而入匪，小诧悟，遂许之。❶

——"拳民"和"团练"与其说是一种对抗关系，不如说是一种竞争。

（1900年7月17日）县城报，瑞安陈飞龙已投诚。晚刻，殷叔祥来云："孙仲容先生为出保信，陈见新太守盛夸神拳之术，新太守和何中府皆感之。"上江教民皆归里，拳民之误受飘布者亦多。……（7月19日）孙仲容先生信致愚楼，谓陈飞龙、许阿雷、黄上焕均已投诚。启太守将令招集成团，仲容先生力争乃止。❷

——最后，组织团练的士绅（比如这里提到的孙仲容，即孙诒让）出来担保他们原来要对抗的"拳民"，这证实了之前关于士绅和"拳民"关系的讨论：二者最重要的利害关系在于一种组织上的威胁，而非实际利益的冲突。"士绅"反对"拳民"不是反对他们"反洋教"，而是怕他们以"反洋教"为名，在组织上发展壮大，从而造成对地方社会秩序的潜在威胁。从这一点来说，"反洋教"事件犹如催化剂，使地方社会暗藏的潜流浮出地表。

（三）"国家"在地方社会的分心

1. 运动中"国家"内部的分心

1900年6月21日清政府发布宣战上谕，表示自己已经无法容忍基督教对中国内政的干涉以及教民益肆的嚣张气焰，"朕今涕泣以告太庙，慷慨以誓师徒，与其苟且图存，贻羞万古，孰若大张挞伐，一决雌雄"❸。上谕到达东南各省时，督抚们却制定《东南互保章程》，拒不执行朝廷诏谕，承诺在华西人保护南洋一带的教堂。

中央和省级政府的政策分歧，进入地方社会，也引起了地方社会的分

❶ 刘绍宽：《厚庄日记》，温州图书馆古籍部。
❷ 同上。
❸ 明清档案馆编：《义和团档案史料》，北京：中华书局，1959年，第162—163页。

化。温州地方官员因为强调对不同指令的服从出现了分裂和竞争，主要表现在：以王祖光为首的温处道坚决执行督抚命令；而以满人启续为首的温州知府坚决奉行朝旨。后来两江总督刘坤一致电浙江巡抚刘树棠，将启续调离温州。这场地方官员的竞争才得以结束。

通过地方上留下来的文献我们发现，即使是宣战的中央政府（1900年6月20日）内部，其时的态度也是模棱两可，并且在具体政策执行上多有隐讳。刘绍宽的《厚庄日记》记载道，虽然1900年6月20日以后，中央政府表示要召集义和团，但是很快，太后慈禧后党中的中坚力量荣禄就发电表示，以前的旨意需要收回，乃是"矫诏"。在1900年7月17日的上谕中，朝廷通知各地"将军、督抚查明各国洋商教士在通商各埠及各府州县者，仍按照条约，一体认真保护，不得稍有疏虞"❶。

2. "拳民"和"士绅"对于国家的"分心"

从某种意义上说，如果不是因为"朝廷"内部的争议和善变，"拳民"和"士绅"的分歧可能没有进一步激化的发展。"拳民"在行动上所受的鼓励，来自于到达地方社会的"国家"暗示，"拳民"在运动中积极响应和运用了这种"大气候"中"利于己方"的信息：

> 六月初一日奉五月初五日上谕，现在中外已开战衅，义和团会同冠军助剿获胜，业经降旨嘉奖，此等团民，所在皆有，着各直省督抚招集成团云。自得此谕，外间拳匪遂乘此滋事，不可收拾矣。……外间讹传道、府宪通饬拆毁教堂，乡民哄然而起，乡中教民惊惧，咸思逃遁。是夜，各教民家……以及各乡教堂均被毁。❷

但是，国家对于反洋教并没有一种持续的态度，当中央政策对拳民的态度由"优抚"过渡到"镇压"的时候，"拳民"对于国家权威的态度也就相应从高度认同跌落到一种否定、质疑，当运动被镇压后，在押的"义和拳首领"慷慨激昂地批评了政府的"失职"，在此基础上，维护和加强了自身的合法性："我闻之，国者，君民所当共爱，今官府既不爱国，百姓又不爱国，国者奚赖？"❸

士绅对于地方社会的具体治略有一种现实主义的考虑和判断，他们没

---

❶ 朱寿朋：《光绪朝东华录》（第4册），北京：中华书局，1958年，第4528页。
❷ 刘绍宽：《厚庄日记》，温州图书馆古籍部。
❸ 张明东，转引自胡承畴编：《温州近代史资料》，温州市教育局教研室和中学历史教学会编印，1957年，第187页。

有盲从于中央政府或地方官吏的权威，在他们看来，虽然拳民"可恨亦可悯"，但是问题的关键在于政府或官吏不应该给民间以错误的引导和暗示：

"（7月11日）……启太守来平（注：平阳，温州下属县）议抚史，……吴祁甫师亦在。师以招抚为失计，议当剿抚并施，与太守意不协而去。"

"孙诒让（笔者注：瑞安县团防总事，1900年）致刘绍宽言瑞安拳乱书"

"……大约此事全误于华令之怯懦，次误之项莲溪之袒护拳匪，致酿成大祸。实则匪全无武艺，亦无军火，全以术愚人且以自愚，可恨亦可悯"❶

"当局者昏谬傲狠，极力袒纵，一唱百和，举国若狂，以致匪胆愈张，遂酿成燎原之祸。"❷

早年，因为维新运动的失败，地方士绅普遍产生一种失望情绪："国事如此颠倒"❸、"天下事不可为也"❹……在1899—1900年的"义和拳"运动中，这种失望情绪已经上升到对清政府的一种"分心"，比如士绅直接就骂"当局者混谬傲狠"，也有人产生一种反满情绪，"临风掩卷忽长叹，亡国于今三百年"❺。

3. 基督教传教士在治乱过程中的积极意义

当义和拳的运动因为受到镇压和部分组织者的"投诚"逐渐走向尾声的时候，"神拳略敛迹，而教焰又大张。""略云赔教之事，民怨颇深。偿款未到而拆屋偿命之根，皆已埋伏。而教民又愚懵不识大体，扬言以犯众怒，两愚相搏，其祸仍在眉睫。""夫拆毁教屋，皆系地痞，而赔偿则出于官。赔者自赔，毁者自毁，非惟之地痞无所损，而且借以忠愤义气，为再图报复之举。"❻运动的结束，并没有平息民教之间的矛盾，当事态的发展似乎又要陷入新一轮民教冲突时，地方官员不得不向上一级行政长官提议，请传教士来节制教内信徒的"反击"行为："伏乞费神代致瓯领事，务必率同

❶ 刘绍宽：《厚庄日记》，温州图书馆古籍部。
❷ 胡珠生辑：《李希程自定年谱及札》，中国人民政治协商会议浙江省温州市委员会文史资料委员会编：《温州文史资料》（第九辑），杭州：浙江人民出版社，1994年，第280页。
❸ 张棡：《张棡日记——温州文献丛书》，俞雄选编，上海：上海社会科学院出版社，2003年。
❹ 池志澂，转引自胡承畴编：《温州近代史资料》，温州市教育局教研室和中学历史教学会编印，1957年，第100页。
❺ 孙宪文：《孙诒让遗文辑存》，中国人民政治协商会议浙江省温州市委员会文史资料委员会编：《温州文史资料》（第五辑），杭州：浙江人民出版社，1989年，第84—85页。
❻ 刘绍宽：《厚庄日记》，温州图书馆古籍部。

各教士等即乘下次普济来温，并嘱各教士传谕教民安分传习，毋再有恃教欺凌、干预词讼等事，庶几民教永远相安。"❶地方士绅张棡❷在1901年6月的日记记录了这样的片断："……盖祝三近因伊地农民为吃洋教者诬作拳匪，索诈洋银数十元。幸祝三寄函郡城花园巷英国牧师衡平君，说明曲直，而牧师果然谓吾教原以行善，岂有凭空陷人之理，当遣人其是否照教中法律办也。噫！中国官不庇民，任人鱼肉，而反假夷人收拾人心之权，几何不胥民而为夷也。"——"义和拳"运动失利以后，"拳民"成为了人人避之的标签，基督教传教士被推到了"治乱"的前台，这从另一个侧面体现了地方政府的失职，也让士绅对时局愈加失望。

皇帝因为基督教牧师苏慧廉在庚子议和中作出的贡献，封他为"荣禄大夫"，特赠朝珠给他，苏因此成为地方民谣中"奉官大三级"的人物。——原来大家以之为运动目标的"夷人"和"番教"，却在运动过后益加活跃起来，赢得了声望和地位。基督教的这种发展空间和角色、地位的逆转，是在一种"海内分心"的局面下形成的。当社会处于高度分化的状态时，一种有序的文化生产和定位已经退居二线（不像在第一时期的反洋教运动中，人们不断地在建构和言说一种"华夷之辨"），为了一种现实的稳定和安宁，人们已经不加区分（"华夷不辨"）地寻找一种务实的"治乱"方案（像地方官请回传教士管制教民、乡民请传教士主持公道），这时候，虽然很难为这些进入地方社会的基督教传教士寻找一种身份定位，但是人们出于一种现实的考虑，开始承认洋人传教士对于地方社会治乱的有效性，这就成就了基督教在地方社会一种新的形象，而过去那些似乎属于原则问题的文化分类（比如"华夷之辨"、"番教"……）在这一历史时期都被生存的威胁（比如内乱）所消解掉了。基督教在地方社会进入了一个新的发展阶段。

本节主要关注19世纪末期在温州社会发生的另一波反洋教高潮。在这一历史时期，基督教作为一个整体（包括传教士和教徒）的边界在地方社会得到了重视和认知，但是这种认知把基督教对于地方社会的意义建构为一种权力关系，而非一种信仰的差异。地方社会存在的各种分化：满汉官员之间的矛盾、官员和士绅之间的矛盾、教民和平民之间的矛盾、士绅

❶ 胡珠生：《温州近代史》，沈阳：辽宁人民出版社，2000年，第162页。
❷ 张棡：《张棡日记——温州文献丛书》，俞雄选编，上海：上海社会科学院出版社，2003年。

组织的团练和"义和拳"为主的平民武装组织之间的竞争——在这种名为"反洋教"的动乱中纷纷暴露出来，并不断激化：满汉官员因为是否支持反洋教而相持不下，地方士绅不满官府对于义和拳组织的纵容，认为义和拳"以反洋教为名、行劫掠之实"，出面组织自己的武装来对抗义和拳组织的扩张。平民之间以"教民"和"拳匪"作为标签，互相检举报复。——基督教在这一时期的存在是和地方社会高度分化的结构性危机结合在一起的，我们把这种特点称为"海内分心"。虽然，反洋教运动最后得到了暂时的遏制，但是隐藏在运动背后的各种分歧并没有得到一个最终的解决，当地方社会即将陷入另一轮循环式的内乱时，基督教传教士作为一种积极的"治乱"力量出现，从某种角度来说，这也意味着之前对于基督教的文化定位（比如华夷之辨）正在逐渐趋向模糊化。

另一方面，我们需要强调的是基督教在当时地方社会生活中的重要性，并不是仅仅因为基督教或者传教士作为行动主体产生了多么广泛而重要的影响。透过具体的地方历史，我们看到基督教在当时的"历史地位"——作为一个"强权"的象征，是被地方社会中的精英（士绅，言必称"泰西"）和普通民众（寻求发动"神仙"的力量来驱逐外国人）的各种话语所不断强化的。"反洋教"运动实际上是一个"以反洋教"为名义的社会内部秩序的重组过程——为什么基督教可以担当这样的历史角色？第一，这种表述符合当时中国所面临的被殖民化处境，以外忧（反洋教、驱洋）为名组织地方社会生活具有很高的合法性；第二，这种口号并不是静态的，而是一个动态发展的象征，人们用这个象征来表达不同的内容，也用这一合法化的现实去掩盖其他现实（比如，原来日常生活的矛盾，现在也可以用民教矛盾来解说；原来的地方武装势力之间的竞争，现在被解说成对于反洋教的选择），从某种意义上来说，在当时矛盾重重的地方社会秩序中，基督教是一个意识形态化的秩序媒介，是一个不同人群所消费、用以表达和生产多种意义的象征。虽然在运动结束以后，基督教的地位和声誉有了一个很大的提升，但是这种传教事业的成就不能由基督教本身得到充分说明。教会在地方社会的存在（无论是被压抑，还是被推广）被具体政治、文化、经济过程所塑造和支配，因此，当我们考虑基督教对于地方社会的功能和意义时，不能忽略了对它所生存的社会背景的讨论，这样才能对基督教的发展路径有一个正确的定位和实证的分析。

五、在"民族国家"之下的基督教

……基督教英国牧师和师姆都参加了聚会,他们同参加集会的人一样,脱下帽子,在照相前3次叩了他们尊贵的头。……基督教徒在外国牧师的带领下,企图乘机博取公众好感,傍晚,在教堂里点起百余只小灯笼,甚是辉煌。天黑后300余人从堂内列队而出,以民国国旗为前导,其次为外国牧师,后来300余名教徒,每人均提着小灯笼。因天下着雨,他们穿着钉鞋行走在石板路上,如同地狱里发出的怪声,也有人说好像骑兵过路。"这是基督教徒为表示他们庆祝民国举行的游行。……这些基督教徒为什么这么热情呢?这是因为创建了民国,是基督徒得势的时机,他们到处宣传新总统,孙中山先生是属于他们的。❶

——这是一位法国神父为我们记录的走入民国历史的基督教。他们努力地在仪式上建立与新成立的中华民国的亲近感:总统孙中山先生的教徒身份,使基督教在文化认同上有了一个契机获得民国时代的"中国"身份。

而与此同时,这位法国神父却很灰心地说道:"这一切事情虽然很好,但我们在中国人当中犹如一个靶子,革命党人打不过俄国和日本,定要把矛头转向我们进行报复。"❷

翻开20世纪早期的地方历史,我们看到,"民族主义"作为一种新的社会思潮,在社会中逐渐流行起来。辛亥革命的青年们走上街头,高呼着"中国领土上的一切都是中国的,中国归中国人所有,中国属于欧化的、现代化的、文明的中国人所有"❸。1919年的"五四"运动传播到温州社会,人们又在高喊:"反帝爱国,抵制日货","凡被查获的日货都被充公,而后放在公共场所加以烧毁。至于被捕拿的奸商则令他们穿着红布衫,背着'汉奸'两个打字在城内游街……从此,所有吃的穿的用的,凡印有'日本制造'商标的都被视为可耻……连清卫工人都不愿到东洋堂、广贯堂,粪

---

❶ 冯烈鸿:《辛亥革命温州散记》,郑济民、方志刚译,中国人民政治协商会议浙江省温州市委员会文史资料委员会编:《温州文史资料》(第七辑),杭州:浙江人民出版社,1991年,第185—206页。冯烈鸿,法国人,1899年来温,任"温处总本堂",1928年归国。他曾在法国出版《传教生活》一书,其著作甚多,曾在法国油印成册,就已知的已达11册之多,写作时间在1908—1918年。此文出自"辛亥革命温州散记",郑济民、方志刚译,载《温州文史资料》(第七辑),1991年,第185—206页。是从其书信第八册中编译的。

❷ 同上。

❸ 同上。

专题研究

便由日本人自己抬到公厕去倒掉"❶。

回到我们的具体研究对象，在民国历史的早期，基督教在地方社会认知中的定位，一直延续了19世纪末期的模糊性（可以说"不辨"），在现有的历史文献中，我们没有发现人们存在一种建构教会边界（就像早期的"华夷之辨"一样）的意图；而就基督教群体本身的作为而言，他们积极参与"国家认同仪式"（就像本章开头描写的，基督教徒兴致昂扬地参加民国成立庆典）以及20世纪早期在民族主义旗号下酝酿的各种爱国运动（比如"五四"运动时期，地方社会的基督教徒参与到爱国学生发起的"抵制日货"运动中），在这过程中表现的爱国激情和同仇敌忾的愤怒，使基督教似乎成为了"中华民族"的一部分，基督教世界在主动地建构自己的"民族认同"。

然而，随着"五卅"反帝爱国运动（1925）的爆发，在地方社会，一群来自教会内部的力量挑战了教会自己建构的"民族认同"。在这场疾呼"收回教权和教育权"的反帝爱国运动中，温州的基督教会遭遇了一场自下而上的"民族国家"身份诉求。基督教会一改自"义和拳"运动结束以后在地方社会中的模糊定位，重新成为一个需要被认知和辨识的事物，虽然运动的现实影响力有限，但是它使得响应"民族国家"话语的教会群体（比如说教会学生、提倡自立运动的牧师）凸显于历史中（而其他的教会在"民族国家"历史中是"无声"的），在这个意义上，我们称这一时期的基督教为"民族国家的基督教"。

（一）从帝国主义奴化教育到民族国家教育

1. 温州循道公会艺文中学

1867年，循道公会前身"偕我会"在康乐坊附设"艺文小学"，实施新式教育。1895年，创办"艺文书院"，1901年因为清廷下令各省、府、州设立学堂、艺文书院报请温州地方官批准，改为"艺文学堂"。1902年，因为办学基金的扩大，教会在温州东门买地20亩，建立艺文中学新校舍。1903年10月20日，当地方教育界名人孙诒让受邀参加"艺文中学"的开学典礼时，他在《演说辞》里盛赞了这座新式学校对温州地方文化发展所具有的重要意义：

❶ 陈世奇：《五四革命在温州》，中国人民政治协商会议浙江省温州市委员会文史资料委员会编：《温州文史资料》（第四辑），杭州：浙江人民出版社，1988年，第138—142页。

敝处瑞安近年立有几处学堂，而经费支绌，课程都未完备。恨自己不能一到西洋各国，考察文明政治教化的规模及一切大小学堂的办法，增长知识。现在苏先生开设这艺文学堂，用西洋文明开发吾温州地方的民智，想见苏先生要热心推广教化，不分中西畛域，力量既大，心思又细，各种教科无不齐全。兄弟登堂瞻礼，如同身到西洋看学堂一样，心中不胜欢喜。❶

——可以说，在1903年的时候，这所教会学校是作为新文明的传播场所被地方社会所欣然接纳的。成立当年，这个学校招收了200多名学生入学。苏慧廉在他的书中❷追忆了在温州最初的办学经历，当时父母送子女来教会读书，因为"免费读书"，都是"深受奚落的"。但是，新式学校的成立，让苏慧廉倍感骄傲，他欣喜地写道："1906年，我们在地方统考的分数超过了附近的任何公立学校"，"该校有八位学生得到了学衔（实为考取了秀才），有一位青年考入北京大学……有的在海关和邮局工作。……有三位优秀青年成了有智慧有热忱的传道者"。

虽然这是一所教会学校，但是，从苏慧廉的记述中我们发现，这里的学生并非要求有教徒的身份或者必须来自基督教家庭，按他的说法，每个礼拜日的聚会，学校都让学生保持自主权，学校里大概有100个孩子参加星期天的聚会——苏慧廉还很自豪地说，参加礼拜的学生里，有很多人的家庭都不是信教的。如果按他们的总人数为200人计算的话，实际上教徒或教徒亲属在学生中所占的比例，最多只占到50%。所以我们看到，虽然这是一所教会办的学校，但是它对学员的宗教身份并没有严格的要求，就如地方名士孙诒让所强调的，这个学校是一所教授"西洋文明"的新式学校。

2. "反帝爱国"运动之必然与偶然

民国时代的温州学校一直有着学潮的传统，在1925年"五卅"运动之前，比较大规模的学潮要数发生在1919年的"五四"运动：

事先，约有百余名学生获悉北京、上海、杭州等地学生，以空前高涨的热潮抵制日货，显示出炽烈的爱国主义精神。这些学生决定学习他们大

❶ 孙宪文：《孙诒让遗文辑存》，中国人民政治协商会议浙江省温州市委员会文史资料委员会编：《温州文史资料》（第五辑），杭州：浙江人民出版社，1989年，第84—85页。
❷ Soothill, William Edward, *A Mission in China*, Turbull and Spears（London），1907, pp. 17-193.

专题研究

哥的榜样，宣布罢课，并成群结队出现在城内各处……一个多月以来，学生们就是这样无拘无束地自行搜查，私定处罚……夜间，他们把群众聚集在大街上，同时领着女生们到黑暗的小巷里巡逻，并由他们登上四方桌讲台，发表他们的小演说……中国耶稣教徒也出来摇旗呐喊，成年的男人、妇女以及小孩，都组织起引人注目的夜游队来。他们要出动时，手提灯笼，上面写着'基督教爱祖国，要救国。仇恨日本人！中国属于中国人'，牧师们则登桌演讲。群众经常看到他们这种做法。❶

当时，温州基督教各派如循道公会、安息日会、内地会等都非常积极地参与了这场以爱国为名的抵制日货运动，在这过程中向国人展现了他们作为"中国人"的爱国热情。

就现有的史料而言，我们没有发现艺文中学学生因为参加"五四"学潮而受到校方弹压的记录，反而是地方其他学校的学生在学潮中遭到校方反对而被开除学籍；所以在"五四"运动时期，就温州地区来说，艺文中学校方对待学潮的态度还是相对比较开明的。

以上这些有关温州1919年"五四"运动的回忆让我们发现："反帝爱国"运动的斗争矛头并不必然指向具有帝国主义背景的基督教会，大家在这种民族主义话语之下针对的往往是制造"事端"的具体国家，在这个意义上说，作为运动口号的"民族主义话语"在运动的具体操作中有很大的实用色彩；基督教会虽然也是帝国主义的一分子，但是他们通过仪式性地参与具体"反帝运动"，不仅没有成为"靶子"，甚至可能成为运动的主力。

当我们由"五四"运动回到1925年的"五卅"运动，一位艺文老校友对于"五卅"运动的回忆，让我们了解了学潮发生的具体情境和细节：

……学生还推举了几个代表向校长要求学期提前结束，支持我们的爱国反帝运动。校长不答应，当全体学生举行大会时，蔡博敏声称现在暑期未到，不能提前放假，并声色俱厉地威胁我们不准在校内外有越轨行动，如有人被发现抓住定予严惩不贷。我们对校方的横暴专制历来不满，加上这次校长对我们的压制和威胁，更加激起公愤。当天晚上，同学们就在学校附近的天宁寺内举行大会，会上大家表示决不愿再在教会学校里读死书，受外国人的欺负压迫……次日，当全体同学整装出校时，蔡博敏拿着

---

❶ 冯烈鸿：《论学潮》，郑济民译，中国人民政治协商会议浙江省温州市委员会文史资料委员会编：《温州文史资料》（第四辑），杭州：浙江人民出版社，1998年，第143—158页。

手枪立在校门口，怒目监视，但我们毫不畏惧，高呼着爱国反帝口号跨出大门。❶

在这之后，艺文师生 300 多人公推原教师谷旸主持筹办新学校，租借了陈家祠堂为校舍，成立瓯海公学。这个时候，天主教会的增爵小学正开始在窦妇桥建教学大楼和宿舍……

我们称这是一次必然而又偶然的"反帝爱国"运动是因为：第一，当上海"五卅"惨案的消息传到温州时，按照历史经验，发生学潮是一个必然的结果；第二，按照常理来说，因为这次"五卅"运动事涉英国和日本，所以，冲击一个英国教会办的学校，这也是情理中的推断；第三，称它为偶然的运动是因为当时如果没有英国校长的阻挠，也许斗争的矛头不一定会指向教会学校，这里面有偶然的一面。甚至我们可以想象，在学生们刚开始离开学校的时候，他们可能没有一种明确的运动理念和目标在背后对他们的离校行为作出非常明确的解释。从这个意义来说，当我们理解运动的结果和人们的言说时，我们不能顺着已有的历史逻辑把它看成是一次"目标指向"的理性行为，认为参与运动的学生在运动之前就清晰而主动地选择了独立的道路。运动的过程充满了权宜性和偶然性，我们需要关注人们的事后言说：在这个过程中，偶然被塑造成了必然，"民族认同"逐渐落实到"民族国家"的教会学校改革目标上（比如收回"教育权"）。

3. 在民族国家的话语里言说革命

1926 年瓯海公学为纪念脱离艺文中学一周年，出版了《五卅特刊》❷。学生马翊颛在特刊中这么回顾一年前的学潮经历："近日调查，外人设立中国学校，全数达三千以上，生徒都二十余万人。……言念及此，则收回教育权一事岂容须臾缓哉。今我瓯海公学，即根据去年五卅惨案而发生。当时我侪同学，脱离英人专制势力之下，组织斯校，其毅力不可谓不专，其责任不可谓不重。"郭枢、张毓聪在题为"五卅惨案史略"的文章中提到："沪上约翰大学、宁波斐迪大学、武昌博文大学、天津新学书院、温州艺文中学等，或自创学校、收回教育权，为祖国争光，乃'五卅'后之佳果。"——这些对于"脱离教会"事件的言说把一个具体的地方事件联系到

---

❶ 林主光：《"五卅"运动与瓯海中学》，中国人民政治协商会议浙江省温州市鹿城委员会文史组编：《鹿城文史资料》（第一辑），内部刊物，1986 年，第 55—62 页。
❷ 1926 年 5 月，油印报纸，藏温州图书馆古籍部。

"民族国家"的情境中，当"离开教会"被提升到"收回教育权"的角度时，运动的学生也在言说中成为了民族国家建设事业的主体。我们可以把反洋教运动中出现的"民族国家"话语看成是当时地方社会的一种普遍社会认知吗？

同年出版的《六八特刊》❶，让我们进一步看到了一个"民族国家"的事业下，运动本身所包含的复杂性，以及"民族国家"理想在具体地方社会中有限的动员能力。首先是学生会的"忠告艺文诸同学"：

吾辈愤强邻之压迫，痛祖国之陵夷，遂于六月八日全体签字，脱离学校。幸赖吾瓯各界伟人，群策群力，几经艰难，组织瓯公，不受奴隶之教育，自谋文化之发展，此吾国学界未有之光荣也。诸君皆明智博达之士，何昧大义，忘国耻，贪免费蝇头之末利，甘屈伏外人肘腋之下，仰洋鬼之鼻息，是何心乎？……且校长，专制异常，学生略有小过，即以拳足相加，昔美人之于黑奴，不是过也……兼以斯校，未经吾国教育部之注册，毕业后欲升入国立大学，戛乎其难。其课程偏重英文，崇拜圣经，而吾国固有之学术，反唾弃而不顾。……诸君乎！倘能从此幡然觉悟，悔过自新，全体离校，步吾辈之后尘，仍不失为良好之国民。

文中首先在一个帝国主义入侵的基调中展望了学潮的意义，同时又在文末以"吾国之幸"为结语，肯定了这次学潮的正当性和强制性（"倘能从此幡然觉悟，悔过自新，全体离校，步吾辈之后尘，仍不失为良好之国民。吾辈亦不念旧恶，和衷共济，为学界发异彩，为祖国争光荣"）。在这过程中，文章作者穿插了具体的学校经历，提到了"校长的专制"、"体罚"、"难于升入国立大学"、"放弃国粹"等各方面的内容，以此来佐证学潮的合法性。1922年艺文中学《同学录》记载："本届学生毕业仅13名，而肄业的学生却有118人。"❷ "离开学校"是当年艺文中学的学校特色，这里面的具体内因，除了学生们提到的理由，我们现在还没有足够的文献来进行客观说明；但是可以肯定是，地方其他的教会学校没有这样不良运转的记录；甚至在这场学潮轰轰烈烈地发生以后，其他教会学校也并没有像艺文那样发生学生脱离学校的情况——《六八特刊》中是这样评论当时在温州

❶ 1926年6月，油印报纸，藏温州图书馆古籍部。
❷ 胡珠生：《从艺文中学到瓯海公学》，中国人民政治协商会议浙江省温州市鹿城委员会文史组编：《鹿城文史资料》（第三辑），内部刊物，1988年，第74页。

的教会学校的：

（1）瓯海艺文中学：该校因脱离了没有学生，所以就于去年下学期招生的时候，大扬一番免费的话，到后来就有减费的举动；且对于基督教徒，有格外优待的办法。至于这学期，以多请良师和减费的话赖引诱一般贪利的学生。（2）法人办的将要开幕的college：该校用校舍的宏大美景，引诱一般物质的人们，又以两性共同生活来诱一般血气未定的青年。（3）崇真小学：此校极力联络基督教徒。又用半免费的办法使得学生增多，且说办此校者不是英人，乃是美国的人。（4）育德女子学校：这个学校亦用半免费联络基督教徒的手段。

——从这里我们看到，当艺文独立出来的学生需要借用"两性共同关系"、"半免费"等非民族国家话语来言说处于他们（潜在）对立面的其他教会学校时，这是否正好说明了民族国家的话语在现实中的有限性（他们不是用一种民族的"大义"来质疑和谴责仍然留在"奴化"教育中的同胞）？另一方面，因为"五卅"运动事涉英国，"崇真小学"强调办校者非"英人"，而是"美国的人"——这种拿办校者国籍作为卖点的策略不是从侧面说明了当时的"反帝"运动带有一种功利性和权宜性（就事论事型，反帝不是针对所有殖民者，而是针对挑起具体事端的殖民者）吗？

"瓯公多学潮"——这是温州历史上对瓯海公学的整体印象，除了这次以"收回教育权"为旗号的脱离教会运动外，在瓯海公学历史上，还发生过多次抵抗国民党当局的运动：比如1932年反抗国民党政府为禁压抗日，在全省中学施行"毕业会考"。在革命的年代里，瓯海公学作为"学校"的一面逐渐被革命的声音所占据了……在此过程中，当我们反思1925年那场"收回教权"的运动时，我们能不能把它定位为瓯海公学（前身艺文中学）作为革命学校（这是一种必然、常规的特点）在特殊历史时刻的偶然追求呢？

（二）作为民族国家的中国教会

1. 早期温州教会自立运动

基督教会内部在1925年"五卅"运动中提出"收回教权"的口号，似乎让人们感觉之前基督教会的控制权一直掌握在外国列强的手里。但是，当我们把时间的脉络延伸到更宽泛的历史时段时，我们发现：这一时期提出"自立口号"的基督教徒，并非温州教会史上宣传自立运动的"革命"先驱，温州教会的自立运动，在"五卅"运动发生十多年前早已悄悄在地

方社会生根发芽了。

1903 年，上海长老会华人牧师俞国桢提出设立"耶稣教自立会"的主张；1906 年，他组织成立了中华耶稣教自立会，并"呈报苏松太兵备道，要求给予保护"❶。1907 年，温州下属的平阳县教徒林湄川、黄时中响应上海俞国桢牧师的"自治"号召，从内地会和循道公会分离出来，开展了温州基督教的自立运动。仅仅 3 年时间，这一教会组织就发展了 40 处堂点，教徒达 2 000 人。为了让教会具有"中国"身份，牧师俞国桢向当时的浙江巡抚部院申请，"要求批准'平阳七乡自立会'为'中国耶稣教自立会平阳分会'"，于 1910 年 5 月 16 日得到巡抚增韫批准。1912 年梁景山、谢楚廷等人也在温州市区的鹿城施水寮设立自立活动点。1914 年 7 月，基督教徒们在乘凉桥首建教堂，成立自立会温属分会❷。这些自立的教会，由富裕的教徒捐献宅基地建堂或者集资租借民宅，实现了自立、自养、自传。基督教在温州的发展进入快速扩张期，"自立会者，中国教民脱离外国之传教人而为为传授者也。教主俞国桢自沪来瓯（笔者注：温州）平阳，耶稣教民首欢迎之，其徒党亦最盛。各教民七日礼拜相聚、演说，礼拜堂之多，几与梵宇埒矣"❸。那么，提倡"收回教权"的"五卅"反洋教运动和这些早期教会的自立运动相比较，有什么新的历史特点呢？

2. "民族国家"口号下的基督教会自立运动

1925 年，温州循道公会尤树勋（时任温州城西堂主任牧师）牧师赴上海参加"中华全国基督教协进会"，机缘凑巧，他目睹了"五卅"惨案的经过，回温后他希望教会里的英国牧师对英国暴行有一个表态，但是遭到拒绝，遂看清了洋教士口称"爱心、仁爱"却对中国进行文化侵略的真面目。之后偕同共产党员（尤树勋后来也加入了共产党）组织爱国救亡十人团，并在 1925 年 7 月 26 日宣布成立中华基督教自立会，组织"收回教权"的活动。

从尤树勋刊于《六八特刊》的文章（"英牧师在温州宣传亡中国"）中，我们也许更能了解教会自立运动背后潜在的一些重要冲突：

温州城西圣道会会长海和德牧师，其平日讲演中常带帝国主义之色

---

❶ 张化："中国耶稣教自立会述评"，《史林》1998 年第 1 期，第 58 页。

❷ 胡珠生：《温州近代史》，沈阳：辽宁人民出版社，2000 年，第 565—566 页；支华欣：《温州基督教》，浙江省基督教协会，2000 年。

❸ 王理孚，刘绍宽：《平阳县志》（民国卷），1926 年。

彩……平阳宜山内地会建造教堂，基地及筑费百分之八十五出自平阳人，而堂契则为英牧师持去。及至民国元年，信徒欲谋自立全体同志拟在原有教堂开会，孰料英人竟请警备军来驱逐教徒，诬为私占英人产业。……青田基督教徒欲谋自立，西人海和德及西溪人汤裕三、卢元生、省议员张焕绅等蜂拥至。重演宜山故事，霸占青田教堂。……同年冬间，海和德、汤复三、卢元生、陈金生等又到玉环坎门霸占教堂，将自立会之国族会牌等什物捣毁撕碎，并用势逼利诱之手段，运动各处已自立之会，复归其节制。如有不听其运动者，复派强悍恶徒霸占教堂。

——如果我们把这些事件去情境化，这种现象实际上和西方基督教会内部因为经济剥夺而出现宗派现象的逻辑是一样的。

但是回溯历史，我们发现，当时作为运动对立双方的华人牧师尤树勋和西教士海和德，在民国初年的教会（循道公会）自立事务上还是合作伙伴，曾经互相支持和合作。早在1912年，循道公会的牧师海和德（J.W. Heywood）就提出，要积极征收教会自养的基金（原名谢恩款），各处教友筹集的自养费达六千元——他认为教会终须自立，不能依赖外国津贴，他在温州各级教会中开展了劝捐的活动。当时的教会华人牧师尤树勋在总议会上作了题为《中国教会自立之预备》的演讲。海和德拨款把尤树勋的演讲刊印作为宣传资料，发放到温州各个教堂❶。但是，西方差会所设定的自立目标和中国信徒所想象的教会"独立"有很大出入：传教士强调的是"自养"，但是教会内部的中国信徒所提倡的却是"自治"。按照教会老人的说法，当时"（西方差会和中国教徒之间）还有上下级的关系"，像布道工作、地契等都被西方传教士控制在手里。仔细想想，这样的一种科层关系是否代表一种殖民压迫——这值得我们更为开放的思考：教会的这种科层关系和组织习惯，即使在当代，也存在于三自教会体系内部。不过，1920年代以后的民族主义政治风潮让温州教徒的"独立"呼声（或者说"去科层化"）具有了毋庸置疑的正当性。

"五卅"运动之后，尤树勋为首的中国教牧人员去上海和西教士谈判，希望西教士拍电报敦促英国领事从速办理"五卅"惨案："我们为要求地方安宁，所以，拍电报主持公道，有效与否，不关于你，若不照行恐地方发

❶ 温州基督教城西教堂堂务管理委员会：《温州基督教城西教会创建一百三十周年暨教堂重建一百十周年纪念册》，2008年，第13页。

生纷扰，危及教会，那时你就不平安了。"而当时的西教士看来，"这次不是政府逼难，而是学生逼难，政府是不会叫外国人回去，不会禁止我们传道，这次不过是一次风潮而已"❶。——可以说，当时中国教牧人员和西教士争论的焦点并不是在于是否"反帝"，而是商量处理这次有可能危及教会的政治风潮。如果当时的西教士在政治上有所作为（比如拍电报，发表声明等），中国教牧人员也许就不会把反帝的矛头对准西教会。而且，最后导致华人牧师和西教士决裂的"最后一根稻草"也在于：西教士拒绝把教会的契据移交给中国教牧人员。后来，尤树勋牧师在原来的住处（名义上也是差会的教产）另外组堂聚会受到挑衅，使矛盾进一步激化，教友们凑钱接济尤树勋家庭，同时另外租房聚会，1926 年 7 月，"中华基督教自立会"成立；同年 11 月，教会的会长尤树勋牧师"加入中国共产党，成了中共温州独立支部 12 名成员之一"❷。

　　不过，细观运动的结果，除了英籍教会发生自立运动以外，其他美籍（安息日会）、法籍（天主教）教会基本上都没有受到冲击，"反帝爱国"运动有很大的偶然性（"五卅"运动使得英差会成为敏感对象）和弹性（针对英国教会、而不是所有"帝国主义"教会；独立的教会内部和差会之间仍然保持着很多关系❸）。这一时期教会的自立在"反帝爱国"的运动中获得了自己的合法性，相对于之前讨论的中华耶稣教会来说，他们不需要向政府注册来证明自己的"中国化"。

　　（三）寻找"民族国家"

　　1. 来自远处的革命

　　……中国革命人员是多么现代化，他们围攻一个地方并不用枪炮、炸弹，也不用挥舞利剑的军队，不，这些武器都已陈旧了。他们打败敌人，推着胜利前进所用的唯一武器，就是现代化的电报……温州的革命党没有流血、没有战争、只用电报，就把官员们吓跑了。……当时到处有人集会，大街上、戏台上都有一些领导人物在向百姓演讲……百姓们听后说："这个

---

❶ 高建国：《基督教最初传入温州片断》，中国人民政治协商会议浙江省温州市委员会文史资料委员会编：《温州文史资料》（第七辑），杭州：浙江人民出版社，1991 年，第 350 页。

❷ 支华欣、郑颉峰：《教会自立的先驱尤树勋》，中国人民政治协商会议浙江省温州市委员会文史资料委员会编：《温州文史资料》（1994 年第九辑），杭州：浙江人民出版社，第 214 页。

❸ 比如内地会下属的自立教堂，他们实现了教会的经济独立、管理自治，但是教会的传道工作还依赖差会的供给。

先生讲得很好。"演讲者讲得满头大汗，听到的仅是这句恭维话。……革命人员中一批最激奋的，已到乐清县（笔者注：温州下面的县）接收去了。乐清县的官员及百姓集合一起，一清早就等着他们来。……于是乐清官员仍保持原职，不过换了一面旗，将黄龙旗换上了白旗而已。……孙总统的照相供在一项迎佛用的花轿里，遍游了各大街。……我们很惊奇地听到这些可怜的人们，竟这般歌颂共和政体，（辛亥革命的青年们）他们尽管从未见过这样一个国家，但他们都相信人们对共和政体所赞颂的一切美好东西。这至少是很有趣的，我们随他们梦想去吧……温州人是很清楚的，他们亲眼见过太平天国的惊人胜利和失败结果。如果有人要他们喊叫"民国万岁"，他们也喊着，但这并不表示什么。当人们要求他们剪下辫子来表明爱国主义思想时，他们就要犹豫和拖延日期了。他们说，清朝并不是失败到东山不能再起，谁能肯定它就无法战胜目前的艰难局面，因此要当心镇压。要明智，明智！因而辫子始终留在头上，而剪刀始终等待着它们。❶

　　这是前文提及的那位法国神父在家书中对于辛亥革命的描写。这是一个现代国家出现在地方社会的一个片断，在这里，我们看到了当具体地方社会和国家处境勾连在一起时，革命具有怎样的"虚幻性"；同时，我们不能把这样的过程简单看成一种意识形态动员和渗透的效果，或者，它也并不仅仅是人们在认知明确的情况下利用合法资源追逐权力的理性选择。

　　回到1925年的温州社会，当我们重新审视这场兴起于教会内部、以"民族国家"为主题的革命时，我们发现，似乎很难围绕"民族国家"的主题对这场反洋教运动的形成机制作一个逻辑的说明。从英籍牧师海和德的理解中（"这次不是政府逼难，而是学生逼难……这次不过是一次风潮而已"），我们发现，当时似乎没有一种来自"远方"的"国家态度"❷出现在地方社会中，所以这场运动是否是意识形态自上而下的动员结果，是需要继续被讨论的；另一方面，无论是教会学校的独立，还是教会自身的自立行为，我们在历史的脉络里都发现了其偶然性和常规性的一面，由此看来，很难定位这场以收回"教育权"和"教权"为诉求的"民族国家"呼声对

专题研究

❶ 冯烈鸿：《论学潮》，郑济民译，中国人民政治协商会议浙江省温州市委员会文史资料委员会编：《温州文史资料》（第四辑），杭州：浙江人民出版社，1998年，第143—145页。
❷ "民族国家"强调国家对内的行政能力，所以它的行为主体应该是国家。

于地方教会的现实意义和影响力。"民族国家"在当时的历史时期，究竟是一种怎样的存在呢？

2. "民族国家"中的国家与地方

从温州当年保留的《杭州简报》❶来看，我们发现了浙江省民国政府在一步步反帝热潮影响下所发生的改变："（1927年7月）军兴以来……外人避免战祸，纷纷他徙，遗留空旷房屋……嗣后对于各国领事、教堂及外人住宅、学校、医院、行栈，并附带物产，无论何人，不得擅行占据。其从前借住外人房屋，现在应迅速迁让交还。如有附属物产，并须悉数点交，以昭大信。"——从这一时期政府公告的内容来看，"民国政府"还是支持保护外国人的学校，到了同年8月份，形势就发生了改变：

教育厅规定收回外人所办教育事业办法：（1）于本年九月一日以前移交省政府，或浙江省政府承认之中华国籍人民组织团体或中国籍人民。（2）接收不得有条例，须呈请省政府备案。（3）外人确有劳绩可录者，得在就地建设纪念物或呈请省政府嘉奖褒扬。（4）外人脱离后，不得担任董事及校长职务。（5）收回之外人教育机关，与私立学校同等待遇。

1928年5月，《杭州简报》又云：

全浙基督教中等以上学校代表会议五月三日至四日，全浙基督教中学以上学校代表开会于杭州弘道女校。……议定事项：（1）本省教会学校应一律向政府立案。（2）凡各校尚未组织校董会者，应按照民国政府之条例从速进行。（3）各校校长应按照民国政府条例由华人担任之。（4）各校原由之西教职员，仍望其在校继续服务，其职务由学校当局指定之。……（7）……将宗教科定为选修，礼拜任学生自由。

——国家政策内容的演变让我们看到，教会内部这场进入民族国家语境的自立运动，自下而上地对于国家层面政策的制定产生了影响（当然，这里不仅仅是温州一个地方的影响）❷：在民间社会的运动之后，"国家"被"收回教育权"的思潮所启蒙和推动，出台了"收回外人所办教育事业"和"管理教会学校"的政策。这些政策在当时的政治氛围之下具有毋庸置

❶ 藏温州图书馆古籍部。

❷ 另外，笔者觉得不能否认还存在着另一种可能性：那就是，这本是一个国家层面的话语，地方基督教会的分化借用了这样的话语进行自我支持——但是不管怎么样，它使地方基督教的一部分和民族国家产生了联系，这种联系对双方来说都是有意义的，民族国家的话语和政策得到了来自地方经验的支持，而民族国家成为这一时期基督教在地方历史中存在的突出特点。

疑的正当性和群众基础。

但是我们又看到，即使有了这样一场声势浩大的反帝爱国运动和国家的政策支持，在地方社会，很多教会和教会学校的运作依然故我、保持不变：比如温州当时的另一英籍教会是内地会，在"五卅"运动中的改变就是于1927年将内地会更名为"中华基督教自治内地会"，教产移交中国人自己管理，但是之后又有一些外籍牧师过来，继续影响着中国教会的教务；"收回教育权"的呼声也没有触及到教会办的小学，个别外国人控制的教会中学也隐匿在地方社会中若干年。所有这些都在暗示，当时出现的"民族国家"意识对于整个地方社会的影响是有限的。

另一方面，虽然这种自下而上的"反帝"热潮对于"自立"的定义是一个大家根据自己具体处境，不断变通的过程；但是，我们也要看到，这时候的民族主义和国家联系在一起，最终形成了正式制度，并且国家和"反帝"的爱国群众通过这场表演式的运动在表征的层面走到了一起。虽然制度在地方上的执行效度大打折扣，但是它象征着一种强制的正当性，并且为以后的反洋教运动提供了比较统一的"策略"。美国安息复临会在温州开办的三育中学，虽然在1925年的"反帝"学潮中没有受到影响，但是五年之后，它也遭遇了相似的挑战：1930年11月，三育校方申斥一位和女同学谈恋爱的赵姓学生，致使此学生"愤而控告校长借口办学，宣传宗教，要求政府严予查处，并鼓动学生罢课。次年1月省教育厅令收回自办，三育学校因而改称研究社，实行工读制"❶。

本节围绕1925年温州社会出现的第三次反洋教高潮展开讨论。在这段历史时期中，教会学校的学生和主张教会自立的牧师在一种"民族国家"的话语（"收回教育权"、"收回教权"）中对基督教的定位提出了挑战，使得原来作为一种模糊存在的基督教重新被提到了一个需要被认知的角度。另一方面，我们在这些反洋教运动背后也论述了它们常规性和偶然性的一面；分析了"革命效果"的弹性和有限性。

20世纪早期的中国社会，处于一种由分化走向重新聚合的过程；"民族主义"作为一种建构共同体的整合力量，在这一时期的地方社会中逐渐流行起来。"民族国家"的观念是"民族主义"在20世纪20年代的具体表现。通过对基督教的分析，我们发现，"民族国家"的意识在"国家"层面产生

---

❶ 支华欣：《温州基督教》，浙江省基督教协会，2000年，第94页。

专题研究

了现实的后果，"国家"的统治权威和管理秩序逐渐在"民族国家"的革命中得到认识和实践。

六、小结与讨论

本文对基督教在温州近代历史上三次反洋教高潮进行了梳理，在这个过程中分析了基督教在地方社会三个历史时期的存在特点，并进而从基督教的历史命运中反观地方社会和国家秩序在近代历史中的演变。本文所关注的三个历史阶段，它们所构成的"辨（华夷之辨）、分（海内分心）、聚（民族国家）"的连续统一，是一个围绕基督教而展开的文化生产过程。在这个过程中，基督教的"意义"在地方的生存紧张中得到"启蒙"（19世纪60—80年代）；并且逐渐被形塑为一个与殖民背景相结合的"特权"象征，这个象征又进一步被地方社会的各种政治竞争所消费，使得民教矛盾成为清末民初（19世纪90年代至20世纪前10年）一个热点社会议题；民国时代（20世纪10—30年代），教会内部在民族主义思潮的影响下，对于"中国教会"的意义作了新的解释——自下而上地提出了"收回教权"和"教育权"的主张，并在国家层面得到了回应，"民族国家"的蓝图把教会、地方社会和国家在表征的层面重新整合在了一起。在这个基督教逐渐"本土化"的过程中，它在地方社会的呈现及其变迁是和传入地的内部政治生态紧密结合在一起的。

以往一些关于中国基督教的研究，往往重视基督教作为主体的一面，而忽视它作为客体的存在。大家惯于从信仰系统、仪式或组织形态来分析宗教的功能、意义和组织运作，在这些分析中，基督教是一个自为的群体，并且代表一种强势文化（西方的、现代的）对社会和人群产生影响。本文让我们看到，基督教本身作为一个需要被认知和呈现的文化现象，它的存在方式有赖于特定的政治经济情境；它在特定历史时期的地位和命运，很大程度上并不是教会自致的结果。基督教在温州社会所遭遇的问题化并不仅仅是一个殖民侵略的问题，它和当时地方的世俗政治（不同政治力量借由反洋教的概念来组织起来争夺地方的控制权）、教内政治紧密联系在一起（比如差会和独立的教会）——它是一个被不断塑造和建构的客体。所以，我们对于基督教的理解，不能只立足于基督教本身的性质和特点，要关注它的历史性以及它所面对的具体社会政治情境。

基督教传入中国社会所引起的各种教案在如今的历史解读中，时常和民族主义的兴起联系在一起 ❶，基督教因而成为现代民族国家建设中的一个重要"他者"。本文并不把地方社会在当时对于基督教的"偏见"视为一种不证自明的民族主义情结："以民族主义为名"的反洋教运动（比如义和拳的"扶清灭洋"、20 世纪 20 年代的"收回教权"）从晚清延续到民国，表现了地方社会（以前的义和拳组织、地方士绅以及之后的教会华人信徒）建构和消费不同"民族主义"概念来表达自己合法性和正统性的实践策略。从这个角度来说，虽然文化精英向普通民众启蒙了民族主义的概念和话语，但是民族主义能够持续、广泛地产生作用，和民间社会"自下而上"的推动密不可分。对于"民族主义"的分析有助于我们理解一个作为建构过程的"中国的宗教"。近年来，在国内一些关注基督教的人群（比如官员、研究者）中流传一个口号："提倡基督教中国化，反对中国基督教化。"本文的分析试图证明"基督教中国化"是一个被建构的命题，问题的核心并不是"基督教是否中国化"，而是要关注究竟是谁在定义"中国化"，"中国化"的诉求体现了怎样的教内政治、地方政治与国家政治？

专题研究

---

❶ 比如参见张力、刘鉴唐：《中国教案史》，成都：四川社会科学出版社，1987 年；夏春涛：《教案史话》，北京：社会科学文献出版社，2000 年。

Politics of Localization:
Christianity and Wenzhou Society from Late Qing to the Republic Period

Zhu Yujing

Abstract: This paper reviews the history of Christianity in Wenzhou from Late Qing to the Republic Period. It analyzes mechanisms and processes of how Christianity was problematized in different historical periods（I pay attention to three historical periods, which was labeled as "discrimination between 'barbarian' and Chinese, "divided country", "nation-state" respectively）, by which I intend to present the evolution of meanings of Christianity in the local society. In this paper, I emphasized the approach that takes Christianity as "object" and focuses on the cultural production of Christianity under specific sociopolitical conditions in specific historical period. Finally, I address how "nationalism" was constructed in the anti-Christianity movements and discuss how it helps to understand some nationalist discourses in current society.

Keywords: Christianity; localization; nationalism; discrimination between "barbarian" and Chines; divided country; nation-stat; Wenzhou

现代性的游移

——清华学校 ❶ 的时间、空间与身体规训（1911—1929）❷

陈　晨 ❸

摘要： 在 20 世纪的前 30 年，清华学校通过一系列诉诸时间与空间的身体规训技术，旨在将美国文化认知中的"现代"身体特质加诸清华学生的身体之上。在早期清华学校浓厚的美国文化氛围中，中国的身体被构想为不洁的、低效的、弱小的、阴柔的、多病的；与中国人身体相伴的是一系列的令人难堪的习惯，如纵欲、早婚、惧怕竞争、反应迟钝等。因此，从学校的斋务管理、体育到医疗活动都旨在将"落后"的东方身体转化为被美国文化价值观所认可的"现代"身体。因此，现代性的获取首先是"帝国主义教程"的一部分：通过身体规训的细微技术，美国管理者将美国式的"现代性"灌输给中国学生；然而在另一方面，被灌输给清华学生的美式现代性并非完全被接受，也并非完全被排斥。虽然对于"现代性"的追求是 19 世纪末 20 世纪初几代知识精英所孜孜以求的目标，然而在清华学生追求"现代性"的过程中，他们是以本土的文化传统资源来"转译"美国舶来的现代性的。本研究显示，清华学生发展出一套"身体—国家"的身体观，即认为，对自身身体的管理有助于改变中国身体"病弱"的状况。当个人的身体不再"病弱"，国家的"疾病"也就不复存在，中国也就可以走上强国的道路。值得一提的是，这种"身体—国家"的身体观实际是规

---

❶ 选取清华的早期历史（1911 年至 1928 年）作为本文研究的对象其主要原因是这一时期是清华比较特殊的历史时期。从严格意义上说，这一时期的清华并非一所大学而是一所杂糅了中等教育和部分高等教育的留美预备教育机构。自 1911 年至 1928 年，清华的名称比较混乱，如清华学堂、清华学校、留美预备处、Tsing Hua College 等。早期清华的学制也历经变革（详见下文）。自 1928 年始，清华改名为国立清华大学。旧有的学制也随着最后一届旧制生的毕业于 1929 年终结。

❷ 本文最初为笔者于清华大学社会学系所完成的硕士论文（2008）。在论文的写作过程中得到导师张小军的悉心指导。硕士论文完成之后，本研究亦得到芝加哥大学冯珠娣教授（Judith B. Farquhar），Jean Comaroff 以及 John Kelly 教授的批评指正。笔者在此特别鸣谢以上师长！本文行文不周之处均由作者本人负责。

❸ 陈晨，美国芝加哥大学人类学系博士候选人。

训经由儒家"修身—治国"的身体观所转译而成的产物。"自治"是理解这个文化转译过程的核心所在:"自治"一方面强调对于学校纪律等各种身体规训的内化,以形成镌刻在身体之上的惯习(habitus)和身体技术(techniques of body)。另一方面,"自治"又是儒家身体观中"修身"的一种体现。清华学校的学生"自治"影射了中国 20 世纪早期现代性含混而复杂的内涵。

关键词:身体;规训;民国教育;现代性;殖民作为文化过程

一、导论

1920 年底,英国著名哲学家罗素(Bertrand Russell)曾到清华访问。访问结束后,罗素感慨良多:

> 到了清华园,一位英国访问的人,立刻感觉到好像在美国一样,周围及若干在这一古老国家碰不到或极少见的习惯和现象:如清洁、整齐、讲效率、守时刻,等等;这个学校的校长,也就像一位在美国小城镇的校长一样。❶

罗素对清华这所留美预备学堂的评论令人印象深刻。在罗素看来,她将现代文明的成果诸如"清洁"、"整齐"、"效率"以及"守时"灌输给来自古老东方的学生,造就了他们不同于这个国家其他国民的"现代"特质。不仅如此,如果我们不再仅仅将帝国主义权力的彰显和扩散看成是单一的军事、经济或是某种宏观意义上的政治过程,而是转换视角,将其视为一种充满了微观权力博弈的文化过程❷,那么,是不是也能将这样一种基于身

---

❶ 李济:《感旧录》,台北:传记文学社,1967 年,第 8 页。

❷ 关于这一点,何伟亚(James Hevia)在《英国的课业:19 世纪中国的帝国主义教程》(北京:社会科学文献出版社,2007 年)中有一段非常精辟的论述:

帝国主义从来都不仅仅是枪炮和商品,它还是一个文化过程,是一个对于力图在某个地理空间实现霸权控制的力量或实体进行反抗并且与之适应的过程。从刑场转向语言课堂,正是要沿着那条把西方人与非洲和亚洲的"劣等"种族分别开来的殖民分割,去追寻某种过程。

在这本书里,何伟亚讨论了鸦片战争至义和团运动之间的殖民势力(作者着重讨论了英国的在华活动)是如何通过"文化过程"实现对于中国的霸权的。在书的后半部分,何伟亚讨论了 1900 年八国联军所实施的一系列活动(包括处决、对于北京城墙破坏、对于宫廷物品的掠夺和对空间的占有等)背后的文化象征意义,为我们揭示了殖民者是如何通过给中国"上课"的方式,生产出殖民霸权的。何伟亚将帝国主义的扩张看成是一个文化过程。在历史与人类学领域,近 30 年来,基于马克思主义传统和后殖民研究(post-colonial study)的启示,许多学者认为殖民主义并非某几个权力精英或者政治组织所行使的指令,而是已经深嵌在了一套去主体的文化话语实践之中。这种话语实践具有弥散性的特征,并非基于"压迫/反抗"、"中心/边缘"的二元结构。"殖民"和"殖民主义"均为复杂而有争议性的概念。本文探讨的"殖民"和"帝国主义"过程,主要侧重观察这个文化过程弥散的微观场域。本文无意给"殖民"作出一个确切的、结构化的定义,而是

体技术（techniques of body）❶的规训视为殖民过程的一部分？通过检视早期清华学校的日常生活，本文将昭示，殖民权力正是通过控制时间与空间的种种权力技术诉诸清华学校学生的身体之上，从而将被规训的个体转换为能够"自我治理"的现代性主体（modern subjects）。如果身体规训的目标是训练出服从新权力秩序的主体，那么，让人惊讶的是，清华学生普遍接受了各种身体的规训并将其内化为文化惯习。

　　同样令人感兴趣的是，通过身体规训所植入的现代性显得那么游移不定：一方面，在"现代化"话语的语境之中，这些被规训的民族主义者敏感地认识到他们"非现代"的从属身份（相对西方"现代"的殖民者而言）。然而，另一方面，他们将自己被规训的身体想象为组成一个强大的现代民族国家的基本单元。只有强身，才能救国和强国，使国家免于沦落为西方列强的殖民地。于是，规训的实践包含了深层的自我矛盾。基于此，我们无法将清华学校视为一个压迫与反抗的战场，亦无法将其视为一座命令与服从的兵营，当然，更无法将其简单视为一个单纯的"传道授业解惑"的教育机构。

　　本文聚焦于清华学校的身体规训，同时也将在 20 世纪早期的历史脉络中考量身体与帝国主义权力扩张以及民族主义身份建构的微妙关系。我将讨论规训体制是如何生产出"自治"的主体性，以及年轻的民族主义文化精英是如何将"殖民工程"的话语转化为"现代化"的话语。我将论述，这一转化是如何汲取了地方性知识"，特别是儒家"（修）身—（治）国"的意识形态。我希望这一项关于规训和身体的历史民族志研究能够帮助我们更好地理解中国 20 世纪早期冲突而复杂的现代性。

　　日常身体规训是清华学校运作的重要方面。以往关于清华历史的研究，大多从学校制度沿革、学校课程设置、学术研究、人事更迭等角度进行讨

　　试图保留这一概念所显示出的异质性、多元性和矛盾性。而展示出权力过程的复杂性一面，正是历史民族志的优势所在。关于以上所讨论的"殖民主义"与文化、意识形态的关系可以参考 Dipesh Chakrabarty, *Provincializing Europe*: *Postcolonial Thought and Historical Difference*, Princeton and Oxford: Princeton University Press, 2000. 以及 Nicholas B. Dirks. ed., *Colonialism and Culture*, Ann Arbor: The University of Michigan Press, 1992.

❶ 关于"身体技术"，见 Marcel Mauss 的经典研究 "Techniques of Body." 收录于 Margaret Lock and Judith Farquhar eds., *Beyond the Body Proper*: *Reading the Anthropology of Material Life*, 2007, pp. 50-68.

论。然而所有这些作品对于微观的制度实践层面均不曾有深入讨论❶。在此，我将在研究中借鉴身体视角来讨论早期清华的"帝国主义教程"❷。因为我相信，微观制度实践包括卫生、体育训练、后勤管理、纪律与惩罚、空间安排等均是权力得以获取的重要场域。同时，不再将"身体"与"智识"对立分离，我将"身体"看作是建构主体性以及理解20世纪早期现代性的重要环节。

福柯的作品让我们将视角转向身体与规训：规训作为一种穿透身体实践的知识／权力（knowledge/power）技术，在各种话语以及制度运作中不断使得个体"正常化"（normalization）。福柯指出，在西欧，至少从18世纪以降，权力不再主要针对那些危害王权的危险活动，而是弥散至网状的社会血管之中，成为所谓"生命权力"（biopower）将个体规训为驯顺而具有生产性的主体。身体规训——在福柯看来，正是自18世纪以降国家权力的主要行使模式——成为生命权力在微观场域中运作的重要机制。规训渗入人类身体的最细微之处，算计其位置与运动，控制其速度与姿态，修正其偏差与异常，并消灭其潜在的危险与动乱。简而言之，通过规训而实践的权力不断地作用于个体的身体之上，一方面增加其效率与生产性，另一方面消弭"负能量"带来的危险。于是，在生命权力的照观之下，身体被编织进一张从属关系（relation of subjection）的巨大罗网❸。

福柯关于生命权力的论述以及被发现的身体视角很快影响了一批研究殖民历史和文化的学者。在新的视角下，他们开始重新审视"在地"

---

❶ 如清华大学校史编写组所著《清华大学校史稿》（北京：中华书局，1981年），清华大学校历史研究室所著《清华大学九十年》（北京：清华大学出版社，2001年），方惠坚、张思敬主编《清华大学志》（北京：清华大学出版社，2001年）等。值得一提的是，黄延复（2001）所著《水木清华——二三十年代清华校园文化》（桂林：广西师范大学出版社）与苏云峰（2001）所著《从清华学堂到清华大学（1911—1929）》（北京：生活·读书·新知三联书店）均讨论了不少学生生活的方方面面。尤其是苏作，对于历史沿革的考察，对于资料的收集均非常完备，为本研究提供了不少启发。

❷ 长期以来笛卡尔主义的"身心二分"让学者只注意到教育传播知识，组织制度、教化人心的一面，而对于"身体"，有关教育的研究始终讳莫如深。"我思我故在"，只有"思"和"思"的产物才能被认作知识的主体。莫斯、福柯、梅洛-庞蒂以及德勒兹的研究昭示给我们，身心不可分。有时候甚至"身"才是真正的主体。

❸ 关于"生命权力"的讨论，见福柯：《治理术》，赵晓校译，李猛校，《社会理论论坛》1998年第4期；以及福柯：《性经验史》，余碧平译，上海：上海世纪出版集团，2006。关于规训、身体与权力的讨论见福柯：《规训与惩罚》，刘北成、杨远婴译，北京：生活·读书·新知三联书店，1999年。

（local）的殖民现代性（colonial modernity）和帝国主义霸权。许多作品都开始从"身体"的视角来观察殖民权力的扩张和抵抗问题，并在其中发现权力和殖民现代性的众多异质性实践形式 ❶。值得一提的是，受到这一视角影响的人类学家和历史学家均对于权力实践的"文化情境性"或者是"在地宇宙观"（local cosmologies）有着相当的重视，即，他们特别看重权力实践是如何被多样化的本土文化重新诠释、转换甚至创造的。

近10年来，亦有许多学者从身体的视角出发，检讨中国自晚清至20世纪发生的历史转变。这些研究或是从性别研究的角度讨论女性身体的生产 ❷，或是讨论身体与法权以及国家的关系 ❸，或是讨论西医以及与之相应

---

❶ 如：Jean Comaroff 教授对于南非 Tshidi 人历史的研究，特别对于成人礼的研究，从身体仪式的角度讨论了殖民霸权在 Tshidi 社会的渗透与本土反抗（Jean Comaroff, *Body of Power, Spirit of Resistance: The Cultural and History of a South African People, Chicago*: Chicago University Press,1985）。Aihua Ong 对于马来西亚资本主义工厂女工的研究发现，身体是对于殖民霸权以及跨国资本主义的服从、共识以及抗争的场所（Ong, *Spirits of Resistance and Capitalist Discipline*: *Factory Women in Malaysia*, Binghamton：SUNY Press,1987）。大卫·阿诺德讨论了殖民医学怎样被英国殖民当局作为一种治理技术推广开来，在地的人们又是如何对待殖民医学的（Arnold David, *Colonizing the Body*: *State Medicine and Epidemic Disease in Nineteenth-Century India*, Berkeley, Los Angeles and London: University of California Press, 1993）。另 Taussig 则讨论了南美当地"恐惧"与殖民主义和资本主义的关联。生产模式的转换制造了当地人的"死亡的空间"。殖民主义融入了当地的萨满活动和魔法实践。Taussig 的这本名作对于我们理解殖民和当地文化的关系有着极大的帮助。见 Taussig, Michael, *Shamanism, Colonialism, and the Wild Man*: *A Study in Terror and Healing*, Chicago: University of Chicago Press, 1987. 最后不得不提的是政治学家 T. Mitchell 对于英国在埃及殖民史的研究。在这本著作中，作者为我们展示了英国殖民者是如何通过诉诸如当地人民身体的规训技术推行和巩固了殖民统治。作者讨论了建筑、城市空间、生产时间等规训的重要方面。见 Mitchell, T., *Colonising Egypt*, Cambridge: Cambridge University Press, 1988. 限于篇幅在这里仅仅点到为止。

❷ 比如：费侠莉（Charlotte Furth）将女性的身体至于自《黄帝内经》开始的中医脉络里进行检视，发现在《皇帝内经》中，女性身体的边界是模糊的。自从宋代以来，阴阳同生的身体受到了女性身体差异的挑战。女性的身体逐渐分离出来［费侠莉（Charlotte Furth），《繁盛之阴：中国医学史中性（960—1665）》，南京：江苏人民出版社，2006年］。

❸ 黄金麟主要在宏观层面上从四个方面论述了国家化身体的形成、法权身体的诞生、现代时间向度下的身体与空间向度下的身体。黄金麟的贡献在于，非常清晰地为我们揭示出自从晚清起，某种作用于身体的治理技术开始渐露端倪，并展现出许多本土化的、不同于西方的特征，如新身体的创造是与强烈的民族主义兴起有着密切的关联，在此过程中，身体被逐步国家化了。然而黄著中"身体"可能展现出的多面性与复杂性被忽略了，黄著并未区分中国内部对于接受西方身体观的复杂性，其分析或多或少地抽离了具体的历史语境。因此，黄著所对于身体的认识过于单一化与概念化，比如黄著关于"身体"的界定完全是围绕重大的政治活动，但是微观的身体的历史真实与宏大历史事件如此吻合么？（黄金麟：《历史、身体、国家》，北京：新星出版社，2006年）

专题研究

的知识权力在中国地方社会扩散的具体历史过程❶；或是讨论体育、民族主义与中国民族国家的关系❷。值得一提的是罗芙芸（Ruth Rogaski）关于晚清以及民国时期通商口岸"卫生"（她理解为 hygienic modernity，即"卫生现代性"）的研究❸。罗芙芸的著作展现中国现代"身体"的复杂性与多元性。特别是不同的"现代性"理解。罗芙芸注意到，"现代"与"传统"之间并不存在"五四"知识分子所建构的巨大"鸿沟"，从"卫生"这个词的研究中，罗芙芸发现，"卫生"这一词汇并非自晚清才创造出来。在中国古代文献中，"卫生"自成系统地发展着，然在在晚清，正如其他许多具有现代意涵的词汇一样，"卫生"从日语借译入中国，并被赋予新的意涵。罗芙芸注意到"卫生"具有现代性的意涵并非突然出现的，而是经历了复杂而渐进的变化。罗芙芸这本书最精彩的地方在于，她通过历史资料，为我们展现了自晚清至抗日战争时期，天津的外国市政管理者是如何推行"卫生"的治理，本土的精英分子与下层民众又是如何策略地应对这种治理的。在罗芙芸那里，现代中国的"身体"既与晚清以前的"身体"不同，同时又并不是西欧现代身体的东方拷贝。中国现代意义上的"身体"乃是中国晚清至民国以来具体历史实践的创造物。

在这些研究中，我们看到一种单声部的"现代化"历史叙述被打碎了，取而代之的是"复调式"的多元史观❹。历史并不总是以一种单一形式呈现在我们面前。更多时候，历史之所以成为"历史"，是因为不同的社会行动者依据自己所认知的文化意义符码系统对于历史的表征进行不断的诠释。

---

❶ 杨念群先生要回答的主要问题是：自晚清以来，西医（包括医学知识以及一系列的制度安排）是如何在中国的地方社会扩张其权力的？中国人的身体，是如何被西方的医学知识规训的？地方社会的精英与底层民众是如何应对这种规训的权力的？杨先生通过讨论医学传道以及协和模式、城市新医疗空间的形成、乡村的卫生实践、中西医的冲突以及全国性的卫生运动等各个方面的问题，努力为读者描绘出上述以医学为代表的权力的扩张形式（杨念群：《再造"病人：中西医冲突下的空间政治（1832—1985）》，北京：中国人民大学出版社，2006 年）。

❷ 见 Morris, Andrew D., *Marrow of the Nation*: *A History of Sport and Physical Culture in Republican China*, Berkeley: University of California Press, 2004.

❸ Rogaski, Ruth, *Hygienic Modernity*: *Meanings of Health and Disease in Treaty-Port China*, Berkeley: University of California Press, 2003.

❹ 关于复调性（heteroglossia）参见 M. Bakhtin（巴赫金），*The Dialogic Imagination*: *Four Essays*. Ed. Michael Holquist, Austin and London: University of Texas Press, 1981. 巴赫金使用"复调"原本是讨论陀思妥耶夫斯基的小说艺术。"复调"意指单一叙述者语言中所包含的混杂甚至自相矛盾的叙述方式。如果我们将历史的一面也理解为一种叙述的话，那么是不是说历史有如同陀思妥耶夫小说一样具有某种"复调性"呢？在后文中，笔者将通过对于现代性以及身体观的讨论说明历史的"复调性"。

如果我们承认历史是多元且异质的，那么，我们将如何理解中国近代史中的现代性问题呢？

20 世纪 50 年代到 60 年代间，以费正清（John King Fairbank）为代表的一批美国中国史家，对于这场变革进行了全面细致的讨论，这批汉学家的研究涉及农业、工商业发展、政治变革、文化思潮等各个方面。后人将它们的解释范式概括成"冲击—回应模式（impact-response model）"。在费正清的"冲击—反应"模式中，中国尽管是一个有着独特的文化、价值、机制的相对自足的文明，由于缺乏内在的资本主义发展动力，在遭遇 19 世纪欧洲文明时一直与西方文明处在一种紧张的关系之中。现代化的努力被看成是与中国的传统相冲突的。中国的现代化进程是在不断地回应西方的挑战中产生的 ❶。

与费正清学派不同，20 世纪日本的东洋史学者对于中国历史转折作出不一样的分析。这一学派，以京都大学为中心，他们的主要观点认为：许多具有"现代性"意涵的转变发端于北宋，包括政治上贵族制的瓦解和平民文化的形成，具有世界史意义的长途贸易的发展和多边的民族意识的形成，以皇权、发达的官僚制和新的军事制度为骨干的国家结构、城市经济和文化的兴起，以及与上述发展相配合的世俗性儒学和"国民主义"的发展 ❷。日本京都学派试图将中国的现代性看成是内生的。但是这种看法依然将东亚的历史比附欧洲近代的历史，即这派学者认为，东亚也经历了与欧洲近代历史类似的历史变迁，北宋正可以看作中国的"文艺复兴"阶段。这种比附性的研究框架，虽然注重从东亚自身的历史发展中寻求变革的脉络，但是依然未能逃脱"欧洲中心"的历史叙事。

柯文提出的"在中国发现历史"乃是对于战后海外中国史研究的重要反思。柯文认为，"冲击—回应"范式将中国的社会看作长期以来缓慢发展的，自身缺乏变革的动力。柯文认为，这一范式忽略了中国社会内部的复杂性，那些以往被认为是受到西方冲击而发生的革命和社会变革，其实应该放回中国社会和历史本身的脉络中加以理解 ❸。杜赞奇在柯文的基础上，

❶ 费正清：《中国：传统与变迁》，张沛译，北京：世界知识出版社，2002 年。
❷ 宫崎市定：《东洋的近世》，载《日本学者研究中国史论著选译》（一），北京：中华书局，1992 年，第 153—242 页。
❸ 柯文（Paul A. Cohen）：《在中国发现历史：中国中心观在美国的兴起》，林同奇译，北京：中华书局，1989 年。

专题研究

进一步检讨了中国的历史叙述话语，特别是近现代民族主义所主导的历史话语。杜赞奇提倡一种复线的历史发展观，以取代之前的单线历史叙述。杜氏认为，应该看到中国历史发展的多声部力量，看到参与历史进程的不同社会群体。历史发展从来都不具有确定的方向 ❶。

就柯文和杜赞奇的论述而言，他们所提出的解释范式是非常具有开放性的。然而如果我们狭隘地理解"在中国发现历史"，又容易回到"国粹主义"的陈旧思路之中去。从一定意义上来说，柯文的"中国中心"历史乃是一个"矫枉过正"的提法。实际上，我们不仅应该"去欧洲中心化"，也应该"去中国中心化"。正如印度历史学家查克拉巴蒂所说的那样，应该消解"中心"与"边缘"，将"欧洲"地方化（provincializing Europe）❷。不仅如此，借用人类学家费边（Johannes Fabian）的提法，人类学研究长期以来保持了一种对于"同时性"（coevalness）的否定，即民族志总是试图构建处于不同时空之下的"我们"和"他者"。费边提出重新将不同的区域与文化纳入一个共时性的时空加以考量 ❸。受到这些思路的反思，笔者认为，首先，应该尝试使用一种互动的网络视角来看待中国的"现代性"问题，注重殖民权力与本土文化资源在实践中的互动与互相重塑。其次，结合身体视角，应该注重所谓"西方权力"与所谓"中国本土文化逻辑"交互中的游移性（ambivalence）、矛盾性与偶合性（contingency）。

结合以上梳理，具体到本文所论述的主题，笔者在下文中将展示，对于被规训的主体——清华学生——而言，身体规训所昭显的"现代化"路径却时时表现出一种混杂而游移不定的政治。在早期清华学校的制度实践中，就身体政治而言，服从与自我解放是一个硬币的两面，互为表里。

具体来说，规训一方面通过改造身体的惯习（habitus）深化了殖民权力的控制，并制造出了一批认同西方"现代文明"的精英主体。就机构实践（institutional practice）而言，规训不仅通过算计、改正以及对于时间空间的挪用旨在制造驯顺而具有生产性的"现代"身体，更重要的是制造了一种

❶ 杜赞奇著、王宪明译：《从民族国家拯救历史：民族主义话语与中国现代史研究》，北京：社会科学文献出版社，2003 年。

❷ Chakrabarty, Dipesh, *Provincializing Europe*: *Postcolonial Thought and Historical Difference*, Princeton and Oxford: Princeton University Press, 2000.

❸ Fabian, Johannes, *Time and the Order*: *How Anthropology Makes its Objects*, New York: Columbia University Press, 1983.

基于对立与等级关系的"东方主义"（Orientalist）话语 ❶。

另一方面，当这些年轻的精英主体（清华学生）试图"自强"以挑战西方世界的殖民霸权之时，他们的反抗与挑战却深陷于规训的文化逻辑之中，进而在一定程度上强化了规训的效用。清华学生和许多中国教员认为，中国民众身体的弱小是与民族国家的贫弱联系在一起的。这种受到社会达尔文主义深深影响的身体政治逻辑认为，单个民众的身体是构成国家这个巨大有机生命体的一个微小细胞。国家不能富强的根源之一，在于民众身体的"肮脏"、"低效"与"弱小"。因此，要建设强国，便必须从强身开始。

然而，在关注身体规训如何在微观场域里改造在地的生命政治的同时，我们亦应该关注在地的文化是如何诠释并改造舶来的生命政治的。在清华学校的早期历史里，笔者发现，在地知识精英在面对身体规训的时候，通过传统的文化资源"转译"了美国式的"现代性"，从而形成了具有浓重本土色彩的中国的现代性。通过这种对于身体的理解，身体的规训得以被合法化（legitimatized）进而获取了共识。在这一转译以及合法化的过程中，"自治"作为一种政治话语始终贯穿其中。在清华，笔者看到，西方的生命政治与本土的儒家"修身—治国"身体观相互融合于"自治"的话语实践之中："自治"既是一种"自我管理"的技术又是一种"修身"的道德实践。当然，需要指出的是，这种融合的过程充满了冲突与复杂性。通过对于规训和自治的探讨，笔者将论述清华学生在面对"规训"时的能动性（agency）时，是如何重塑了西方"现代性"，进而生成了具有"在地"文化特征的"现代性"。

本文将首先简要勾勒20世纪早期美国在华的扩张与清华学校早期的沿革。接下来笔者将讨论清华学校对时间和空间的规训、对卫生与疾病的管理以及对体育和性的管理。在对空间的管理中，通过对诸如教室空间、洗浴空间以及宿舍空间的配置与划分，我们将看到身体的含义是如何在不同的社会空间中所重新定义的。通过对空间的规制，身体被规训以许多"现代性"的特质，诸如清洁、有序、精确、富有能量等。笔者还将讨论清华学校是如何区隔卫生空间并控制疾病和危险的。接下来，笔者将讨论对肉体的控制，主要论述对身体的矫正以及对性的控制两个方面。通过建立数

---

❶ 关于"东方主义"的讨论参见 Said, Edward W., *Orientalism*, London: Routledge and Kegan Paul, 1978.

学化的标准，清华学校可以使用量表精确地测量每个学生的体能，并对学生的身体情况进行跟踪调查。不符合规范的身体要被矫正，符合规范并具有更高效率的身体被特别彰显。对于手淫学校亦尝试进行控制，手淫不仅被看成是不道德的，同时也被看成对身体的健康有着巨大的毁灭作用。在本文的后一部分，笔者将讨论本土的文化精英（本研究中指清华学生）是如何通过"在地"文化资源来诠释舶来的"现代性"的，进而又是如何将其转化为"在地现代性"的。

二、20 世纪早期美国在华的权力扩张与清华的诞生

19 世纪末 20 世纪初，包括美国在内的诸列强均认识到，基于当时中国社会的政治、经济、人口以及地缘状况，加之各列强在远东地区的互相掣肘，没有列强有实力能够单独控制中国。虽然在 19 世纪，美国作为一个"后来者"，相对于英法诸国，其控制力十分有限 ❶，然而 1900 年之后，在赢得与西班牙的战争以及成功吞并夏威夷、关岛和菲律宾之后，美国开始依靠新的对华政策逐步扩大其在中国的势力。"门户开放"（Open Door）正是这是美国对华策略的核心所在。

"门户开放"的主旨是保护各国在华贸易机会均等。保证这个目标能够实现的前提是确保中国国家的完整性。正如时任美国国务卿（1898—1905）的约翰·海（John Hay）所言："美国政府的政策是寻求一个能够带给中国永久安全与和平的解决方案。这需要保存中国的领土以及能够对领土实行实质控制的政府实体，保护条约以及国际法所赋予各个友好国家的权利，以及保护在中华帝国中公平和公正的贸易准则。"❷在义和团起义后，清廷对于中国地方的控制力进一步削弱，各国列强如德、俄、日均加快了瓜分中国领土的步伐。如此"瓜分中国"的竞赛引发了美国政府深刻的担忧，因为领土的瓜分将破坏"利益均沾"的"门户开放"政策，同时将极大地妨碍美国的在华利益。在当时的美国政府看来，从遥远的国度派遣大量的士

---

❶ 被文献记载的中美第一次直接接触是在 1784 年，美国商船"皇后"号造访中国广东的黄埔港。自从这之后，在 19 世纪，商人和传教士纷纷前往中国建立据点。第一次鸦片战争之后，清廷被迫开放沿海港口。1844 年，清政府与当时的美政府签订了《望厦条约》。条约旨在保护来华美国商人的利益。这段历史课参见 Kitts, Charles R, *The United States Odyssey in China, 1784-1990*, Lanham, New York and London: University Press of America, 1991.

❷ 引用自 Kitts, 1991, p.89.

兵参与瓜分中国领土显然不是一个现实和精明的选择。同时，更重要的是，美国无意重蹈老牌殖民帝国建立对殖民地直接统治的老路。这当然与美国政治的历史根源及其对殖民的理解不无关系。正如费正清指出的那样："例如，就政治而言，因为我们（美国人）的革命传统，我们有良心地反对殖民主义，对于欧洲的政治伎俩我们深表怀疑。我们比欧洲人更真心诚意地对于帝国甚至于对于权力政治加以拒斥。"❶当然，费正清的判断显得过于理想化并过于浪漫化美国的政治传统，然而，诚如费氏指出的那样，就东亚和太平洋地区而论，美国扩张其权力和影响的手段的确与欧洲老牌帝国主义国家大相径庭。在太平洋地区，美国期望能够设定马汉（A. T. Mahan）所说的"补给站"（coaling station）：通过强大海军的有力保护而保障贸易安全，而非在殖民地建立直接统治❷。美国更感兴趣的是"帮助"当地人民建立自己的"民主"政府，前提是这些政府屈从于美国的政治利益。❸1913年，美国威尔逊总统在一篇演讲中提到，其时成立不久的民国可以更好地帮助美国实践门户开放政策："中国人民觉醒认识到自由政府之下的民众职责，乃是我们这一代人最重要的大事。美国人民对于这一进展和期望有着极大的同情。……我们的利益来源于门户开放政策——一座友谊与双边利益的大门。这是我们愿意进入的唯一大门。"❹威尔逊对于新生的民国以美国民主为师表示欢迎。一个能够控制广阔国土并同时支持自由贸易、个人主义以及民主政治的中国政府正是美国政府所期望的。然而究竟应该由谁来执掌中国政府才符合美国的利益呢？——一群理解并拥护西方民主价值观的文化和政治精英才能最好地保障美国的在华利益。除了贸易扩张和军事保护，向非西方世界输入美国价值观成为美国对外战略的重要组成部分。在其他列强相继在华开拓租界、攫取路矿专营权的时候，美国把其对华政策的重心放在了医学传教、开办教育等"软"的方面。

  1907年12月3日，美国总统罗斯福在《国情咨文》中宣布将退还部分

---

❶ 见 Fairbank, 1962, p.246.

❷ 见 Mahan, A.T. 1987（1894），*The Influence of Sea Power upon History, 1660-1783*, Dover.

❸ Paul D. Hutchcroft 讨论了美国20世纪初期在菲律宾的殖民政策。美国人在彼时的菲律宾遇到了实践政治理想和适应地方政治文化的两难。美国人在菲律宾采取的是松散而非中央集权式的直接殖民管理。详见 Hutchcroft, Paul D., "Colonial Masters, National Politicos, and Provincial Lords: Central Authority and Local Autonomy in the American Philippines, 1900-1913", in *The Journal of Asian Studies*, Vol. 59, No. 2,（May, 2000），2000, pp.277-306.

❹ 见 Li，Tien-yi, *Woodrow Wilson's China Policy, 1913-1917*, New York: Octagon Books,1969, p.39.

《庚子条约》赔款。经过参众两院讨论，最后同意将索赔之 2444 万美元减为 1365.5 万余美元，年息四厘在外。应退还中国的款项为 1078.5 万余美元，本息合计 2840 余万美元❶。1908 年，中美两方经过磋商，订立了《派遣美国留学生章程草案》。1909 年，在北京设立"游美学务处"，附设"游美肄业馆"。"游美肄业馆"的设立目的是对选拔的年轻学生进行语言、知识以及习俗方面的训练，让他们能够顺利地继续其在美国大学中的学业。1910 年 12 月 21 日，"游美肄业馆"更名为"清华学堂"，定学额 500 名，分为中等和高等二科。1912 年南京国民政府成立后，"清华学堂"更名为"清华学校"（The Tsing Hua College）。1921 年，清华学制由原有的四四制改为三三二制，即中等科三年，高等科三年，初级大学两年。1922 年又改为四三一制，同时停招中等科学生。1925 年中等科结束，开办大学部和研究院国学门。1929 年最后一届旧制生毕业出洋，才宣告旧制的结束。1928 年，清华学校改为国立清华大学❷。本文讨论的时间范围主要在清华旧制时期即 1911 年至 1929 年。

在 1927 年的《清华年刊》上，邱椿回顾了清华建校以来的历史。作者将清华 1911 年至 1927 年的校史分为三个阶段：

留美预备时期［自开办至民国五年（1916）］。当时的教育政策就是预备学生能直接进入美国的大学本科学习。当时的清华分为中等科和高等科二科，中等科程度类似美国的高小、高等科与美国的中学相仿。学校的设备、课程、教授法，都刻意模仿美国的中小学校，但那时候的学校当局并不知道美国的中小学校是个什么东西，所以在实施上，不能依照原定的政策。……周诒春当校长以后，学校的目标不外贯彻模仿美国的学校政策。他的希望是把美国的学校整个儿搬到清华园来。教员多半是美国的教员，课程是美国的课程，教授法是美国的教授法，椅子、凳子、黑板、粉笔，无一样不是美国的。我们还记得那时候课外活动算是开风气之先，不过都是从新大陆贩卖进来的。我们还记得那时候的学生查字典、说洋话、唱洋歌的风气比较现在总算高明得多；但所查的字典，所说的洋话，所唱的洋歌，

❶《驻美国大臣伍廷芳致外务部函》，光绪三十四年 6 月 8 日收；《美国公使柔克义致外务部照会》，光绪三十四年 6 月 15 日，《清华大学史料选编》，第 1 册，第 85—88 页。
❷ 以上学制变革的详细情况可参考苏云峰：《从清华学堂到清华大学（1911—1929）》，北京：生活·读书·新知三联书店，2001 年。

都是美国中小学校的。

设立美国式大学的时期［自民国五年（1916）到民国十年（1921）］。周校长的教育政策，是要建设一个完全美国式的大学。清华学校于是大兴土木，把图书馆、科学馆、礼堂都修筑起来，一切规模都仿照美国大学的建筑。……那时候清华园美国化的空气浓厚到十二万分，上自校长下至听差，开口是美国、闭口也是美国。

建设中国式大学的时期［自民国十年（1921）到现在（1927）］。中国教育界自"五四"运动以后，民族思想发达，慢慢地注重中国公民教育。"五卅"以后，国家主义风行，国人反对教会教育，而清华的买办教育也在反对之列。近几年来，美国留学生的招牌，又因种种关系，而大减其价。杜威、罗素访问中国，极力推崇中国文化，劝教育界创造一种中国式的理想学校。因为上列种种理由，清华教育政策，就慢慢地从模仿时期，而达到创造时期了。❶

在这期间，清华学校基本上是处在外交部的直接管辖之下的。学校除去少数国学教员之外，清华从校长到普通教员均受美国教育和文化影响很深。他们要么为美国人，要么曾留学美国，要么在美国的教会学校中接受过长期教育。另外学校的设施多为美国进口，课程也是按照美国教育的方式进行。虽然北京并非通商口岸，然而清华却像一块飞地，具有浓厚的美国文化氛围。这正是美国实行其"教化"政策的第一步。关于在中国开办美式教育的目的，公理会牧师亚瑟·H.史密斯（Arthur H. Smith）在一本关于中国问题的书中有过非常精辟的论述❷。在《今日之中国与美国》（*China and America Today*）一书中，史密斯引用了1906年美国伊利诺伊大学校长蒙克·J.詹姆士（Edmund J. James）给总统西奥多·罗斯福（Theodore Roosevelt）的备忘录。詹姆士认为，"中国正临近一次革命。……哪一个国家能够做到教育这一代年轻中国人，哪一个国家就能由于这方面所支付的努力，而在精神和商业取得最大的收获。……为了扩展精神上的影响而花一些钱，即使从物质意义上说，也能够比用别的方法获得更多。商业追随

❶ 邱椿：《清华教育政策的进步》，《清华年刊》，1927年。

❷ 按：Arthur H. Smith 曾于1906回美觐见罗斯福总统，陈述关于退款办学的主张，深得总统嘉许，直接促成了清华的建立，见汤伯明：《美国的归还庚子赔款与清华学校的创立》，载《教育与文化双周刊》，1959年9月，第218卷，第8—9页。另见《校史》一文，载1931年5月《国立清华大学二十周年纪念刊》。

专题研究

精神上的支配，比追随军旗更可靠"❶。罗斯福本人对中国的看法也反映了当时美国人对于中国的认识。历史学家麦克·亨特认为，罗斯福将中国看成是一个"非开化"（uncivilized）、弱小并缺乏爱国主义（patriotism）的国家，因此中国只能成为列强的猎物。美国人通常具有一种共同的信念，即认为社会与政治的疾病可以通过教育得到治疗。中国民众对于西方价值观的抵触促使美国将教育作为一种政治策略来摧毁旧有的秩序，从而以美国价值规范取而代之。❷

三、时间与身体规训

第三十三条作息：学生在校，晨兴、夜寝、上课、自修、会食、盥浴均须按照校中规定时刻及位置。

——《北京清华学校近章》，1914 年 7 月《神州》第一卷第二册

许多人类学研究均表明：同质化的牛顿物理时间在社会生活中并不存在，如果"存在"也是人们构想其存在的结果。时间总是内嵌在社会事实之中的。同一个人也可以同时具有不同的时间观，如工作时间、生命时间、家族和集体时间等❸。同时，时间一方面是社会建构的，另一方面对于社会又有重塑作用。因此，正像福柯所发现的，社会化的时间也是规训身体的技术，通过这项"微观物理学"的技术，资本主义的生产逻辑将个体所捕获。"时间表"虽然是一项古老的技术，但是通过现代制度的复兴和精密化运用，更加具有"生产力"和"效率"的身体被规训出来，与之同时出现的是自我管理的现代主体的出现❹。勒高夫认为，资本主义生产方式的出现，重新界定了时空概念，世界秩序随着新社会原则进行重整。小时是13 世纪的发明，分与秒则迟至 17 世纪才成为通用的度量标准。虽然这些量度标准最早与宗教渊源密切，然而适当的计时量度的传布，与生产、交换、

---

❶ Smith, Arthur H., *China and America To-day: A Study of Conditions and Relations*, New York: Fleming H., Revell Co., pp. 214-215. 中文译文引自《清华大学史料选编》（第一卷），北京：清华大学出版社，1991 年，第 72 页。

❷ Hunt, Michael H., "The American Remission of the Boxer Indemnity: A Reappraisal." in *The Journal of Asian Studies*, Vol. 31, No. 3.（May, 1972），1972, p. 550.

❸ 关于时间的异质性可参考黄应贵编：《时间、历史与记忆》，台北："中央研究院"民族学研究所，1999 年；Roger Friedland and Deirdre Boden eds., *NowHere*: Space, *Time and Modernity*, Berkeley: University of California Press, 1944.

❹ 福柯：《规训与惩罚》，刘北成、杨远婴译，北京：生活·读书·新知三联书店，1999 年。

商业和管理的效率要求，有莫大的关联❶。叶文心曾以20世纪初期上海中国银行为个案讨论过钟点时间作为一种"现代性"规训是如何塑造银行的工作文化的❷。黄金麟曾讨论晚清以来，"教化时间"是如何在官办新式学堂、西式教会学校中得以贯彻，以取代原有私塾的"传统"时间观的❸。在我对清华的研究中，亦发现精确的时间控制作为一种重要的规训手段而存在。这种手段是与教化"文明"和"先进"的身体的目标息息相关的。下文就将以收集到的史料为据，建构出清华学校普通一日的时间表。

在学期中星期一至星期六的早晨，7点的钟声把熟睡中的清华学生唤醒，虽然已有不少勤奋的学生早早起床，出外练习英文或是锻炼身体。接下来盥洗室一度人满为患。每个人放在盥洗室内的脸盆和毛巾都有编号，定期检查，不洁者要受到处罚。脸盆数目曾一度不足，致使晨起洗脸十分拥挤，因为许多人将脸盆拿到自己的房间❹。盥洗室也是不同年级的人互相结识的场所，每每大家相谈甚欢而牙刷还在嘴里。厕所采用新式马桶便器，备有草纸。厕位有限，时间紧张。许多人为了及时赶到饭堂参加点名，不得不先憋一会到点名后再行解决。当早餐钟打过5分钟后，所有学生必须到饭堂集合。

在天气严寒的冬季，七点二十分的早饭铃已经摇了。Y先生还是照往常一样从"斋务室"出来，板着脸，反背着手，手里拿了点名簿和一支铅笔，一直走进了"食堂"。"食堂"内八仙桌上，都放着三盘好像还存热气的馒首和两碟咸菜。几桶白米稀饭，也都在老地方放着。但是八仙桌旁的凳子，多半是空的。Y先生便将他多年走惯的路线，再踏践一遍。那时点名本上已经写满了不到者的学号。他刚在他那凳上坐下，正拿着馒首送到嘴边，某君走到他旁边，打了个哈欠，请他销去他的学号。以后陆续的有趣请他销号的。等他放下筷子，走出食堂，也许会碰着几个眯着眼睛，提着纽扣的学生，向他笑一笑，请他"取消"。他们

❶ 关于这一问题参考 Le Goff, Jacques, *Time, Work & Culture in the Middle Ages*, Translated by Arthur Goldhammer, Chicago: University of Chicago Press, 1980. 关于钟点时间与资本主义生产方式，可以参考 Thompson, E.P., "Time, Work-discipline, and Industrial Capitalism", in *Past and Present*（1967）38（1）: 56-97。

❷ 叶文心：《时钟与院落：上海中国银行的威权结构分析》，载王笛主编：《时间·空间·书写》，杭州：浙江人民出版社，2006年，第18—42页。

❸ 黄金麟：《历史、身体、国家》，北京：新星出版社，2006年。

❹ 《清华周报》，1914年5月5日。

专题研究

又何尝愿意起来，实在因为"斋务处"已经给他们下了警告条——"食堂点名不到，已十九次，请张三君注意"（其实张三已经连着三礼拜没到过食堂，而同文的警告也已经来了三次了）。——再有一次，就合了学校定"食堂点名不到二十次者，记小过一次"了。所以不得不勉强地爬起来。但是到了春夏，这种情形就少得很了。❶

早上8点，每天的课程开始。上午共有4节课，每课中间有10分钟的休息。清华学校对每学期开课的钟点和每门课的学时都作了细致的规定（见附表一）。在旧式的学堂和私塾，课程安排并非按照钟点进行，每一课时的长短并无定数。然而在清华学校，每天的课程安排都是按照钟点走的。

每天10点55分，所有的中等科和高等科学生在高等科教学楼前聚集。在操场上，每一个人固定的位置用一块一块的木橛做出标记，木橛上都标有号码以记下缺席者。接下来，所有人进行体操。动作不够认真者要被记名。所有的记名在期末都会汇总，严重者要被惩罚。1918级学生张咏回忆：

全体学生每天必须参加的另一种体育活动是早操和课间操，当时叫呼吸运动。……领操人是体育老师马约翰，还有斋务员随时检查出席情况。如有无故一再缺席者，将受到警告以至"思过"纪律处分。"思过"是在星期六下午执行。星期六下午一般有校际比赛、校内班级比赛以及各种自由娱乐活动。"思过"学生一律不得参加或参观，而是禁闭在斋务处，不许出门。按校章规定："思过"3次者即改为记小过1次，3次小过即改为记大过1次，记大过3次者即予开除出校。❷

可见，课间操的点名是非常严格的。不仅为每位同学分配了特定的位置，并且还有专人查验。

上午12点整，上午的课程结束。12点10分，大家在食堂会聚一堂进行午餐。8个人一桌，午餐的伙食非常丰富。姚薇元说："菜是四大碗四大碟两小碟，虽然大半是萝卜白菜，却弄得清洁。"梁实秋说："四盘四碗四碟咸菜，盘碗是荤素各半，馒头白饭管够。冬季四碗改为火锅。"最后一节课，许多同学肚子就开始咕咕作响，往往餐厅还未开门便已在门口挤满。伙食费起初全免，后来半费，再后来改为全费6元每月。每餐饭米饭和馒

❶ 祁开智：《食堂的生活》，载《清华周刊第一十次增刊：学校介绍》，1925年。
❷ 张咏：《水木清华话当年》，见鲁牧编：《体育界的一面旗帜——马约翰教授》，北京：北京体育大学出版社，1999年，第82页。

头管够任吃。许多人因此互相比赛饭量。据说最高纪录是一餐 25 个馒头。梁实秋说自己最多吃了 12 个馒头。午餐菜不够可以叫厨房添菜，饭菜中如果发现头发、苍蝇都可以更换。潘光旦说有人等快吃完才告知厨房，于是等于又白吃一份。有人甚至自备头发、苍蝇，以求加菜。

午餐后 1 小时，下午的课程又开始，直至下午 4 点。4 点半（夏季为 5 点）始，所有的教室、宿舍以及图书馆关闭，所有的学生必须到操场参加强迫运动。根据 1919 年的清华校规，在强迫锻炼时间不参加体育运动的，如有发现，必须受到相应的处罚，严重的还要记过。梁实秋（1915—1923 年在清华学习）说自己虽然是个懒人，但是在此种情形下，也穿破了一双球鞋，打烂了三五只网球拍，大腿上还被棒球打黑了一大块。当然，鉴于当时社会风气对于体育的轻视，还是有许多同学对于强迫锻炼不理解。陈达（1916 年毕业于清华，后为清华大学社会学系教授）就曾在强迫锻炼时间躲到自修室火炉的铅皮挡后面。周诒春校长来检查，险些被抓出来。后来陈达再也不敢躲起来了，每次强迫锻炼时间都老老实实去操场。为了对付这些逃避锻炼的"小老头"，马约翰当时就在强迫锻炼时间里拿着小本子到处跑，发现那些躲在树底下看书的学生，就告诫他们体育锻炼的重要性。

晚膳于 6 点 30 分始。晚饭后有同学在校园里散步，有同学回寝室休息。7 点 30 分，晚自修开始。在旧制早期，自修室也要点名。后来点名废除了。图书馆建成后，便不再有强制自修的规定。同学可以选择在寝室、图书馆或是教室自习。不过清华整体的学习风气是非常浓厚的。图书馆去晚了基本上参考书已被借光，座位也所剩无几。在自修室要严格遵守相关规定，不得闲谈、吃食、打闹。在旧制早期，9 点 50 分便摇睡铃，10 点便熄灯。后来改在 10 点 30 分熄灯，最后改在了 11 点。熄灯后必须就寝，不得交谈，更不得点洋蜡烛读书。熄灯后会有斋务处的学监进行巡查，如有违规要记过处理。

至星期五晚上，一般是各种社团以及学生组织的活动时间。因为周六只上半天课，所以一般周五晚上的功课较轻，因此各个社团往往在这时候活动。在周六，兰弟说："晚上，大礼堂演电影，花两毛钱，便可把一礼拜读书的倦厌，通通洗去。星期日有事进城，无事便到校外近郊走走。"

通过钟点时间作为身体规训的手段，学生的生活得以"日常化"和"模式化"。日复一日的学生生活，围绕着荷塘畔的钟声而组织起来。钟声

使得清华学生生活得以"一致化"和"精确化"**❶**。

四、规训空间与身体

对于空间的分配亦是身体规训的重要机制之一。关于空间的社会性，许多理论家均作了有益的分析。如列斐伏尔（Henri Lefebvre）认为，每个社会都处于既定的生产模式架构里，内含于这个架构的特殊性（即特定的社会生产模式）则型塑了空间。空间性的实践重新界定了空间。它在辩证性的互动里指定了空间，又以空间为其前提条件**❷**。列斐伏尔尝试用辩证的关系理解空间与社会实践。大卫·哈维亦认为，空间与时间的社会定义，不仅跟任何个人和制度皆须回应的客观事实的全体力量一起运作，并且还深深地纠结在社会再生产的过程之中。**❸**因此当社会再生产的机制发生变化时，空间的意涵亦会随之变化。例如米切尔的研究指出，英国在埃及开展一系列殖民主义管理计划时，其核心乃是空间，旨在将数学理性的空间秩序安放于房舍、教室、村庄、甚至是开罗城本身之上。**❹**

在清华学校，空间的组织依赖于分隔的原则。空间被划分为各种各样的更小空间，每一个个体的身体在空间中被赋予一个小"格子"。按照福柯的理解，个体可被安置、认知、转化与监视。在空间的分配与操控中，方格里的每一个孔洞都被赋予利于均匀使用有关纪律的技术的价值**❺**。换句话说，空

---

❶ 以上叙述根据潘光旦：《清华初期的学生生活》，见《潘光旦文集》（第十卷），北京：北京大学出版社，2000年；梁实秋：《清华八年》，见散文集《清华八年》，台北：重光文艺出版社，1962年；祁开智：《永逝的生活》，《清华周刊》1927年第408期；姚薇元：《清华学生生活大纲》，《清华周刊》1927年第408期；郑一华：《书信中清华生活的一斑》，《清华周刊》1927年第408期；兰弟：《我们的清华生活》，《清华周刊》1927年第408期；《学生惩罚规则》，见《清华大学史料选编》（第一卷），北京：清华大学出版社，1991年，第193—195页；Tsao Muh-Tuh, "Student Life at Tsing Hua", in *Tsing Hua Journal*, May, 1916.

❷ Lefebvre, Henri, "Space: Social Product and Use Value", in Freiberg, J. W.（eds），*Critical Sociology*: *European Perspective*, New York：Irvington，1979, pp. 285-295. 中译文为《空间：社会产物与使用价值》，王志弘译，载夏铸九、王志弘编译《空间的文化形式与社会理论读本》，台北：明文书局，1993年，第19—30页。

❸ Harvey, David, Between Space and Time: Reflections on the Geographical Imagination", *Annals of the Association of American Geographers*, 80（3），1990, pp. 418-434.

❹ Mitchell, T., *Colonising Egypt*, Combridge: Cambridge University Press, 1988.

❺ 拉比诺和赖特（Paul Rabinow and Gwendolyn Wright）：《权力的空间化：米歇尔·傅寇作品的讨论》，载夏铸九、王志弘编译：《空间的文化形式与社会理论读本》，台北：明文书局，1993年，第375—384页。

间的细密化暗示着权力运作的一种重要模式。在这一部分，我将结合几个具体的例子，讨论空间、身体以及权力的关系。在下文中我们将看到，在清华学校中，教室的空间安排是通过一系列数学化的精密测量得以确立的，课桌的数量、位置、光线的强弱等均通过测算以达到最有效的教学效果；宿舍与食堂空间亦被严格地切分；洗浴空间的改进，特别是淋浴式洗澡间的引入，亦是通过分隔空间，控制水量，以达到最好的清洁目的。总的来说，时间与空间的规制是一系列的殖民"教化"技术。这些技术作用于那些"前现代"的、"没有秩序和效率"的身体，希冀将其转化为"现代"的身体。

（一）教室空间

1911 年，清华学堂初设时，便建成了一院和三院，分别作为高等科和中等科的教室和宿舍。三院后于 1916 年扩建。1916 年《清华周刊》有文记新扩建的教室和寝室：

高等科新寝舍在高等科东南隅，形如古磬，西接教室，北止小邱，长二百九十六尺半，宽三十四尺，高三十六尺。下为地室，上为层楼。入观地室则有印刷出版室、储藏室及役室。沿级而上，第二层楼为教室，数共五而教员会议室位于正中。第二层楼即最高层也，为学生之卧室，室共二十二，可住学生八十八人。中为俱乐室，凭室外栏而东南远眺。千家焰火万顷农田皆奔来眼底。此舍由华商义成木厂承造，已于二月初旬开工。闻竣工之期，在本年八月。[1]

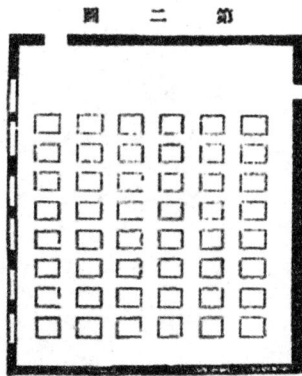

图 3—1　教室空间与座位安排示意图 [2]

[1] 《记本校新建筑》，《清华周刊》，1916 年 5 月 17 日。
[2] 摘自《学校调度法》，《清华学报》，1915 年。

就在新教室兴建的过程中，1916 年出版的《清华学报》刊登了由美国夏夜洼（Edward R. Shaw）原著、孙克基编述的《学校调度法》的一系列文章。其中第一部分便是"教室构造"的相关体例和要求。在这篇文章中，夏夜洼认为："教室为建筑校舍之本位者。……言校舍集无数教室而成，非间隔校舍作无数教室也。"在建筑学校教室的时候，必须充分考虑若干因素包括：教室之形式、教室之光线、室中光量、导光之方向、两窗之相距、一窗之高度、窗台之配置、窗户之位置、墙壁之颜色、窗蓬之颜色及其装设等相关因素。从图 3-1 中可以看出，所有这些因素都须经过"科学化"的计算，照顾到每个学生所占据的空间、呼吸的空气、享受的光量、听讲的声音、桌椅的间距、人员的多少等需求。空间在这里是经过精密计算的，配给给每个学生的空间都遵循效用最大化的原则，其目的是通过规范化的教室空间设置，使授课的效率达到最高，学生的身体机能（如目力、听力）能得到最好的保护。如当谈到课室空间安排时，夏氏说：

教室之广狭

教室广狭之度，视数事而定。现所公认者，系按光线、通风、烧炉与学生视官听官以及他合于身体处定之。……现今通用之尺寸，每一学生至少须占地板面积十五方尺；空气体积二百立方尺。第二没教室须长三十尺，宽二十五尺，高十三尺，此等教室至多不过四十八人。

……

窗台之配置

窗台须高于地板四尺，则自窗台处射入之光，不能自桌顶上反射，但所要者，在窗台之高须与在座学生之眼成平行线。故有时高于地板三尺半者，五尺者。然高地板五尺时，若非使楼幅高至十三尺，则玻璃面积必减。窗之具四十英寸宽之玻璃者，其光孔减少伍方尺。如一边有六窗，则所减少之光孔为三十方尺。凡室中仅能自左面开窗，而窗须高于地板五尺者，则光线缺欠甚多。

窗户之位置

左边之窗须自后边角上起，然须离空二尺。若屋仅于左面开窗，则窗须直抵前面墙角，其在后面之窗必大，但不能太大，以致光线强于左面光线。近左面之窗不必如左面窗之近于墙角，其后面之窗必大。但不能太大。以致光线强于左面光线近左面光线。近左面之窗不必如左面窗之近于墙角。

须距离稍远。俾其光可及右边暗处。❶

关于教室的通风频率，另有董时在 1917 年《清华学报》第二卷第四期上编译了《教育法令·学校卫生法令》有关于用光和通风的一系列记录。董文引用了德克萨斯州的教育法令，指出"其教室或自修室之窗户近边不得装置学生案桌。致光线直射其面"。并且"装设教室或自修室内通光线之窗户，高下应有定度，至低不得离地逾三尺有半，至高不可达屋顶下六寸而弱"。教室窗户的大小宜超过全室面积六分之一。学生座位与窗户之距离不得逾窗户之高度二倍。对于教室中每个学生可以占有的空气体积，路易斯安那州的法令也作出了详细的规定，"学校无论公立私立，其校舍或其他房屋之为学校所用者。务必使成年学生得于每小时用千八百立方尺新鲜空气。孩童应得之量数，即应以此为比例，务使教室中每学童得占有二百立方尺之空气。窗户须得上下内外均能开闭"。可见，在设计清华的教室时，建造者充分参考了美国的教室建筑体例。教室的空间并不是随意安置的，而是通过理性化计算所细致地分配的。

（二）食宿空间

新生到了清华学校，需要办理一系列很繁杂的注册手续，领取两套床单、一个盥洗袋，便住进分配好的宿舍。祁开智说宿舍是"小小的一间房里，一面摆了两个现在第二院所用的铁床；靠窗户多摆了一张带有两个屉子黄木桌子，此外就是四个方凳子，一个痰桶，并一盏五十支烛光公用的电灯。我的床位，在一百零一号是靠近西南角上"❷。入学更早的梁实秋说他"起初是六个人一间房，后来是四人一间。室内有地板，白灰墙白灰顶，四白落地。铁床草垫，外配竹竿六根以备夏天支设蚊帐。有窗户，无纱窗，无窗帘。每人发白布被单、白布床罩各二；又白帆布口袋二，装换洗衣服之用，洗衣作房隔日派人取送。每两间寝室共用一具所谓'俄罗斯火炉'，墙上有洞以通暖气，实际上也没有多少暖气可通"❸。宿舍的墙壁不得随意自己挂物品，痰盂必须定期清理，不得贮污水。房间的窗户须定期通风，以免有碍卫生。未经庶务处同意，不得在寝室用膳。宿舍物品的摆放每日都要检查。亲友来访必须在楼下接待室进行，校外人员未经许可不得随意

❶ 《学校调度法》，《清华学报》，1915 年。
❷ 祁开智：《永逝的生活》，《清华周刊》1927 年第 408 期。
❸ 梁实秋：《忆清华》，见钟叔河编：《过去的大学》，武汉：长江文艺出版社，2005 年。

专题研究

进入宿舍和教室❶。对于新录取的低年级新生。因为太小，各方面还不成熟，他们在衣着、清洁、行为、课业、交友及其他诸方面需要辅导，学校还为他们指定了 guardian，每天与 10 人一组的低年级学生交谈半小时，帮助他们的功课，给他们灌输学校的精神，为他们讲解学校的纪律并且帮助他们处理日常的生活困难。❷

潘光旦回忆每一个学生分配了一个信箱。他说："学生每两周必须缴阅零用账和写家信一次，信即由处中代为付邮；学生所收信件也先经过斋务处，然后由处分别纳入特制的多格信箱，一人一格，格有小玻璃门，有锁，信件由后纳入，同学由前开锁取信。"❸

在食堂就餐时，每一个人有一个固定的就餐位置。不按时到者要被记名。一学期十次点名不到便要记过一次。每天早上，斋务处主任往往早早就在饭堂等着学生们了。在梁实秋和潘光旦上学的时候，斋务处主任叫作陈筱田。梁实秋和潘光旦都说他记忆力过人，对同学的学号烂熟于胸。每天躲在门口专记迟到学生的学号。每日三餐均要点名。每餐斋务处的人员和同学一起就座。到了后来，每桌还设桌长。到了 1927 年的时候，还发展出特别的餐桌文化。不同餐桌的同学相约互相赛球，互下战书。

（三）洗浴空间

在清华学堂设立之初，西式的淋浴式公共浴室也被作为先进的西洋文化引入到了清华。《清华周刊》第十九期（1914 年 11 月 3 日）刊登了校方关于"增设浴室"的决定。同年第二十五期（1914 年 12 月 5 日）上刊登了一则"浴室竣工"的新闻。当时的清华学生并没有洗浴的习惯，因此，学校经常需要设立规章惩罚，强制执行。据梁实秋先生回忆说：

我读中学的时候，学校有洗澡的设备，虽是因陋就简，冷热水却甚充分。但是学校仍须严格规定，至少每三天必须洗澡一次。这规定比起汉律"吏五日得一休沐"意义大不相同。五日一休沐，是放假一天，沐不沐还不是在你自己。学校规定三日一洗澡是强迫性的，而且还有惩罚的办法，洗澡室备有签到簿，三次不洗澡者公布名单，仍不悔改者则指定时间派员监视强制执行。以我所知，不洗澡而签名者大有人在，俨如伪造文书；从未

---

❶ 《学生惩罚规则》，载《清华大学史料选编》，第 193—195 页。

❷ Tsao Muh-Tuh, *Social Service in Tsing Hua*, in *Tsing Hua Journal*, January, 1916, pp. 26.

❸ 潘光旦：《清华初期的学生生活》，见《潘光旦文集》（第十卷），北京：北京大学出版社，2000 年。

见有名单公布，更未见有人在众目睽睽之下袒裼裸裎，法令徒成具文。❶

可见当时清华虽然有强迫洗澡的规定，但还是有许多人想方设法逃避洗澡。正是因为学校的学生入学之前普遍没有洗澡的习惯。所以学校要订立严格的校规来强迫大家入浴。

1919年，当罗斯福纪念体育馆建成之后，学校的浴室移入了体育馆，不再采用以往的盆浴，而引入了淋浴间。每日下午，同学参加完运动便可到更衣室先换衣服。每个人有一个指定的更衣柜，学校发给白毛巾。同学更衣后可以到后面的淋浴间进行淋浴。"更衣室数四，储衣小柜数达千八十八。更衣既毕，则可至练身室后游泳池中为鸥戏为鱼乐，而俯仰行止，自得其所焉"❷。姚薇元说：

运动倦了，就拿了衣裳和衣袋到浴室去行喷水浴。运动的人固然天天洗澡，就是不很运动的人，也至少三天洗一次澡，清华学生受这种爱清洁的习惯，也实在是环境造成的。中国人向来不注意清洁，"蓬头垢面谈诗书"。一般人认为高尚；清华学生独爱洁如此，所以正人君子们有"洋化"之谈了。❸

我们如何理解公共淋浴间的空间安排呢？根据乔治·维迦雷罗（George Vigarello）对于西方洗浴史的研究，19世纪中期开始，一种针对穷人（包括士兵、工人以及寄宿学校的学生）的"卫生"法则开始普遍被人提及。"对于穷人——也就是绝大部分从不洗澡的工人——而言……他们会丧失许多'能量'和'活力'。"❹19世纪下半叶，一种新的洗浴方式——公共淋浴——开始出现在军队、监狱继而寄宿学校。由于传统的洗浴方式太费水，"只有限制沐浴持续时间和用水量来让尽可能多的人有沐浴机会……大众卫生不得不借助面向大多数人的公共浴室，这样，对公共浴室的空间布局和设施配备就有特殊要求。"❺1860年，普鲁士军队首先采用了集体淋浴的方式。"这种沐浴方式能大大增强清洁行为的整齐性、纪律性，并推动统一的集体行动。"❻1880年，一格格的淋浴间盛行起来，许多监狱明文规定犯人的洗

---

❶ 梁实秋：《槐园梦忆》，海口：海南出版社，1993年，第199—200页。
❷ 《记本校新建筑》，《清华周刊》，1916年5月17日。
❸ 《清华学生生活大纲》，《清华周刊》1927年第408期。
❹ 乔治·维迦雷罗著：《洗浴的历史》，许宁舒译，桂林：广西师范大学出版社，第259页。
❺ 同上，第259页。
❻ 同上，第260页。

浴频率：冬季每月一次，夏季每月两次。渐渐地这些规定从军队扩展到寄宿学校，到了20世纪初，已被大众广泛采用。

乔治·维迦雷罗总结道："一种'大众化'的私密沐浴空间出现了。但它只是简单的几何建筑，是精简的、可改建的。它的外形普通、朴实无华。唯一的亮点就在于对水量的控制。" ❶

1917年，在体育馆尚在兴建时，《清华学报》有文章专门介绍美国的学校淋浴制度。

凡沐浴时间，系在每堂讲课之后。十五分内，盖德制小学堂课为四十五分钟。每人每周浴二次，但不强迫耳。其入浴以班为群，浴后上课。浴具皆系骤雨浴。水之温度为华氏百十三度渐冷至八十六度者。……波士顿自千八百九十八年后。始于巴尔的摩利维学校中。具浴室，校有八百男女学生。每日百二十五人可有机会沐浴。幼生则每周浴一次，全年如此。无强迫沐浴，但人之引领望得机会沐浴者，约九十九成也。其浴一如上课，列为定时。每人浴时以三分钟为限，并请男女各一人教导之。浴具系骤雨浴，凡十浴具，具三十更衣室。其铁管自上下垂至浴处，约长三十八时（寸），管端具皮管，有汤眼。管垂至地，……自调制其骤雨与水之分量及方向。当水温九十度，则系导者管之。浴室系大理石为之，高七十七寸，宽三十五寸，进身四十四寸，上又具橡皮推帘一。……又使孩提自六岁至十四岁每周沐浴一次，则终身必如是矣。以著者所亲见，芝加哥有一校，具磁盆皂巾及冷热水于小屋内，凡不洁之学生可以立即送至浴室淋浴，且召其父母来告以清洁之要，与淋浴之道，而小孩方可以入学。此法之效甚大，不独其父母不洁之性大改，且及于其家庭，兼及于邻里。好洁之风，若水之就下也。❷

清华学校当年引入淋浴间制度，初衷之一是对美国学校制度的照搬。与当年分格浴室在法国第一次出现时类似，清华初期的洗浴制度强调也是通过对于水量的控制，提高身体的效率，并将纪律铭刻于身体之上。在体育馆完成之初，许多同学不习惯淋浴。为此，《清华周刊》特别刊登了文章将洗浴的步骤昭示于全校：

---

❶ 乔治·维迦雷罗著：《洗浴的历史》，许宁舒译，桂林：广西师范大学出版社，第262页。

❷ 夏夜洼（Edward R. Shaw）：《学校调度法》，孙克基编著。

1. 澡身须知

学生以热水浴为唯一澡身之法者，未知澡身之愉快也。

多数人所犯之谬误，为洗热水雨浴（即淋浴）经常时间。凡雨浴每次不得过五分钟。若用热水，则着衣外出易受寒。故热水浴后必继以冷水浴。

2. 如何洗澡——雨浴

（1）以热水湿全身

（2）用肥皂擦之

（3）立雨浴下，使身上胞皂（肥皂）冲去。如需要时，可增加水之温度。

（4）渐降低水之温度，终则水愈冷愈妙。

（5）用干毛巾摩擦全身，至皮肤现红色而止，胸部尤宜用力擦。

（6）着衣必迅速。

......

3. 勿

（1）勿长时间之热水浴

（2）勿忘洗冷水浴

（3）勿忘以干毛巾摩擦全身，俟体上觉暖为止。

（4）浴后或游泳后勿徘徊不着衣服

如遵守上列各条，则雨浴后或游泳后不致受寒。冷水雨浴及用干毛巾摩擦最为重要。未擦干身体前勿湿毛巾。❶

这篇文章将淋浴的步骤进一步细化，使得每一步的身体效率得以提高。每次热水浴不超过五分钟，一方面是因为长时间热水浴对身体不利，另一方面是为了节约时间。对于水量的控制，其实也就是对于时间的控制：水量的控制是通过限制持续洗浴的时间以及单位时间喷头的出水量而实现。效率，一直是公共浴室制度所强调的目标。

健康，亦是合理的洗浴步骤所期许的目标。合理的洗浴步骤能够保证身体不因为洗浴而变得虚弱。而不正确的洗浴方式不仅不会创造出清洁健康的身体，反而会将疾病的危险带给身体。

❶《澡身须知》,《清华周刊第五次临时增刊》, 1919 年 6 月。

101

专题研究

五、疾病与卫生

对于卫生与清洁也是清华学校管理者一直所倡导的目标之一。在校园中营造"卫生"、"洁净"的空间，是教化与规训的重要手段。福柯曾以法国 1782 年 P. Toufaire 所设计的 Rocheford 地方的军医院为例，指出在医院的院墙之内，形成了严格的空间区隔。医院的秩序主要是以药物治疗来控制事务的方式运作。因此，方格辨识了病患，并将他们置于分析观察之下。病人依据年龄和疾病的隔离分类，很快地被一些特殊的建筑元素所固定，如病室、走廊，以及独栋病房。❶ 罗芙芸和杨念群分别讨论了西方医学实践是如何在中国本土语境中创造出自己的"医疗空间"的。杨念群特别提到 20 世纪初期北京城区空间划分的精细化与医疗空间的分配是相互渗透的 ❷。这些理解对于我对清华的研究很有裨益。在清华学校，卫生空间隔离了那些危险与疾病。通过对于病体的隔离，疾病与健康的界限被创造出来。通过医院空间的划分和对疾病的隔离，身体被有效地控制起来。下面我将讨论清华校医院以及学校其他划分洁净空间的措施。

关于清华学校的疾疫情况，在 1921 年的《清华周刊本校十年纪念号》上公布了一系列统计数据。

表3—1　民国八年（1919）五月一日至民国十年（1921）三月二十四日

学生来院就诊人数表 ❸

项目　　　科别	高等科	中等科	共计
就诊人数	1826	1593	3319
疾病种类	93	93	89
住院人数	417	447	864
疾病种类	76	76	76

在两年多的时间里，共有 3319 人次前来医院就诊，除去两个月暑假，以一年 10 个月计，在上述统计的时间范围内共有 19 个月，则平均每月有

❶ 福柯：《临床医学的诞生》，刘北成译，南京：译林出版社，2001 年。

❷ 杨念群：《再造"病人"：中西医冲突下的空间政治（1832—1985）》，北京：中国人民大学出版社，2006 年；Rogaski, Ruth, 2003. Hygienic Modernity: Meanings of Health and Disease in Treaty-Port China. University of California Press.

❸ 《清华周刊本校十年纪念号》，1921 年。

175 人次就诊。以每月 30 日粗算，则每日平均有 6 人次就诊。1919—1921 年清华在校学生平均数 571 人。则每日有大约 1% 的学生患病就诊。可见清华的疾病发生率还是很高的。

不仅是发病率，学生的死亡率也居高不下。表 3－2 显示了清华历年的学生死亡率：

表3－2　1915—1921年清华学校学生死亡率 ❶

年份	死亡数	在校人数	死亡率%
1915	6	468	1.28
1916	7	568	1.23
1917	2	651	0.31
1918	6	665	0.90
1919	5	657	0.76
1920	10	564	1.77
1921	4	492	0.81

从上表中可以看出，在 1915 年至 1921 年这 7 年时间内，清华园内的死亡率是有较大的变化，试想清华学校的学生都是十几岁少年人，而 0.31%—1.77% 的死亡率对于一座校园来说已经相当高。从现有的史料来看，所记载的死亡皆由疾病引起，并未查到事故死亡、战争死亡等情况。在所有这些致命的疾病中，又以传染病对生命的威胁最大，如：肺结核、猩红热都是常见的传染病，对于学生的健康危害极大。因此，清华学校在对疾病的防治管理上可谓不遗余力。在抗生素尚未发现以前，对于传染病的遏制的主要措施便是控制传染源。在清华学校，控制的手段主要分为几种：（1）系统的体格检查，建立健康档案，并每年跟踪检查；（2）隔离传染源，规划健康空间。关于（1）我将在下一部分说明，在这一部分，我将主要讨论清华学校是如何创造出一系列的封闭空间以隔绝疾病的。

（一）隔绝的校园

清华地处北京的西郊。学生从北京城前往清华学校，需要先乘车至西直门，然后雇骡车或人力车前往清华。许多回忆录说到一路风光旖旎，农

❶ 《清华周刊本校十年纪念号》，1921 年。

田树林很多。清华的周围居住着的都是村人，以农业和手工业为主。早期清华学校的校园基本上是对外封闭的，学校的学生未经许可不得出校；外界的人士未经许可也不允许入校参观。按照梁实秋的回忆，当时门口有看门的校役，出入都需要持证明方可通行，不过看门人有时也会准许孩子们出去在附近买上一点零食解馋。

在清华学校旧制的早期，出校需要有保证人的书信才可通行。所谓"保证人"是学生考上清华后指定的在京联系人，负责学生的在京事宜。保证人须为有一定社会地位的在京人士，政界须委任官以上，学界需教员或学监以上职员，商界则纳六等以上铺捐之商铺长方为合格。保证人应对学生的在京生活全权负责。学生入校后，凡需出校或请假必须持保证人信件至斋务处办理。没有保证人的书信，学生不得出校。梁实秋当时家住北京，每周回家也需持家中父亲的信件办理出行。当时的学生称周日进城为 Sunday Service（此英文词原意为做礼拜，但此处被学生挪用为指进城活动），有人进城购物，有人听戏，有人下馆子，总之算是对于一周严苛的学堂生活的一种调剂。

每年寒假暑假，大批学生返家。许多人在家中染上了传染病，另有人将疾病带入到"封闭"的校园。因此校方对于学生放假返家的卫生特别重视。校医赵克成曾在周刊上发表文章说：

> 每逢假期后，校内必有传染病发生，已有数人曾染此症去世者，此固不能免之事，因遇假期，大家东奔西走，易遇病魔。近闻天津有鼠疫发生，死人无数，京内亦有此症，医界中人均已下戒严令，尤以铁路方面为最。吾人为生命起见，亦当防备。❶

校园隔绝的环境一定程度降低了疾病传播的可能性，遏制了疾疫的流行。那么在这个相对封闭的空间内，对于疾病与危险的控制是如何实现的呢？

（二）疾病与危险

自从建校之初，清华学校便有了自己的医院。"院界东西园之间，房舍清洁，空气流通，且花木环绕，尤为养息良所。"❷医院为清华学校附属机关，凡教职员学生工人等皆可就医。医院的开放时间例有定时，在1920年，门诊的规定是：赖（福斯）（William Brooks La Force）大夫每日上午十时至十二时下午三时至五时。赵（克成）大夫每日下午三时至五时，星期六停

---

❶ 赵克成：《假期内之卫生》，《清华周刊》，1921年4月1日。
❷ "学校方面"，《医院》，《清华周刊本校十年纪念号》，1921年。

诊，星期日十一时至十二时。关于医院的开放时间，看病的同学颇有微词，因为一些医生因为个人私事经常擅离职守，使得看病的同学没有得到诊治。在 1919 年，清华的医院扩建院舍，并添聘医师。1920 年清华医院已拥有四位医师（赖福斯、汤梅、姚尔昌、赵克成），1922 年，汤、姚两位医师离职，新聘杜海与李冈医师。1921 年左右，看护员有两名。因此，对于一个平均在校人数在 500—600 的学校来说，医院的规模与品质应该说在国内已经算是屈指可数了。与清华齐名的南开当时还没有医院。在此规模上，医院为了提高门诊效率，实行分诊制。学生到医院看病，首先是索取相应的牌号。

医院入内看病，除时间有规定外，别无他种限制，以致手续不清。现已由医院制定木牌七种，共分七色。凡入院就医者，先须取牌，方可放入，患外科者取红牌；患内科者，取黄牌；患眼科者，取蓝牌；患耳科者，取白牌；患喉科者，取黑牌；教职员取黄花牌；校役取黑黄花牌。❶

通过取牌，医院得以将病人分诊。另外根据病人症状以及传染性的不同，医院对住院空间进行了分隔。患通病者，居南屋。患传染病者，居北屋。病轻者共居巨室，重者另居小屋。❷对于传染病的控制医院尤其重视。1922 年李冈医师到任后，对于医院原有的空间布置颇不满意，认为原有的诊室安排不利于杜绝疾病的传染：

（李冈）颇不满意，尤以药房为甚，每当诊病之时，地小人众，秩序紊乱不堪，医生诊视不能专心致志也。暑假中，李大夫已请学校将从前之诊室与药室，分为二处。诊室复分为二部：一曰外科室，一曰内科室（即从前之地窖）。药室则改至从前之眼科室者，从此诊病者均须在门次等候，入诊视室中同时至多不得过二人，庶使医生得以专心看病，而无吵闹之患也。又院中北部，向为传染病室，惟入其内者，须经非传染病室中，医士往来，殊为有害。现该院已饬工于院之北部，另开小巷一道矣。❸

通过另辟通道，医院的传染病房与其他的病房分隔开来，减少了在医院交叉传染的事故。诊室也与药室分开，有利于提高门诊效率和质量。如果所患疾病比较严重，或者所患疾病传染性较强，患者将被留院治疗。对于住院病人，医院亦有明确的条例，规定其一天的活动时间表：

❶ 《医院新制》，《清华周刊》，1920 年 10 月 15 日。
❷ "学校方面"，《医院》，《清华周刊本校十年纪念号》，1921 年。
❸ 《医院改良》，《清华周刊》，1922 年 9 月 11 日。

病人住院每日程序表

早七点半：起床洗脸

早八点：试温度及早膳

早十点：大夫临视病室

午十二点：中膳

下午二点半：试温度

下午三点：大夫临视

下午六点：晚餐

下午八点：试温度或大夫临视

晚十点半：熄灯 ❶

关于病人的饮食分为三等，"第一类与食堂同，第二类系稀饭，凡不能食饭与患病新痊者用之，第三类系流质食物，取其易化，病重者多用之"❷。对于探视，医院也作了严格的规定。对于患传染病的病人，医院不允许探视。对于一般病人，也许按照一定程序方能准许探视。医院的主要工作是对付各种传染病。校医院曾统计1919年9月—1920年4月出现的各种病症，主要分为两类：

（甲）猩红热 十六人 天花：二人；肺大叶炎：四人；肠热症：二人；肺痨症：一人。

（乙）瘴热病，时令病 喉炎症 痢疾 胃病 伤风 咳嗽 头痛 脑昏 外科各症（同前）。

甲类为较为严重的传染病。其中猩红热为一号传染病，1919年与1920年死亡的学生数目均较多，其中1920年死亡10人，为1915—1921年之最，与猩红热的流行有着极大关系。接下来我将以猩红热（scarlet fever）和麻疹为例，简单讨论学校对传染疾病的预防。

在1916—1917年以及1926年，校中爆发了两次猩红热的疫情。

1916年12月，清华学校中等科中发现了猩红热。学校如临大敌，校医指定预防法案由校长向全校宣布。预防的方法包括讲清洁、慎寒节饮、少入城诸项。对于幼年同学，医院提出了如下指导：（1）手宜拭干，并润以适宜之药。（2）勿围坐火炉旁。（3）每日宜洗浴或濯足一次，以免足冻。

---

❶ 《医院》，载《清华周刊》，1920年6月，第六次增刊。

❷ 同上。

（4）稍有不适，宜即往医院就诊。（5）勿常出校以免罹传染病。❶在1917年3月，所患猩红热的诸人均已经校医院治愈。在校医院住院的猩红热患者累计有14人，其中5人已经出院，仅有9人还在静养。历史教员麻伦（Malone）因其妻患猩红热而被隔离在自己的住房中，所授功课，采用函授，一切信件，均先消毒，然后传递。在1917年3月已结束隔离恢复上课。医院管理王晋斋先生在校染猩红热症回京诊治，不得回校。❷虽然1917年猩红热的流行已有所缓解，但是学校还是在3月取消了一切校外活动，自1919年3月7日起，禁止学生外出一个月，以免传染。与北师附设中学进行的篮球赛取消，校外调查亦取消，公益性质的周六半日学校也暂停一月。❸

1926年4—5月之间，校内有一次爆发猩红热疫情。报告指出数日间因为感染此症入院的人达到六七人之多。这次的病因是清华学校文案处职员邱德培先生的小孩于几个月前患病。接下来此病传染给了四五个其他教职员的小孩。邱先生所住西北院住户均已搬迁一空，且用药烟熏各房屋以杀病菌，防止传染。❹校医齐清心特别印制公告张贴校内：

（1）请各教职员之家属子女居守自己院内；

（2）各宿舍学生安居本室非不得已时不得自由拜访他号；

（3）各生不要与各家儿童玩耍；

（4）注重公德以防传染病流行全校，保护他人，正所以自卫。❺

在没有特效药品对抗猩红热一类的传染病时，学校最大程度所能做的便是设立隔离的体制，隔离健康的身体与感染源。

六、对肉体活动的规训

在这一部分，我将讨论对于肉体的控制，主要包括对于身体的矫正以及对于性的控制两个方面。通过建立数学化的标准，清华学校可以使用量表精确地测量每个学生的体能，并对学生的身体情况进行跟踪调查。不符合规范的身体要被矫正，符合规范并具有更高效率的身体被特别彰显。对于手淫，学校亦尝试进行控制，手淫不仅被看成是不道德的，同时也看成

❶ 《医院纪事》，《清华周刊》，1916年12月14日。

❷ 《清华周刊》，1917年2月8日。

❸ 《清华周刊》，1917年3月15日。

❹ 《清华周刊》，1926年5月21日。

❺ 《清华周刊》，1926年5月7日。

对身体的健康有着巨大的毁灭作用。

（一）对身体的矫正与训练

第二十六条查验：本校各生于每学期，由校医查验体格有无疾病，并由体育教员衡量身材，以观其体育进步如何。

——《北京清华学校近章》，1914 年 7 月，《神州》第一卷第二册

清华学校的招考章程对于学生的身体和健康状况有着非常严格的规定。学生的身体状况须请欧美著名医科大学毕业之医生进行查验。将本校所寄体质证书用英文详细填注，并亲自签名证实。考取后学生报到之时应由本校医生复验，如届时复验不符或临时忽染危险病症，虽经考取，亦不得入校。❶入学检查包括体力测验和体格检查。入学之后，他们的健康情况将被跟踪调查。在 1920 年左右，每个学生每年要接受一次医学检查、两次体格检查和测验。一次是在学期的开始，一次是在学期的结束。这些检查包括：基本身体数据的测量、体力测验、体格检查以及体育处方。这些测验的细目可以参见文后附表。

在表上可以看出，这些检查的项目非常细，对于身体的各个部位均有测量。通过这些量化的数据统计，体育部和校医院可以建立每个学生的身体健康的标准化档案，并可进行量化的比较与统计。尤其是对于体力的计算，通过公式将体重、力量、肺活量等转化为标准化的体力。1912 年，清华学生的平均体力经测算为 324 分，至 1917 年增长至 409 分。到 1922 年则平均体力增长至 536 分。❷学校会不定期地公布体力测验的成绩，以鼓励学生进行体育锻炼，以敦促身体薄弱的同学加紧锻炼。例如 1927 年第 420 期《清华周刊》便公布了本年各级体力测验成绩最好者与最坏者，如表 3—3 所示：

表3—3　1927年各级体力测验最好与最差成绩列表 ❸

全校	大一级	大二级	大三级	高三级	旧大一	级别
旧大一级 钟俊麟君	徐文祥君 634.4	萧涤非君 700.0	赵文珉君 628.0	邵德彝君 602.4	钟俊麟君 736.6	最健者
新大二级 曹曾禄君	陈善铭君 256.8	曹曾禄君 238.7	钟间君 265.4	彭光钦君 333.1	燕夔君 397.3	最弱者

❶ 《中等科插班生试验规则》、《高等科插班生试验规则》，见 1919 年《清华一览》，《清华大学史料选编》第一卷清华学校时期（1911—1928），北京：清华大学出版社，1991 年，第 169—172 页。

❷ 郝更生：《十五年来清华之体育》，《清华十五周年纪念增刊》，1926 年 3 月。

❸ 《清华周刊》，1927 年第 420 期。

关于体格检查，通常碰到的主要毛病是牙齿不好、腺样增殖、脊柱倒凸、平足等，而未曾发现不正常的心音和不规则的心律。在检查之后，体育部的老师为需要矫正的同学增加相应的矫正体操训练。通常来说，检查的时间在每天的下午1点至3点，每次可以检查14人左右。

清华学生入校之后，需要根据其体力测验的结果进行体育课分班。根据不同的体育程度进行相应的练习。在日常的教学实践中，体育被给予特别的关注。前面已经提到每日下午的强迫锻炼。此外，学校对于体育课程亦有强制规定。对于中等科学生而言每周应习体育两小时。高等科的体育课分为几种：其一为初级体操，为一年生及新生必修科；其二为体操及其运动，为二年级生所选的必修科，或为三四年级生未通过实效测验所补修科目；其三为运动，为三四年级生必选；其四，对于通过实效测验相关项目的学生，可以选高级运动，学校运动队的队员也必须选此科；其五，对于体力不足的学生，安排矫正体格法的课程。

所以选修体育课的同学最后均必须通过实效测验。旧制清华学校，不通过实效测验便不准放洋留学。实效测验主要包括五项指标：康健、灵敏、泅水术、自卫术以及运动员精神（sportsmanship）。康健的指标包括：心与肺健全无病，神经与血脉无病，身体姿势正常。灵敏测验（Agility）包括：腾跃过与胸齐高的跨栏，攀绳离地15尺，在运动席垫上作鱼跃翻滚，跳远十四尺，十四秒内完成百码赛跑。吴宓曾因跳远未达标准而推迟放洋半年。

关于泅水学校也有严格的规定：（1）完成二十码的游程；（2）拯一人游五码的距离；（3）在跳台上作一跃式入水；（4）于深五尺，半径八尺之处捞起三片瓦片；（5）学会一种苏醒溺水人的方法。游泳测试对于许多学生来说非常困难。梁实秋在毕业之时便费了九牛二虎之力方通过测试：

清华毕业时要照例考体育，包括田径、爬绳、游泳等项。我平时不加练习，临考大为紧张，马约翰先生对于我的体育成绩只是摇头叹息。我记得我跑400码的成绩是96秒，人几乎晕过去。100码是19秒。其他如铅球、铁饼、标枪、跳高、跳远都还可以勉强及格。游泳一关最难过。清华有那样好的游泳池，按说有好几年的准备应该没有问题，可惜的是这好几年的准备都在陆地上，并未下过水，临考只得舍命一试。我约了两位同学各持竹竿站在两边，以备万一，我脚踏池边猛然向池心一扑，这一下子就浮出一丈开外，冲力停止之后，情形就不对了，原来水里也有地心吸力，全身直线下沉，喝了一口大水之后，人又浮到水面，尚未来得及喊救命，已

109

经再度下沉。这时节两根竹竿把我挑起来，成绩是不及格，一个月后补考。这一个月我可天天练习了，好在不止我一人，尚有几位陪伴我。补考的时候也许是太紧张，老毛病又发了，身体又往下沉，据同学告诉我，我当时在水里扑腾得好厉害，水珠四溅，翻江倒海一般，否则也不会往下沉。这一沉又沉到了池底。我摸到大理石的池底，滑腻腻的。我心里明白，这一回只许成功不许失败，便在池底连爬带泳地前进，喝了几口水之后，头已露出水面，知道快游完全程了，于是从从容容来了几下蛙式泳，安安全全的跃登彼岸。马约翰先生笑弯了腰挥手叫我走，说："好啦，算你及格了。"这是我毕业时极不光荣的一个插曲，我现在非常悔恨，年轻时太不知道重视体育了。❶

不只是梁实秋，许多临近出洋的高等科同学都为体育而烦扰。因此每当放洋将近，在运动场上就能看到平日不擅运动的"老先生"开始在运动场苦练起来。游泳池里练习游泳的人也多了起来。将实效测验与出洋的资格联系起来，也受到了许多学生的质疑。那么学校通过量化地身体测量和测验强迫推行体育运动的宗旨是什么呢？

体育的第一要务乃是矫正学生的不良身体姿势。"吾人姿势良否，不仅与个人先天生理因素有关，与态度表情也有很大关系。人在先天或后天中，因环境不宜，或为生活所驱使，致使弯腰曲背，胸凹气促之现象。适宜体育运动，有矫正吾人姿势之效力"❷。

第二，体育运动可以增进身体的效率，使"吾人得到一种有目标之训练：如'警敏'、'精确'、'轻快'、'支配'、'合作'、'进取'等"❸。

第三，体育运动可以增进学生的机体活力、神经和肌肉反应能力，矫正姿势，教导优雅的动作，同时还可以使学生拥有诸如勇敢、持续、自信以及良好判断力的品格。最后可以增加学生对自己身体的控制能力。❹

最后，正如担任过清华教务长和代理校长的王文显所说，"现代体育教育显示出现代教育理念与旧有的中国理念间的重大鸿沟"。旧有的中国文人溜肩膀、步伐缓慢的文弱形象将变成逝去的梦。西方体育是"现代化"中

❶ 梁实秋：《清华八年》，《马约翰纪念文集》，北京：中国文史出版社，1998 年。
❷ 马约翰：《改进时期中清华之体育》，原载 1927 年 4 月 29 日《清华周刊》，后刊于黄延复编《马约翰体育言论集》，北京：清华大学出版社，1986 年。
❸ 同上。
❹ M. D. K. Brace, "Physical Education at Tsing Hua College", in *Tsing Hua Journal*, June, 1919.

国病弱身体的最好良药。❶

（二）对性的管理

清华自 1929 年方招第一批女生入校学习。所以在我所讨论的时间范围内，清华是纯粹的男校。在这段时间，清华对于性的管理是非常严苛的。校规规定，结婚的学生不得入校，在校的学生不得结婚。学校奉行禁欲的管理方针，在早期，阅读涉及情爱的小说一旦被庶务处发现也要受罚。梁实秋曾因买了一本《绿牡丹》的小说来读而被斋务处发现，狠狠训斥了一顿。❷在清华，性的问题主要表现在手淫上。

1923 年 4 月 6 日的《清华周刊》刊登了一个针对清华学生生活的调查。其中有一则问题为"你是否犯手淫？"。❸共回收 172 人的问卷，其中答"不犯"者 65 名，占回答者的 39%；"现在不犯"者 51 名，占 30%；"犯手淫"者 38 人，占 22%；其余"不懂"、"不答"和"无诚意"者各 6 名，各占 3%。除去不犯者、不懂者、不答者和无诚意者，以前犯过手淫和现在犯手淫的学生加起来占到 52%。可见，手淫在清华学校为司空见惯的现象。

在 1916 年的英文版《清华学报》（*Tsing Hua Journal*）上，刊登了校医布乐题（Dr. R. A. Bolt）向清华学生发表的一篇演讲，主题是"纵欲的恶处"（The Evils of Intemperance）。在这篇针对高等科学生的演讲中，布乐题指出，性过度（sexual excesses）和性轻率是中国学生面临的一个大问题。在中国学生之中，性的不纯洁普遍存在。而对于性的过度直接导致了中国人的慵懒和守旧。布乐题暗示，在学生中普遍存在手淫，手淫是不节制的性活动，而不节制的性带给人们的是较低的道德风气、轻浮、男性气概的丧失和阴柔的行为举止。生殖器官除了提供繁殖能力之外还能对内产生一些分泌物。这些分泌物对于保持男性气概和男性特征有着重要帮助。过度性行为和手淫会损害肌肉力量和思维效率。布乐题给清华的学生提出了一个建议：（1）多参加户外的群体活动，这有助于将思维从性器官上引开，同时有助于大脑的更新；（2）清洁身体：包括每日对外生殖器的清洗并在睡觉前对其进行冷敷。

在 1921 年 5 月 21 日的《清华周刊》上，刊登了由校医赖福斯向高等科

❶ J. Wong-Quincey, "Modern Education in China", in *Tsing Hua Journal*, May, 1917.

❷ 梁实秋：《清华八年》，见散文集《清华八年》，台北：重光文艺出版社，1962 年。

❸ 数据根据《清华周刊》，1923 年 4 月 6 日。

专题研究

的同学所做的演讲——"心理卫生"。在演讲中，赖医师举出了手淫的十二条危害，包括：（1）身体萎顿，尤以背部与膝部为甚；（2）脑力萎顿不能静心读书；（3）不能全神贯注；（4）记忆力薄弱；（5）意志消磨；（6）自尊心消磨；（7）自信心衰减；（8）头晕；（9）面容枯槁；（10）发生丘疹；（11）大便闭塞；（12）贫血。手淫习惯既成，不易戒除，应尽快求医就诊。1924年，学校又延请刘瑞恒医师向学生讲"生殖器之病与卫生"。刘医师强调要摒弃淫亵的念头，端正思想，才能不致手淫的发生。手淫最易发生于晨起与就寝之时，因此晨起应迅速而就寝之后不应胡思乱想。[1]

从校方对于手淫的排斥和问题化（problematization）可以看出，清华学校在对性的问题上持禁欲主义的态度。韦伯曾揭示禁欲与资本主义发展之间的关系。对于肉体欲望的控制，体现了资本主义的"现代性"的内在精神。当西方殖民主义在中国推行其"教化工程"的时候，被想象的那些充满欲望的身体本身也变成了其规训与现代化的对象。

七、游移不定的现代性：从"修身"到"自治"

在这一部分，我将讨论学生在面对"规训"时，其能动性（agency）如何商讨并重塑了"现代性"。在前文中，我讨论了在地现代性的第一个侧面，即：殖民主义教化工程是如何通过细微的权力技术将中国知识精英的身体现代化的。然而如果我们仅仅将"在地现代性"理解为"西方现代性"通过殖民主义体系在殖民地的复制和扩张而不去考虑殖民地或半殖民地人民对于对西方现代性所作出的诠释乃至重构，那么我们便又一次落入了"挑战—回应"模式的窠臼。"中国中心"的史观却又过分强调中国"现代性"的内生因素，而对于帝国主义与本土世界之间的复杂交互关系未能进行很好的分析。在这一章，我将把清华学生的能动性（agency）带入分析的中心。我将讨论"在地现代性"的另一面，即本土的知识精英在面对帝国主义的身体规训时，是如何"转译"并"重构"其所承载的现代性的。具体来说，我通过对清华学校校内出版物的研究发现，虽然从表面上看，清华学生对于"现代化"的身体规训形成了"共识"，然而这种"共识"并非对于帝国主义规训手段和目标的简单认可，而是经历了一个"转译"的机制。也就是说，当本土知识精英与殖民规训达成了"共识"

---

[1] 刘瑞恒（讲），曾远（记）：《生殖器之病与卫生：性的教育》，《清华周刊》，1924年3月21日。

的时候，本土知识精英的逻辑并非如出一辙。在前一章的分析中可以知道，学校管理者认为规训的目的是制造更加驯顺而有效的现代身体，以改良中国人种羸弱、肮脏的非现代身体，进而更好地巩固殖民权力。而清华学生则将中国身体的弱小与民族国家的贫弱联系在一起。国家不能富强的根源之一，在于民众身体的肮脏、低效与弱小。要建设强国，便必须从强身开始。虽然有着不同的目的，然而这样两种不同的身体话语却在实践的层面上统一了起来，形成我称之为"身体—国家"的本土话语实践。

接下来的一个疑问是，应该如何理解学生所发展出来的"身体—国家"的本土话语？我给出的解释是："身体—国家"的叙述乃是中国儒家身体观与社会达尔文主义融合以后的衍生物。我将分别讨论基于社会达尔文主义的民族主义身体观和儒家（今文与古文传统）的身体观，并结合当时的校刊文本讨论这些观念在清华学校中的传播。最后，我将结合有关"自治"的个案，讨论这两种身体政治是如何在话语实践之上统一起来的（当然这种统一是充满冲突与不稳定性的）。

（一）改造身体与救国

1916 年 1 月的《清华周刊》上，刊登了作者为 Hsieh Pao-T'ien，名为《新国建设教育动力》（*Educational Motives for the Upbuilding of A New Nation*）的文章［根据原文注释，此文乃从美国中国学生联合会出版的《中国学生季刊》（*Chinese Students' Quarterly*）中缩译而来］。文章首先谈到了建设新国家（new nation）与教育的关系。作者认为中国的社会是一个邪恶的社会（a sinful society），中国的家庭也是邪恶的家庭。正如没有办法在地狱中建成天堂一样，在这样一个罪孽深重的社会中是不能建立起一个高尚的国家的。作者认为，学校教育要造就的是"国家的学生"（student of the state）。为了国家，国民愿意牺牲自己的一切。这是对中国家族主义的一剂良药，因为家族主义已经遏制了民族主义的产生甚至遏制了它的存在。在家族主义社会的控制下，不可能有国民，也不可能有爱国主义，更不可能有新的国家。因此，要训练"国家的学生"必须将学生与这个病入膏肓的社会隔离开来，对他们灌输新国民的观念和准则。作者认为有三个准则必须达到：

（1）独立思考的能力。

（2）强壮的身体。中国学生的责任要比欧美学生繁重几倍，因为中国

专题研究

面临亡国绝种的处境。学生必须有强壮的身体，才能肩负起建设国家的重任。另外中国四分五裂的军阀割据局面也要求学生做好从军的准备。为了国防，体育非常重要。

（3）严格的纪律。中国人以缺乏纪律和规范著称，因此身体的训练非常急需。学校必须像医生对于传染疾病一样重视身体训练。只有将纪律通过学校教育灌输给学生，我们才能够培养出正直与遵守纪律的国民而非狡诈而无秩序的暴徒。

在作者看来，弱小的身体是国家落后的根源。未开化、缺乏现代性特征的身体始终是横亘在中国建立新国家路上的一块巨石。这是因为，这种身体不具备"国民"或"公民"的特征。而"国民"乃是现代民族国家的根基。只有通过教育，才能够训练出合格的"国民"。这一点深为清华学校的中国教员和学生所认同。

1916年，《清华周刊》刊登了当时的清华校长周诒春对即将毕业的学生的讲话，周校长表示，对于诸位同学的学业与道德并不担心，校长一再强调的是锻炼一个强健的身体的重要性。体力越强，则办事的能力越强。凡担任大事之人均有强健的身体。值得注意的一点是，周校长将增强身体放在世界列强互相竞争，中国积贫积弱这个背景来谈。周校长说："于此竞争之世界，欲保存我中国不亡业，新世界、新社会之人士竞争以挽救我极危险之老大国祚于德育智育之外，将前此文弱之旧习——扫除而廓清之，决不能有济也。"[1]采取西方的体育，不仅能使学生增强自己的体能为自己的事业打一个好基础，同时也是强国与图存的重要手段。周诒春的讲话里对身体有着双重的看法，一方面，他提到了一个文弱的"传统"身体。他认为通过训练这些文弱的身体，可以激发出体能从而使身体变得强健；另一方面，强健的身体是与强国联系起来的。

任清华学校体育部教员的马约翰与郝更生在1927年的《清华周刊》上回顾了15年来清华体育的发展，在文章的最后特别引用了《大公报》1927年4月10日社评以彰明体育的意义：

奖励国民体育，为教过强种之一切根本，而多年疏忽之，人既纤弱，故国号病夫。……且中国青年之于科学，往往浅尝辄止，无终。……其原因不一，而体力不充，为其最大者也。伟大之国民，其气象活泼，而强健

---

[1] 周诒春：《周校长对于高四级毕业生训辞》，载《清华周刊》，1916年，第二次临时增刊。

勇往，而率真。衰弱之邦，则其民懦而脆，冲动而无恒，感情盛而意志弱。中国之弊，正坐于是，而亦体育不讲之故也。……甚望全体青年，皆重体育，爱运动，下课之后，人人在操场，或赴野外，任择一二事习之，各从所好，练习无间。使我全国男女学生皆然，不数年而为强健之国民矣。比赛成绩，犹其次也。夫过去之中国，病国也，今亦依然！盖其人大抵有病，智识阶级尤多病，或病消沉，或病急躁，或不耐劳苦，或直不堪思索。如此之人，而与国际竞争，可危甚矣！❶

中国国家不振便是因为人民身体羸弱。体育是改造人民身体的一剂良药。一名清华学生在校刊上写道："国弱者何？民不强也。民胡为而不强？体育之不为普，而民力无由振也。……普及体育斯全国学校之当务，尤为我清华师长之所期诸同学者也"。❷如果体育不能普及而仅仅变成少数人的兴趣，那么体育的意义也就大减了。正因为此，郝更生批评所谓"飞艇式"体育，认为体育如果仅仅是高高在上的"锦标式"体育，而不能向学生以及社会普及，那么无外乎一架空中的飞艇，不能通过普及体育精神和改造身体而改变国家落后的现状。❸

在以上这些言论中，我们看到这些作者都将身体与国家的存亡、发展联系起来。身体首先是国家政治的隐喻：衰落的国家是一个生了重病的躯体；羸弱多病的个人身体则为民族国家衰落的表征。身体同时也是国家政治实践的基本单位，"强国"是通过"强身"而实现的。那么，应该如何理解这种"身体—国家"关系呢？实际上，清华学生这种"身体—国家"的观念，是 19 世纪末 20 世纪初非常具有代表性的思潮。严复对社会进化论的借译、梁启超《新民说》以及以日本为师的军国民运动对于"身体—国家"的身体观形成起到巨大的影响。❹然而如果我们仅仅将"身体—国家"的身体政治观理解为西方列强和日本舶来的"现代性"产物，那么我们便又一次落入了"冲击—反应"模式的窠臼，而忽略了中国在面对西方冲击时的能动性、本土文化实践的创造性以及面对"西方"所持的复杂态度。前面提到的"中国中心"史观强调中国自身的历史脉络。我认为是非常具有启发性的。在接下来的一节中，我将讨论中国传统思想资源中的身体政

---

❶ 马约翰/郝更生：《改进时期中清华之体育》，《清华周刊》1927 年第 408 期。着重号为本文作者所加。

❷ 桂中枢：《学校体育之真精神》，载《清华周刊》，1916 年 5 月 10 日。

❸ 郝更生：《改良"飞艇式"体育之管见》，载《清华周刊》，1926 年 6 月 11 日。

❹ 黄金麟：《历史、身体、国家》，北京：新星出版社。

治。然后我将讨论西方的社会进化论与军国民思想是如何通过传统身体政治观的"容器""转译"成中国的现代性话语的。

（二）儒家思想中的身体与国家

关于儒家的身体观，已有学者有完备的讨论 ❶。限于篇幅与学力，本文不希望就这一问题展开，在此，我仅对"身"与"国"的关系作简单的梳理。在儒家思想的传统中，身体与国家政治主要通过两个通道相连接。第一个通道是隐喻（metaphor），即：身体是国家政治的隐喻，身体的器官隐喻着国家政治体系中的不同职能部门。这种隐喻性的身体观，被许多哲学家以及人类学家解释为中国传统关联性（correlative）思维的一种 ❷。另一个通道是通过"礼"的实践，将国家的政治实践通过礼仪活动与个人的身体相关联。值得注意的是，这两条通道并非截然二分的。实际上，很难在这两条通道之间划出一条边界：身体的隐喻式思维实际是通过礼的实践而突现出来的，而礼仪活动的实践又是以身体隐喻为基础的。在这一节，我将简要讨论这两条身体政治通道。

1. 身体作为隐喻

一国之君，其犹一体之心也。隐居深宫，若心之藏于胸，至贵无与敌，若心之神无与双也。其官人上士，高清明而下重浊，若身之贵目而贱足也；任群臣无所亲，若四肢之各有职也；内有四辅，若心之有肝肺脾肾也；外有百官，若心之有形体孔窍也；亲圣近贤，若神明皆聚于心也；上下相承顺，若肢体相为使也；布恩施惠，若元气之流皮毛腠理也；百姓皆得其所，若血气和平，形体无所苦也。❸

在《春秋繁露》中，董仲舒将国君比作人的心，将官僚系统中自上而下的士大夫依其贵贱程度比喻成从眼睛到脚的不同器官。群臣各有司职，就像四肢各有其职。四辅好比人的肝肺脾肾。在外的群臣则如同人的枝干形体和孔窍。而百姓则为肌肤，因此向百姓施恩惠则如同元气从心流出达

---

❶ 杨宾儒：《中国古代思想中的气论与身体观》，台北：巨流出版社，1993 年。

❷ Zito, Angela, 1994. "Silk and Skin: Significant Boundaries." In Angela Zito and Tani E. Barlow eds., *Body, Subject and Power in China.* pp. 103-130. Chicago and London: The University of Chicago Press. 以及安乐哲（Ames, Roger T.）著，彭国翔 译，《和而不同：比较哲学与中西会通》（*"Seeking Harmony not Sameness"*: *Comparative Philosophy and East-west Understanding*），北京：北京大学出版社，2002 年。

❸ 董仲舒：《春秋繁露·天地之行》。

到皮肤。正如血气平和会给身体带来康健的状态一样，君主以及群臣的治理如果得当，那么百姓也会安居乐业。在今文经学的代表《公羊传》中，有这样的论述：

国、君一体也，先君之耻犹今君之耻也，今君之耻犹先君之耻也。国、君何以为一体也？国君以国为体，诸侯世，故国、君为一体也。❶

国君本人也是国家的体现，国君的身体也是便是国家的象征符号。虽然在很长一段时间里，将身体作为国家的隐喻在儒家思想之中不算是正统。然而晚清的维新派尤其是康梁深受今文经学的影响。今文经学的影响在理解近代历史时不可忽略。梁启超曾在《新民说》中写道：

国也者，积民而成。国之有民，犹身之有四肢五脏筋脉血轮也。未有四肢已断、五脏已瘵、筋脉已伤、血轮已涸，而身犹能存者。则亦未有其民愚陋怯弱涣散混浊，而国犹能立者。❷

即便是在阐释维新思想，梁启超依然保留了儒家对于身体的论述。将国家与民的关系看成是身体与器官之间的关系。国弱的原因是民弱，好比说身体弱的原因是器官的溃烂。

2. 礼：修身与治国

儒家经典《大学》之中有一段许多人耳熟能详的话：

古之欲明明德于天下者，先治其国；欲治其国者，先齐其家；欲齐其家者，先修其身；欲修其身者，先正其心；欲正其心者，先诚其意；欲诚其意者，先致其知；致知在格物。物格而后知至；知至而后意诚，意诚而后心正，心正而后身修，身修而后家齐，家齐而后国治，国治而后天下平。自天子以至于庶人，壹是皆以修身为本。❸

在这段话中，修身是齐家的基础，齐家是治国的基础。因此"自天子以至于庶人，壹是皆以修身为本"。为什么，治国必须先修身呢？在《中庸》之中，有如下的解释：

子曰：好学近乎知，力行近乎仁，知耻近乎勇。知斯三者，则知所以修身。知所以修身，则知所以治人。知所以治人，则知所以治天下国家矣。凡为天下国家有九经，曰：修身也，尊贤也，亲亲也，敬大臣也，体群臣

---

❶ 《公羊传·庄公四年》。
❷ 梁启超：《新民说》，台北：中华书局，1978 年。
❸ 《大学》。

也，子庶民也，来百工也，柔远人也，怀诸侯也。修身，则道立；尊贤，则不惑；亲亲，则诸父昆弟不怨；敬大臣，则不眩；体群臣，则士之报礼重；子庶民，则百姓劝；来百工，则财用足；柔远人，则四方归之；怀诸侯，则天下畏之。❶

修身乃治国的根本。好学、力行以及知耻为修身的根本。只有做到了修身，才能明白如何治人。知道如何治人则能明白如何治理天下国家。对君主而言，修身、尊重贤能、亲善亲人、敬重大臣、体谅群臣、像父亲一样对待臣民、招徕百工前来自己的国家、安抚远人和诸侯这一系列准则是以自己的"身体"出发逐渐扩展至天下。治身为怀天下的第一步。

值得注意的是，不论是修身、齐家、治国还是平天下，"礼"始终为其共同基础：

夫礼者，所以定亲疏，决嫌疑，别同异，明是非也。……道德仁义，非礼不成。教训正俗，非礼不备。分争辨讼，非礼不决。君臣、上下、父子、兄弟，非礼不定。宦学事师，非礼不亲。班朝治军，涖官行法，非礼威严不行。祷祠祭祀，供给鬼神，非礼不诚不庄。❷

在这段话中，礼成为"定亲疏，决嫌疑，别同异，明是非"的渠道，凡是"君臣、上下、父子、兄弟"的关系均须合乎礼。"国之大事在祀与戎。"而不管是军队的治理还是国家的祭祀均需要以礼为准则。礼提供了一套规范，用来约束个人的身体，进而推之及人，推之及家及国。

何伟亚（James Hevia）在对于英使马戛尔尼出使乾隆朝的研究发现：这一被后人理解为意义深远的事件所展现出来的所谓"中西冲撞"，实际是"礼仪冲撞"。在清帝国的礼仪系统中，所有的礼仪安排，包括会见宾客的时间、空间、宾客的次序、身体的姿态均要严格按照既定的"礼"来进行，而所有的这些礼仪安排均是为了体现出皇权的威严以及归服于大清的藩国所构成的朝贡体系的秩序。何伟亚写道：

礼仪规定了皇帝全部活动，在时间上，从年初到年末，在空间上，大至天下，也就是整个世界。没有绝对的外方，只有离中心的相对远近。因此，常常通过礼仪活动来重建中心。礼仪中要确立与显示出参加者距皇帝身体的远近程度。要运用最重要的定向原则（如上—下，远—近等）来安

---

❶ 《中庸》。
❷ 《礼记·曲礼上第一》。

排参加者和一些事物（如帝国权力的标志）的空间位置，由此表示和生产特定的政治关系。借助空间的控制和个人位置的安排，帝国朝廷表明了这样一种含义：天下大势皆在皇帝的了解、操纵、规制和囊括之中。❶

何伟亚笔下的大清帝国的礼仪实际上也反映了儒家的"身体—国家"身体观。在大清的礼仪典礼中，皇帝的身体是帝国政治权力运转与展演的中心，由他的身体辐射开去，各个朝贡的藩王以及廷下的大臣身体依次在帝国权力的象征空间中排布着自己的既定位置。这样一种辐射的身体—空间结构，恰恰是与儒家经典中关于"身"、"国"以及"礼"的论述相一致。

（三）从"修身"到"自治"：规训的转译与合法化

在前文我曾着重讨论，清华学校管理者是如何通过身体规训的"教化工程"使用一系列的"现代"技术（如对时间和空间的管理以及对肉体的控制）来转化中国"落后"的东方身体，以使其变成为"驯顺"与"有用"的现代身体。然而本土精英究竟是如何理解以打造"现代"身体为目标的规训实践呢？

在清华学校，中国的知识精英是利用自己本土的文化资源来理解西方的现代性的。就如同严复译介的赫胥黎的《天演论》，西方的思想是通过诉诸本土传统经典的语言与思考框架得以阐发的。当严复将英文《进化论与伦理学》译成中文《天演论》之后，中文的《天演论》已经不能看成是原作的简单拷贝，而已经是变成了具有在地特征的一部新作品。同样的道理，当清华学校将一整套规训机制作用于年轻的学生身体之上时，虽然中国近代历史中弥漫的挫败感激起了年轻学生们向现代西方学习的思潮，但是对于现代规训的接受与认同亦如同那部《天演论》一样经历了转译的过程。这种转译性共识的结果是当时清华学生普遍采取了一种"身体—国家"的身体观，即前面第一节谈到的将改造中国弱小的身体看成是救国的出路之一：只有强身才能强国。然而我想特别指出的是，这种对于身体规训的共识乃是通过在地的文化资源（尤其是儒家身体观）为介质而转译形成的。在这一节，我将通过分析文本，描绘这两种身体观是如何围绕规训相互融合的。我将主要围绕清华学校的学生"自治"讨论推行"自我管理"的规训是如何通过"修身治国"的本土文化框架转译成"身体—国家"的话语

---

❶ 何伟亚（James Hevia）：《怀柔远人：马嘎尔尼使华的中英礼仪冲突》，北京：社会科学文献出版社，2002 年。

专题研究

实践的。

在清华学校早期，在订立严格的管理规范的同时亦提倡自我管理的自治精神：

学校管理法所以养成自治之习惯，见有过犯而加之，以督责，俾其后，有所惩戒而不至于再犯，由勉强而入于自然。至其结果则人人有自治之能力。管理法之有无，非所计也。本校少年同学见闻较隘，应恪守校规，以期渐趋于正规，若夫年长者则过与不过力能自辨，宜无烦他人之鞭策，当以不犯规章为幸庶乎？自治之功有日进之望也。❶

为振作学校秩序起见。于是校章有非星期及例假，学生不得出大门之规定，始者固觉受形色上之束缚，然而习行既久，则安之如素，而精神之振作则增之于无形矣。由勉强而入于自然，由形色而及于精神，清华学生庶几可与言自治矣。

为振作学校管理起见，于是校章有非保人及亲长来信，学生不得请假在外住宿之规定。始者稍觉困难，今则习以为常矣。于无影无形之中而学校管理办法之上渐加严密。初则以校令为之倡。今则徐徐入于自然。清华学生庶几可以言自治矣。❷

从这些文本可以看出，早期清华学校订立严格的校规，是希望通过强制的方式来规训学生的行为，使其符合学校所期望的行为准则。同时亦希望学生能够将这些规则"内化"，今后不需要严苛的规则大家也能自然地遵守这些行为准则，养成有纪律的身体习惯，实现"自治"。在1914年5月的《清华周刊》上刊登了英国人司各脱先生对清华学生的演讲大意。演讲的一部分是介绍英国各公立学校对与学生自治自修的重视，同学之间互相监督。作者认为此种自治教育"面上似属无统系之教育而实利毕见，终得养成独立自治人格，完全之国民"❸。对于卫生清洁的推行，学校亦希望通过强制政策能使得同学们学会"自治"并认识其重要性：

夫吾等对于立品修学固须淬励，然而于服饰之清洁宜急宜讲求。倘或衣垢忘洗，面垢忘浣，既足以显其懒惰之性，并亦非尊重自治之道。然清洁云者，系整齐干净之谓，不必定须锦衣华服，然后可以讲清洁。即粗布

❶《学者宜尚自治》，《清华周报》，1914年11月17日。
❷《清华阳秋》，载《清华周报》，1914年5月12日。
❸《清华周报》，1914年5月5日。

大帛，苟及时以洗，其为清洁一也。至于刷牙齿，所以讲求卫生，切不可间断疏忽。减发所以整容，更不可留发过长，迟迟不剃。凡此之类似，皆琐屑之事。苟失于检点，即足为学者之玷。新同学之自各省来者，于校章或未全悉。对于诸数事者，宜特别注意焉。❶

　　督促学生养成卫生的习惯（清洁衣服、勤理发、勤刷牙），希望其能自治其身是学校订立严格校规进行严格惩罚的初衷。那么学校推行的"自治"（self-governance）是如何通过"修身"的本土语境的得以转译的呢？我们还是通过几个代表性的文本进行分析。在1921年的《清华周刊》上，刊登了林钧所写的一篇文章《自治乎抑治于人乎？何去何从？》，重要处不妨直录于之下：

　　自治者何？自置于规矩绳墨之间。或曰：保我自由，而亦不侵人自由之谓也。治于人者何？被治之谓。或曰：奴隶束缚于人之谓也。孰利何害？何夫何从？……盖言自治必具下二列二点：

　　（一）自治智识

　　所谓自治智识者，即人能知自胜自强之必要。荀子曰："人之性恶也，其善者伪也。伪者人为之也。"故夫人性不齐，人品不一：有好睡而不能早起者，有好食而不能节制者，有好言而致兴讼者，有好利而思窃者。若顺是焉，则人必无治己之智识而其人亦必为物所治。人无治己之智识而至为物所治者，其人尚得谓之自治乎？

　　（二）自治能力

　　自治能力者，自治精神之所由来也；即致知力行之谓。譬如每日所行之事，何时治事，何时休业，何时起居，何时饮食，皆行之于规矩绳墨之间；有恶习俗者必除之，有过错者必改之。此之谓自治能力。

　　……孟德斯鸠云："法律者不可须臾离也。凡人类文野之别，以有法律与无法律为差；于一国亦然，于一身依然"。意其所谓法律者，自治之条目也。有之则治无之则乱。然天下事物之乱必不能久。我不能治一己之身，则必有他人起而代治之。家不能治一家之事则必有他家起而代之。不能自治者必治于人，势所不能逃也。

　　……

❶ 《宜尚清洁》，《清华周报》，1914年9月22日。

专题研究

昔人论陈蕃言"蕃不能扫除一室，安能扫除天下？"此言虽进刻薄，然不失为正当之论。夫大焉者，集武术之小焉者而成之也。复数者集单数而成之也。社会者，集无数之人民而成之也。国家者，集无数之社会而成之也。于其小焉者能治之，则于其大焉者亦可以推及之。于其单数者能治之，则于其复数者亦可以推及之。各人而能自治，即能使社会自治。能使社会自治，则亦能使一国自治。❶

在这篇文章中，有一点特别值得注意，即作者基本是按照儒家伦理的"修身"准则来理解"自治"（self-governance）。"我不能治一己之身，则必有他人起而代治之。家不能治一家之事则必有他家起而代之。不能自治者必治于人，势所不能逃也。……各人而能自治，即能使社会自治。能使社会自治，则亦能使一国自治。"这种由已身出发推及社会乃至国家的说法，在上一节我所讨论的儒家身体观中有很明显的体现。作者所引严复译孟德斯鸠《法意》，实际也是经过严复之手"转译"过了，其中提到的"于一国亦然，于一身亦然"这样的说法，也是直接与儒家身体观相对应的。类似这样的讨论文章在《清华周刊》中还有很多。试再举一例：

自治者，知法治之无效。应时事之需要而设者也。其意盖欲人必正心持义，乃集为组合，以识社交之雏形。以修己为本，以人世为用。本于修己，故人自勉善，无赖法治。炼良知，使有善恶之确断。培正谊，以辨是非之真相。不以环境之善否而异守。不随世俗谬接而易行。操持坚贞，足任大事。以入世为用，故好群。好群故不务隐遁，究察世故，习社会之组合，明委选之关系，既悉人类进化之概，则思想高洁，责任心犹然而生。此其所以以组合为寄托，而有畏于独善其身之教也。❷

在这段话中，"正心持义"、"修己为本"、"炼良知"、"培正谊"、"不异守"、"不异行"、"操持坚贞"等均是儒家"修身"之学的基本内容。作者认为，正是通过"修身"人能够"入世"而好群，"习社会之组合，明委选之关系"，这样人才能够和别人形成"群"，参与"群"的事务建设，进而能够因"群"而形成国家。这种由"修身"到与人结成"群"的序列，是与前面提到的"修身治国平天下"的系列相一致的。

在此，我们看到有关规训"自我管理"的话语是如何通过在地的儒家

---

❶ 林钧：《自治乎抑治于人乎？何去何从？》，《清华周刊》，1921 年 3 月 11 日。
❷ 《学生自治》，《清华周刊》，1919 年 11 月 2 日。

身体观得到了转译。通过转译后的"自治"获得了清华学生的共识。至此，帝国主义在清华学校实行的一系列身体规训，引发的并非是清华学生的集体抵触或是全盘接受。在面对这些身体规训的时候，清华学生的"能动性"（agency）重塑了帝国主义身体规训，同时又创造出具有浓厚本土文化烙印的"在地现代性"。"在地现代性"这枚硬币的第一面是帝国主义对东方身体的教化性规训，而其反面则是本土知识精英对于这种规训的"转译性"解读，并创造出了本土化的"现代性"话语。在清华学校，这种创造是有关"身体—国家"的身体观。即认为，中国自晚清以来遭遇重重失败的根源是中国人"东亚病夫"的"弱小"身体。通过改造和教化中国"弱小"的身体，中国的贫弱状况可以得到改变，因为身体的强健可以造就强大的国民，而国家的崛起是与强大的国民分不开的。究竟我们应该如何理解这种"身体—国家"的身体观呢？我认为，当清华学生强调改造自己的身体时，他们实际上是在儒家身体观的框架内"转译"了帝国主义的身体规训。儒家身体观认为，修身与治国是紧密相连的，连接个人身体和国家政治的渠道是"礼"的原则。在儒家的论述框架内，当自我身体的改造达到较高的程度时，才能管理家庭，进而乡党，进而国家，进而天下。"修身"是一切政治活动的基础。我观察到，清华的学生正是使用这种认识框架来理解清华学校所实施的一切身体规训。一个具体的例子是关于"自治"的理解。学校建立之初即把学生"自治"作为一种身体规训方式予以推行。通过推行学生的自我管理，冀望学生能够将学校的纪律内化于身体之上。这样一种规训的共识，是清华学生通过将其"转译"至儒家"修身—治国"的身体观之中得以完成的。在儒家的"修身—治国"身体观之中，学生们将帝国主义的身体规训转化为"身体—国家"的共识。

八、结语：身体规训与中国现代性

潘光旦对清华早年生活的回忆颇能体现当时的清华学生在认知"现代性"的复杂过程。潘先生回忆了当时清华学校中浓重的美国文化氛围。从上课用的课本到礼堂建造的材料无一不是从美国运来。学校所倡导的价值观、推动的体育运动，无一不是来自于美国。然而在另一方面，清华学生的国耻感特别浓重，在非常之时期，如"五四"运动、"五卅"运动，爱国的热情亦十分高涨。潘光旦指出清华造就了一批自我常常感到矛盾的知识精英。以他自己为例，潘先生说：

我如今认为这样一个人（按：指自己）可以表面上、口头上不崇美，实质上还是无法不崇美的。……对于美国的文化、学术以及"生活方式"，我是很有些瞧不起的。为什么？我如今明白了，那些瞧不起的地方恰好是和我的封建性的教育与道德观念发生抵触的地方。……我的半封建性的教育多少抵消了一些我的半殖民地性的教育，多少把半殖民地性的教育影响打了一个折扣。这是有的。但若说我抗拒过美国的文化侵略，完全没有当过美国文化的俘虏，基本上不曾有过崇美的思想，那又不是事实了。❶

潘先生对于自己早年生活的论述恰恰反映了"在地现代性"的复杂性。本文通过对于清华学校早期历史中身体规训的研究，或许能够为进一步理解中国近代"现代性"问题的提供一些线索。"中国中心论"对于现代性的解释拒斥"冲击—反应"模式，即充分肯定中国现代性变革的内生性。然而，过分强调内生性，就如同将澡盆里的婴儿连同洗澡水倒掉一样。杜赞奇以及许多历史人类学家（如萨林斯以及 M. Taussig）在处理"历史"的问题时，均强调历史的"复数性"（相对于目的论式的黑格尔史观），既注重探究历史在当地文化中所呈现的异质性和混杂性，又注重结合本土观点探讨盘根错节的文化政治 ❷。本文关于 20 世纪早期学校规训的研究正是受到这一启发。第一，本文着眼于微观社会场域，以身体和对身体的控制为重点，除了进一步在中国的历史语境里检讨了福柯的生命政治，还特别注意从身体视角梳理中国现代性的复杂性。身体视角揭开了蒙在现代性问题上的一层面纱："现在化"之路实际上与改造国民身体有着极为密切的关系。第二，本文讨论了在地文化如何形塑了"现代性"。笔者发现，一种"现代"的生命政治，即我称之为"身体—国家"的身体观，并非完全内生也并非完全舶来之物，而是衍生于不同文化政治的转译之间。在思想冲撞的年代里，"现代性"的呈现并非脉络清晰，其边界并非壁垒森严，而是处在一种不稳定与游移不定中。帝国主义的教化工程、进化论式的民族主义"自省"、儒家修身治国的道德话语均充满张力地融合在清华学校的规训实践与清华学生对于规训的认知之中。在此，我们观察到"现代性"的内涵

❶ 潘光旦：《清华初期的学生生活》，见《潘光旦文集》（第十卷），北京：北京大学出版社，2000 年，第 508 页。

❷ 如萨林斯：《历史之岛》，上海：上海人民出版社，2003 年；Taussig, Michael T., *The Devil and Commodity Fetishism in South America*, Chapel Hill: University of North Carolina Press, 1980.

与形式处于游移不定之中，不断地被社会行动者商讨与重新定义，不断地被赋予新的社会文化价值。

附表一：中等科各级学生课时表 ❶

课目 ＼ 年级	第一年级	第二年级	第三年级	第四年级
修身	1	1	1	1
国文	5	5	5	5
中国历史	2	2		
中国地理	2	2		
世界地理			3	3
英文读本	5	5	5	4
英文作句	3	3	4	
英文修辞				3
英文作论				2
默写	2	2	2	
习字	1			
英语会话		1	1	1
算术	3	3		
代数			3	3
博物	3	3		
卫生				1
化学				2
手工			2	2
图画	2	2	2	1
音乐	2	2	2	1
体操	1	1	1	1
总计	32	32	31	30

---

❶ 见《清华大学史料选编》第一卷，北京：清华大学出版社，1991 年，第 164 页。

附表二：清华大学体育部体格检查和体力测验记录用纸

中文姓名：_____ 英文姓名：_____ 班级：_____ 学号：_____

日期					
年龄					
体重					
站高					
坐高					
头围					
颈围					
呼胸围					
吸胸围					
腰围					
右臂围					
右二肌头围					
右前臂围					
左臂围					
左二肌头围					
左前臂围					
右大腿围					
右小腿围					
左大腿围					
左小腿围					
肩宽					
胸宽					
臀宽					
胸厚					
腹厚					

附表三：体力测验

体力测验	力量	特点	力量	特点	力量	特点	力量	特点	力量	特点
肺活量										
右前臂力										
左前臂力										
背力										
背与腿力										
二头肌（推起力）										
三头肌（引体向上）										
总体力										

总体力计算法：肺活量（厘升）除以20，加左右手握力（公斤），加背腿力（公斤），加总推拉数（引体+双臂推），乘以体重的十分之一。即：总体力=肺活量/20+左右手握力+背腿力+体重/10（总推拉）

第叁卷

附表四：体格检查

项目＼序次	1	2	3	4	5	项目＼序次	1	2	3	4	5
头						心肺					
肩						呼吸（鼻与咽）					
胸						视力与听力					
脊						牙齿					
脚						身体等级					

注：检查时按实测结果分别以 N（标准的）、1（瘦小的）、2（中等的）、3（过分不足的）填入格内。

同学回答问题	
出生省市	
前在学校	
以前的测验	
最喜欢的体育项目	
最喜欢的精神活动	
抱负	

专题研究

The Ambivalence of Modernity: Space, Time, and Body Discipline in Early Tsinghua College (1911—1929)

Chen Chen

Abstract: Supported by America's returned indemnity funds, Tsinghua College was established to educate a generation of Chinese elites in the hope that they would embraced the cultural ideals of western modernity and develop a friendly attitude towards American Open Door policies. Discipline, I argue, was an important mechanism for inscribing ideals like rationality, civility, hygiene and efficiency onto the bodies of Tsinghua students. Discipline colonized space and time at Tsinghua, introducing a structured timetable to regulate daily the routines of students according to clock time and transforming a space of national humiliation into a modern disciplinary institution. The disciplinary space and time, however, never ceased taking on hybrid forms and evoking students' self-contradictory feeling towards colonization and modernity. Ironically, Tsinghua students internalized disciplinary order. They perceived self-discipline as a type of Confucian self-cultivation and as a means to increase their chances of survival in international and interracial competition. This hybrid body discourse on self-discipline and self-governance revealed students' ambivalent political subjectivity: on the one hand, they imagined their "modernized" bodies to be models for other "unenlightened" Chinese individuals. On the other hand, they were aware of their identity as the subjects to the superior West. The cultural politics of students' resistance, however, were trapped in the discourses of Chinese modernity, full of contradictions, heterogeneities and ambivalences.

Keywords: body; discipline; education in republican era; modernity; colonization as cultural process

128

清以来山西水利社会中的宗族势力

——基于汾河流域若干典型案例的调查与分析

张俊峰　张　瑜 **❶**

摘要： 本文对山西汾河流域水利社会中宗族势力的分析，呈现出宗族因素在区域社会发展尤其是水利发展中所起到的突出作用，有助于理解华北地方宗族的历史发展与存在形态。当水利是地域社会最为依赖的生存手段时，宗族会尽可能地寻求与水利的高度结合，将自身的势力嵌入进来，力争成为水利的实际控制者和利益分配者。发展到现代，作为传统社会生产力条件下汾河流域民众重要生存手段的水利，要么是被企业所成功置换，要么是自身呈现颓势甚至退出历史舞台。于是转型成功的村庄就继续在现代企业的带动下保持继续向前发展的动力，反之则因失去唯一可以依靠的生存手段而难以为继，村庄经济社会长期处于困顿状态甚至裹足不前。就清以来直到现代汾河流域水利社会中宗族的发展演变史来看，在水利作为一个时代重要生存手段的条件下，宗族与水利之间呈现出互有影响的特点，要么是宗族凭借水利来发展壮大，要么是水利依靠强宗大族的推动而得以创立和发展，但是绝非谁先谁后，谁决定谁的问题，而是宗族和水利有着各自的发展脉络，本文所讨论的时段正是宗族与水利关系最为密切的一个阶段，故而造成了宗族与水利相互适应、相互推动的表象。在宗族与水利之间，还必须将国家与村庄等要素考虑进来，综合讨论国家、宗族、村庄、水利的复杂关系，才能实现对宗族与水利关系的准确理解，也才能够真正跳出宗族看宗族，跳出水利看水利。本文是笔者在以往水利社会史研究基础上的一个新的尝试，对宗族问题的讨论尚有很多稚嫩的方面，这需要在今后的研究中不断加以补强。但是笔者相信，这样一个视角无论对于宗族研究，还是水利社会史研究而言，均是非常有益的。

关键词： 汾河流域；水利；宗族；社会

---

❶ 张俊峰，山西大学中国社会史研究中心副教授；张瑜，山西大学中国社会史研究中心硕士研究生。

一、问题提出

本文涉及"水利"与"宗族"两大领域两个关键词。其中，"宗族"是中国社会史、汉人人类学研究中历来就备受关注的一大热点问题，学术积淀深厚。总体来看，以往的研究主要集中在闽粤浙赣皖等广大南方地区，且有大量欧美及日本学者加入其中，影响较著的学者有弗里德曼、萧凤霞、科大卫、井上彻、片山刚等，国内学界则以郑振满、陈支平、刘志伟、钱杭、常建华等人的研究为代表。同时，国内人类学界亦有大量关于宗族的历史民族志或者历史人类学成果，如庄孔韶、张小军等人的研究。随着宗族研究的深入发展，近年来在地理空间上出现了由南而北转移的趋势，研究者开始将目光投向广大北方地区，力图纠正以往宗族研究在观念上的某些"偏见"，即北方宗族势力弱小且分散、组织不发达、形态不完整，不如南方典型等。随着观念的改变与革新，国内外学界越来越期待中国北方宗族研究诞生更多更新的成果，以此来检验并对话江南、华南的宗族研究范式。华南学派的重要代表人物科大卫就率先发出"告别华南"的声音，开始关注中国北方宗族的发展史，以此验证其华南宗族研究的有效性和普适性。

"水利"是本研究的另一个关键词。如果说宗族研究是一个传统热点的话，水利则是二十年来区域社会史研究尤其是北方研究中一个新热点。笔者通过在水利社会史领域十余年的摸索积累，认为水利社会史研究欲向纵深发展，取得更大的理论创获，同样需要改变以往那种就水利言水利，克服"结构化"的水利社会类型学研究的局限，进一步就水利与宗族、水利与市场、水利与祭祀等所谓"中层理论"的核心要素之相互关系开展更为深入系统的研究，这样不但可以拓宽水利史研究的范围，而且可以吸引更多领域的研究者加入到水利史研究的队伍中来，实现从"乡土中国"向"水利中国"的视角转换。在此提及的三对关系中，我们认为应优先考虑水利与宗族的关系问题。因为这两者在一定程度上可以视为传统乡村社会中"土地"以外最基础且最具影响力的要素。准确把握两大要素之间的关系，不仅可以看到中国南北方区域社会的共性与差别，而且对于合理解释中国乡村社会的历史变迁具有重要意义。

客观而言，就以往的学术史来看，在宗族与水利二者关系研究方面，较多呈现为宗族与水利各说各话"两张皮"的特点，能够将二者结合在一起进行综合考量的成果并不多见。最早涉及这个问题的应该是有"摇椅上的人类学家"之称的英国人类学家莫里斯·弗里德曼。他在闽粤宗族研究中曾对宗族与水利的关系做过思考，认为中国东南地区的宗族组织是由水利灌溉系统、稻米种植、边陲社会、宗族内部社会地位分化等四项变量促成的。该区域稻米种植、水利灌溉系统的规模与宗族组织之间互为需要且相互适应。❶尽管水利在弗氏的研究中只是作为一个客观变量而存在，非其论述的重点。但不容忽视的是，弗里德曼最先提出了在稻米种植这种生产条件下，水利灌溉促进宗族团结，宗族反过来适应水利系统需要的问题，从而为此后的水利社会史研究埋下一个值得深入讨论的命题，即水利灌溉系统与宗族组织之间究竟是一种什么样的关系，是否存在地域差异，宗族和水利之间究竟孰先孰后，谁决定谁，二者是否存在对应关系，在中国其他地区是否都存在类似华南这样的对应关系？

可以说，弗里德曼的论断曾一度得到海外中国学研究者的认可。20 世纪 80 年代，黄宗智在讨论华北乡村研究中水利与政治经济结构的关系时，吸收了弗里德曼的观点，肯定了宗族对于水利事业的独有贡献："长江下游和珠江三角洲，家族组织比华北平原发达而强大，长江和珠江三角洲地区宗族组织的规模与水利工程的规模是相符的。""华北平原多是旱作地区，即使有灌溉设备，也多限于一家一户的水井灌溉。相比之下，长江下游和珠江三角洲的渠道灌溉和围田工程则需要较多人工和协作。这个差别可视为两种地区宗族组织的作用有所不同的生态基础。"❷然而，黄宗智对华北水利的认识存在着一个明显的误区，即将华北水利简单地划分为由国家建造和维修的大型防洪工程和由个别农户挖掘和拥有的小型灌溉井两类，忽视了华北水利的多样性，因而使弗氏的"水利与宗族相互适应性"观点遭遇了解释困境。

随着后续研究的跟进，质疑和批评的声音更多地涌现出来，其中最具挑战性的是弗里德曼的弟子巴博德（Burton Pasternak）。1964—1969 年间，巴博德在台湾屏东和台南的两个社区进行了深入的田野调查，对弗里德曼"水利灌溉系统促成宗族团结"的观点提出了挑战。巴博德的材料证明：弗里德曼的证据大多来自于小型的、宗族所有的水利系统，而在考察大型的、跨村庄的水利系统时，便可发现其建设在很大程度上依赖于不同姓氏的宗族的合作。屏东的社区水利事业相当发达，可是并不存在像弗里德曼所说

❶ 莫里斯·弗里德曼：《中国东南的宗族组织》，上海：上海人民出版社，2000 年。
❷ 黄宗智：《华北的小农经济与社会变迁》，北京：中华书局，2000 年，第 53—56、243—247 页。

的那种地域化宗族，反而存在跨宗族的社区联合体；台南的社区水利事业很不发达，宗族势力却十分强大。

与此相关联的是 1972—1976 年由张光直先生主持，王崧兴、庄英章、陈其南等台湾人类学者参加的"浊大计划"（全名为"浊水、大肚溪流域人地关系多学科研究计划"）。该计划研究者继续对弗里德曼的宗族研究范式进行反思，并对台湾区域社会的历史变迁提出新的认识。如王崧兴的研究指出台湾的聚落形态是以地缘为基础，而血缘宗族是在此基础上发展起来的。❶庄英章的研究说明在台湾开发早期，为了防御需要，宗族组织让步于"唐山祖"的超宗族组织。❷陈其南的研究更进一步地指出，汉人宗族在台湾远不如祖籍认同和地域化的分类组织重要。❸此后，林美容又对超宗族的祭祀圈与信仰圈进行了调查，发现此类社会组织方式才构成了台湾社会的特点，进而运用祭祀圈和信仰圈理论解释台湾区域社会的历史，解构了弗里德曼有关"宗族与水利"关系的论断。可以说，台湾人类学界的上述成果对本研究是有启发意义的。

就大陆的学术实践而言，似乎遵循着一条以宗族研究为主兼及水利的学术路径。其中，郑振满和钱杭的研究很有代表性。郑振满对福建莆田平原田野点的长期观察表明，水利建设构成了莆田平原开发史的主线，莆田历史上的水利系统、聚落环境与宗族和宗教组织，构成了地方社会的主要活动空间。莆田平原宗族与宗教组织的发展，很大程度上是为了适应水利建设与土地开发的需要，因而也必然受到水利系统与聚落环境的制约。唐以后莆田平原的礼仪变革与社会重组过程，就是在这一特定的社会生态环境中展开的。❹这种长时段的综合的研究，已大大超越了弗里德曼的宗族研究，对本课题亦有重要借鉴意义。同样，钱杭对萧山湘湖"库域型水利社会"的研究，则得益于他对江浙宗族历史的谙熟，因而能够游刃有余地由宗族而水利，概括提炼出中国水利社会的一种重要类型，极大地推动了中国水利社会史的研究。❺此外，石峰还以"非宗族乡村"为题，以关中"水

---

❶ 王崧兴："浊大流域的民族学研究"，《"中央研究院"民族学研究所集刊》1973 年第 36 期。

❷ 庄英章、林圯埔：《一个台湾市镇的社会经济发展史》，上海：上海人民出版社，2000 年。

❸ 陈其南：《台湾的传统中国社会》，台北：允晨文化出版社，1987 年。

❹ 郑振满："莆田平原的宗族与宗教——福建兴化府历代碑铭解析"，《历史人类学学刊》第 4 卷第 1 期（2006 年 4 月）。

❺ 钱杭：《库域型水利社会研究——萧山湘湖水利集团的兴与衰》，上海：上海人民出版社，2009 年。

利社区"为观察点，力图揭示在宗族力量缺失的北方乡村社会，水利是如何发挥关键整合作用的。❶然而关中地区是否确实是非宗族乡村颇令人生疑。在宗族与水利的关系问题上，研究者绝不可陷入或"强调宗族为主"或"强调水利为主"的支配性这种非此即彼的思维逻辑上，尚需有意识地付诸大量实证性的经验研究来加以解答。

上述研究构成了本课题研究的理论基础和学术脉络。具体到汾河流域的宗族与水利这一主题上，尽管以往学界在该区域已开展了很多研究，如由中法学者完成的"山陕水资源与民间社会"国际合作项目，项目参加者董晓萍、张小军、韩茂莉等都发表了有关汾河流域水利社会史的重要研究成果。❷同时，山西大学以行龙为带头人的学术团队对山西不同类型水利社会的研究❸，赵世瑜对汾河流域分水传说及其水权争端的讨论❹，英国学者沈爱娣对道德、权力与晋水水利系统关系的论述❺等，将汾河流域的水利社会史研究提升到一个极高的水准。然而，研究者多将重点置放于水利开发与地域社会发展联系性方面，强调了水在区域社会发展变迁中的某种中心地位，而宗族充其量只是他们在探讨水利社会的构成、权力、秩序、变迁等具体问题时的一个变量而已，未能详加讨论。同样，明清以来汾河流域甚至山西区域的宗族研究中则呈现出以宗族问题为中心，水利为边缘甚至极少涉及水利的特点，如常建华对洪洞韩氏、刘氏宗族的研究，赵世瑜对阳城陈氏宗族的研究，邓庆平对寿阳祁氏宗族的研究等❻。故此，汾河流域宗族与水利之间的关系及其乡村社会变迁的动力问题依然有待进一步澄清。

基于此，本研究试图通过对汾河流域水利社会中宗族组织的实地调查与实证研究，希望能够对解决上述问题提供一些可资检验和对话的典型事

---

❶ 石峰：《非宗族乡村：关中水利社会的"人类学考察"》，北京：中国社会科学出版社，2009年。

❷ 董晓萍、蓝克利：《不灌而治：山西四社五村水利文献与民俗》，北京：中华书局，2003年；张小军："复合产权：一个实质论和资本体系的视角——山西介休洪山泉的历史水权个案研究"，《社会学研究》2007年第4期；韩茂莉："近代山陕地区地理环境与水权保障系统"，《近代史研究》2006年第1期。

❸ 行龙："水利社会史探源——兼论以水为中心的山西社会"，《山西大学学报》2008年第1期。

❹ 赵世瑜："分水之争：公共资源与乡土社会的权利和象征"，《中国社会科学》2005年第2期。

❺ 沈爱娣："道德、权力与晋水水利系统"，《历史人类学学刊》2003年第1卷第1期。

❻ 常建华："明清时期的山西洪洞韩氏——以洪洞韩氏家谱为中心"，《安徽史学》2006年第1期；常建华："明清时期华北宗族的发展——以山西洪洞刘氏为例"，《求是学刊》2010年第1期；赵世瑜："社会动荡与地方士绅——以明末清初的山西阳城陈氏为例"，《清史研究》1999年第2期；邓庆平："名宦、宗族与地方权威的塑造——以山西寿阳祁氏为中心"，《清史研究》2005年第2期。

专题研究

例，然其重点既非宗族亦非水利，而是要更多地讨论宗族与水利相互关系的问题，进而理解北方宗族发生与生长的地方形态。这是本研究所强调的与以往宗族研究最大的区别。之所以如此考虑，是因为课题组通过此前大量的水利社会史研究，深刻感受到水利在北方区域社会发展中所具有的某种基础性甚至是支配性的地位，通过水利可以进一步观察宗族的发生与演变，进而形成一种不同于以往的认识。此亦可视为"通过水利看宗族，通过宗族看水利"的研究视角，值得积极进行尝试。

二、权力建构：太原张氏宗族对地方水利的支配

（一）油锅捞钱：张氏祖先与三七分水

三晋名胜晋祠，位于太原市西南悬瓮山晋水之滨，吴伯萧的散文《难老泉》所记述的就是这个地方。难老泉泉水从源于一丈深的石岩中流出，泉水常年恒温，清澈如玉，喷涌不息的水源和蜿蜒曲折的渠水，给庄严肃穆的祠庙平添了几分灵气与动感，与"周柏唐槐"和"宋代彩塑"一起被誉为"晋祠三绝"。源源不断的难老泉水，伴随着"饮马抽鞭、柳氏坐瓮"❶的美丽传说，和鱼沼泉、善利泉共同汇成晋水南北两渠，除了供应附近居民食用外，晋水流域的水稻业、水磨业和草纸业都依赖于它。范仲淹游晋祠曾赞美说："千家灌禾稻，满目江南田。"无疑，水利是农业生产的命脉，也是晋水流域的命脉。❷

晋水东流至古晋阳南六里汇入晋阳沼泽地，东南流入汾河。晋祠泉水的开发利用历史久远，早在春秋时期，晋伯联合韩魏攻赵，决晋水灌晋阳。后来晋伯兵败身亡，三家分晋，拉开了战国纷争的序幕，这条渠也被后人称为"智伯渠"。在汉代，利用智伯引晋水淹晋阳城的渠道踪迹，加以疏

---

❶ 这个传说是：金胜村的柳姓女子春英嫁到古唐村，遭婆婆虐待，天天挑水十分辛苦。一天，一骑马老人前来饮马，柳氏虽挑水艰难仍给予方便。老人深受感动，临别以马鞭相赠，谓将其插入水缸，提鞭水就上升可免除挑水之苦。柳氏试之，诚然。可刁钻的婆婆不依，硬将鞭抽出缸外，没想到水也随之溢缸而泻。还在娘家的春英闻后来不及梳妆就赶了回来，不顾一切往瓮上一坐，止住了大水。从此，这里的水就长流不息。据说，她坐的缸下就是晋水的源头，如今，晋水之上有水母楼留世。

❷ 行龙："何以研究明清以来'以水为中心'的晋水流域？"，《山西大学学报》（哲学社会科学版），2011年第3期，第83—86页。相关研究还有行龙："明清以来晋水流域的环境与灾害——以'峪水为灾'为中心的田野考察与研究"，《史林》2006年第2期，第10—20页；行龙：《以水为中心的晋水流域》，太原：山西人民出版社，2007年；张俊峰："明清以来晋水流域之水案与乡村社会"，《中国社会经济史研究》2003年第2期，第35—44页。

浚，开始引晋水灌田。东汉时期，晋水灌溉工程恢复整修，北渎名"智伯渠"，就是今天的北河。隋代，新开中河、南河，此时晋水已分为南、北两河。唐朝，两次修建跨汾渡槽，引晋水入晋阳东城，扩大了农田灌溉面积。宋代，为了解决四河引水混乱的状况，县令陈知白设立分水石塘，划定配水比例，设立渠长、渠甲管理水务，提高了用水效率。北河、南河三七分水的制度也是在这个时期确立下来的。明代，晋水开始建立河渠管理制度，清代进一步修改完善，各河各村普遍建立渠长、水甲，排列浇地水程，制定河务管理制度。雍正七年（1729），各河渠、浇地村庄丈量土地造《河册》。至此，晋水拥有三泉、四河（北河、南河、中河、陆堡河），五管（除四河之外，又设立总河），受益村庄 35 个，灌田 325 顷 58 亩。民国十年（1921）晋水《河册》载："民国年间，晋水灌溉村庄三十一个，灌溉面积二百六十顷十六亩"，比雍正年间均有所减少，其中很重要的原因之一是民国二年（1913）汾河大水泛滥，太原城郊土地被淹，十室九空，使汾河岸边部分村庄土地淤高，不能引晋水灌溉。❶

　　然而，与晋水流域悠久的开发历史并存的，还有积年累月的争水斗争。宋代以前的晋水流域，一无分水设施，二无配水制度，三无专人管理，为争水人与人结怨、村与村结仇。为了解决四河引水混乱的状况，县令陈知白设立了简而易行的用水管理制度，提高了用水效率，确立了北河、南河三七分水的制度。具体做法是：在难老泉水初出之处，砌为石塘，中横石堰，凿十孔，每孔方圆一尺，以分水。东设人字堰，作为南北两渠的分水岭，以免出堤后水流混合；西竖分水塔。北七孔水穿出在人字堰北，向东流入北河；南三孔水穿出在人字堰南，折而南流，又分为南河、中河、陆堡河。北河分晋水十分之七，南河则分十分之三。北河，即古智伯渠。自源头东流，出晋祠堡至纸坊村，折而北流，抵达赤桥村中央，即豫让桥南，分为上、下两河，上河北流出总河北界薄堰口外，灌溉西镇、花塔、南城角、沟里、堑里、杨家北头、县民、古城营、罗城、金胜、董茹等村土地。下河东流灌赤桥、硬底、小站营、小站、马圈屯、五府营等村土地，并冲转水磨，剩余之水自小站营南流出暗槽河，入清水河后退入汾河，上、下两河共有 17 村受益。❷

❶ 《晋祠水利志》编委会编：《晋祠水利志》，太原：山西古籍出版社，2002 年，第 16 —19 页。
❷ 《晋祠水利志》编委会编：《晋祠水利志》，太原：山西古籍出版社，2002 年，第 23 页。

専題研究

南三北七分水制度的背后，还有一段惊心动魄的故事。今天在晋祠，难老泉前的"金沙滩"还有一座分水石塔，传说里面埋葬着争水英雄张郎的骸骨，因此被称为"张郎塔"。它似乎是一位历史见证者，千百年来，向人们讲述着"油锅捞钱、三七分水"的故事。❶刘大鹏对这个传说这样记载道："传言：石塘分水之日，南北纷争，至鼎镬于泉边，以能赴入者为胜。北河人赴入，遂于十分之中，分水七分，南仅分水三分。将赴鼎镬者之骸骨葬于塘中分水石塔之下，北河都渠长谓是其先人，迄今岁以清明节在石塘东岸，都渠长设坛祭烧。"对此，刘大鹏认为这仅仅是一个传说，南三北七的分法是由于南渎"地势洼下，且有伏泉"，北渎"地势轩昂"，"传言何足为信？"❷不同于官方对于"三七分水"制度来源的解释，在晋水流域广泛流传的争水英雄张郎的故事，似乎使冰冷的制度一下子极富人情味，特别是为北河花塔村人津津乐道。"三"和"七"不仅仅是两个简单的数字，已然是花塔村人对祖先张郎跳入油锅捞得七枚铜钱这种勇敢精神的崇拜；分水石塔也不仅仅是一块无生命的石头，而是这种勇敢精神的象征，是凝聚张氏宗族的力量，更是日后花塔村取得北河水利管理权力的铁证。

（二）世代相袭：张氏宗族与北河水利管理权

清雍正七年（1729），晋水在原四河的基础上，将渠首范围内的晋祠、赤桥、纸房三村划出，设立晋水总河，管理有例无程田亩，随时浇灌，既不出夫，也不纳粮，且兼管晋水全河事务。"凡总河应溉田亩，四河不得阻挠，亦不得令水有缺，然总河用水已足，遂将水归四河，俾资远村灌溉。"❸

赤桥村现有姓氏80余个，在全村550多户人家中，张、王、刘、任、李姓居多，其中张姓91户，除以上5姓，其余大多不超过10户。❹据当地老人讲，花塔张姓于明洪武二年（1369）张氏兄弟三人由南京迁往晋祠镇，其中两人在花塔村安家，另一人迁至南城角村。后来张姓发展为前、后、

---

❶ 相关研究见行龙："晋水流域36村水利祭祀系统个案研究"，《史林》2005年第4期，第1—10页；赵世瑜："分水之争：公共资源与乡土社会的权利和象征"，《中国社会科学》2005年第2期，第189—203页；张俊峰："油锅捞钱与三七分水：明清时期汾河流域的水冲突与水文化"，《中国社会经济史研究》2009年第4期，第40—50页。

❷ 刘大鹏：《晋祠志·卷三十一·河例二》，太原：山西人民出版社，2003年，第586页。

❸ 刘大鹏：《晋祠志·卷三十一·河例二》，太原：山西人民出版社，2003年，第586页。

❹ 笔者根据王海主编：《古村赤桥》，太原：山西人民出版社，2005年，第17页之"赤桥村主要姓氏表"统计。

中三股，赤桥张姓便是花塔张姓后股。❶现在花塔村有1 700多人，张姓占1/3。张氏原本有家谱，可惜毁于"文革"时期。张氏兄弟选择花塔作为安家落户之地，正是看中了这里得天独厚的用水环境。花塔村紧邻晋祠镇之北，地处北河咽喉，下游使水必经花塔。曾经的花塔村，1/3是稻田，1/3是水田，剩下的1/3才是旱地，在当地就有"三盘连夜磨，吃粮不靠天"的谚语。❷张姓长期总理三河事务，在当地有极高的声望。而张氏在水利管理系统中地位的取得，不仅得益于其重要的地理位置，还得益于赤桥村张姓的宗族势力以及跳油锅捞铜钱的英雄张郎。❸正是由于他的勇敢，为北河用水村庄赢得了七分水，也赢得了花塔村在晋水灌溉系统中的地位。图4—1为民国时晋祠镇及周围村落示意图。❹

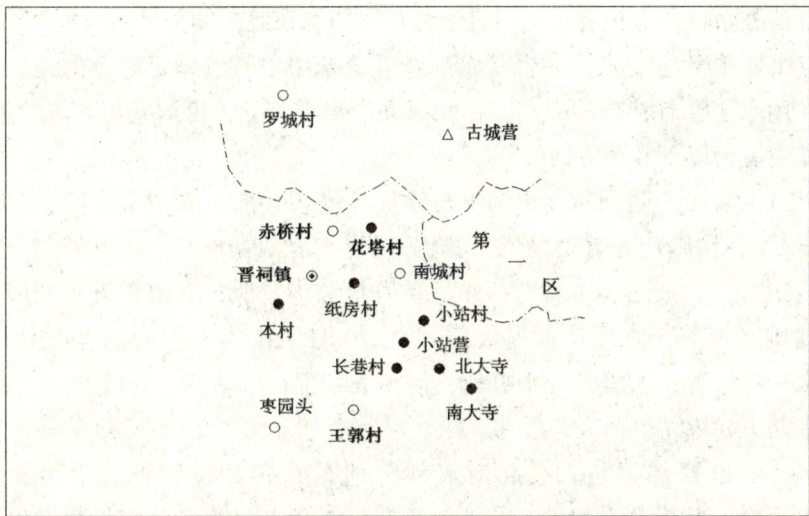

图4—1　民国十一年太原县治图（局部）

---

❶ 采访时间：2012年11月30日；采访地点：花塔村老年活动中心；采访对象：杨玉豹，73岁，原花塔村大队书记。

❷ 采访时间：2012年11月30日；采访地点：花塔村老年活动中心；采访对象：杨玉豹，73岁，原花塔村大队书记。

❸ 根据赵世瑜的研究，张姓地位的获得，应该与其宗族的政治势力崛起有关，在明清时期，这里的张家出过许多文官武举、贡监生员。见赵世瑜："分水之争：公共资源与乡土社会的权利和象征"，《中国社会科学》2005年第2期，第189—203页。

❹ 底图来源：王海主编：《古村赤桥》，太原：山西人民出版社，2005年，第19页。

在这里暂且不去讨论这个故事的真实性，重要的是，这个故事在历史记忆层面，体现了明清时期地方社会对"张郎"这位本地出身的争水英雄和花塔张姓社会威信的认同。无论张郎是否确有其人，但是"花塔村人正是利用（或曰自造）这一传说强化了自己北河都渠长的地位，无中生有的争水英雄张郎成为花塔村张姓都渠长世袭不更的依据"❶，并且成功取得官府与北河其他村落的认可。

"'张郎传说'的出现无疑开启了晋水流域水权利家族化的过程，并最终在明、清时期社会国家化的进程中，随着物权意识的萌芽而进一步法制化。"❷与此相似，赵世瑜在对山西分水历史的研究中，也注意到家族势力控制和支配渠长职务的现象。赵文指出："渠长一职常常被当地某一个大姓或某一个望族长期把持，造成渠长权力过大，逐渐演变为地方一霸，有些甚至从地方水权的保护者变为侵害地方整体用水权益之徒。"❸

事实上，花塔张姓在晋水水利管理系统中中有着举足轻重的地位，并且在用水上享有特殊的权利，在北河大小水利事务中扮演着领导者的角色。具体表现为以下几个方面：

（1）灌田。明朝时，北河七分水，花塔占一股，在"军三民三"的制度下❹，花塔则代表着"民三"，与分属晋王府的古城营、小站营"分庭抗礼"。规定："花塔、古城营、小站营等村分为三股，各溉田五十余顷，而总数则一百五十余顷。水程六日一轮，一日一夜为一程。花塔二十五轮，使水三十九程；古城营二十五轮，使水五十程；小站营、五府营二十五轮，使水四十一程。"❺

（2）设置都渠长。在北河水利管理系统中共设置渠长六名，水甲七十二名。其中花塔村渠长成为都渠长，总领各村渠长，安排渠务大小事宜："渠长，花塔为首，名曰都渠长，一名花塔，一名县民。"并明确规定都渠长由花塔张姓充应："花塔村，都渠长一名，花塔、硬底张姓轮流充应，他姓不得干预。经管田亩四顷四十亩，一年一易。"❻从图4—2可以较

❶ 行龙：《晋水流域36村水利祭祀系统个案研究》，《史林》2005年4期，第1—10页。
❷ 行龙：《晋水：传说背后的历史》，《中国社会科学报》2010年4月15日，第007版。
❸ 赵世瑜："分水之争：公共资源与乡土社会的权力和象征——以明清山西汾水流域的若干案例为中心"，《中国社会科学》2005年第2期。
❹ 所谓"军三民三"，即王府地与民地各用水灌溉三天，六天一个轮次。
❺ 刘大鹏：《晋祠志·卷三十三·河例四》，太原：山西人民出版社，2003年，第622页。
❻ 刘大鹏：《晋祠志·卷三十三·河例四》，太原：山西人民出版社，2003年，第647页。

明确地看出北河权力体系的上下级关系，体现了花塔分属晋王府的古城营、小站营"分庭抗礼"的延续。另据乾隆年间赵谦德所撰《晋祠水利记功碑》记载，晋水北河花塔村张氏凭借其祖先在当地分水事务中的突出贡献和其家族强劲的政治势力，世代担任北河都渠长一职。明弘治年间，渠长张宏秀置"军三民三"的分水原则于不顾，私自将民间夜水献与晋府，至使民地"止得日间用水，夜水全无"。尽管当地政府屡次要求北河张姓都渠长改正错误，但直到万历年间，"其民间三日夜水，仍浇晋府田地"，问题终未得到解决。

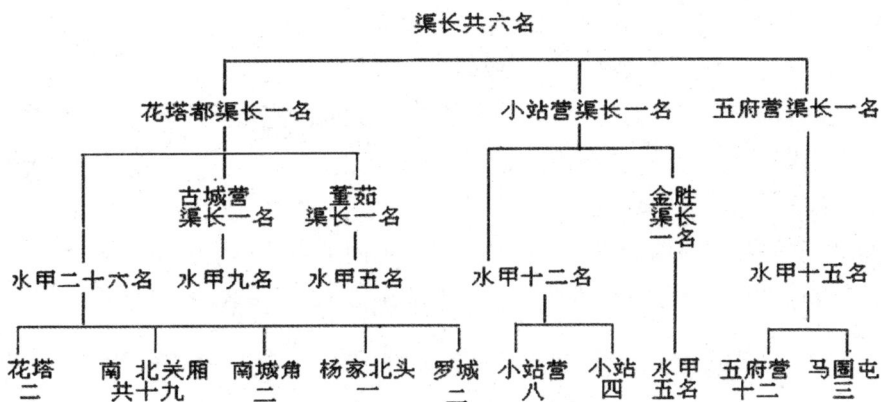

图4—2 北河各村渠长、水甲关系示意图 ❶

（3）排程期。浇水时期，由张姓排定浇水日程："花塔都渠长于三月初一日前，排定程期，发单于古城、小站营等渠长知悉。"❷

（4）挑水。由都渠长总领各村破土开渠："凡挑河之前，花塔村都渠长知会各村渠甲，俱到枣圪垯祀神破土。"❸

（5）决水。清明节前，都渠长总领各村渠甲决水，担河渣，割河草。"每岁清明节，北河都渠长率各村渠甲、锹夫齐集晋祠，午刻决水。"❹

（6）祭祀。祭祀是晋水流域重要的活动，在各项渠务劳役活动之前，

---

❶ 此图笔者根据刘大鹏：《晋祠志·卷三十一·河例二》，太原：山西人民出版社，2003 年绘制而成。
❷ 刘大鹏：《晋祠志·卷三十三·河例四》，太原：山西人民出版社，2003 年，第 622 页。
❸ 刘大鹏：《晋祠志·卷三十三·河例四》，太原：山西人民出版社，2003 年，第 631 页。
❹ 刘大鹏：《晋祠志·卷三十三·河例四》，太原：山西人民出版社，2003 年，第 632 页。

都要进行一系列祭神活动，而都渠长就是这些祭神活动的组织者与领导者。例如在破土开渠前，"祭之日，花塔都渠长率水甲暨古城营渠甲并金胜、董茹、罗城三村渠甲，挨次北面序立，俱就位鞠躬跪读祭文毕，焚化神纸祭文。初献爵，亚献爵，终献爵，叩首，兴，鞠躬礼毕，然后入渠内破土开渠。"❶祭祀水母娘娘时，花塔村都渠长更是占尽风光。"六月朔起至七月初五日止，晋水总河渠甲暨四河各村渠甲致祭敷化水母于晋水之源。祭之水镜台必演剧酬神。"据载，六月初八、初九、初十日为北河各村庄祭祀水母之日。然"所演之剧，系花塔村都渠长张某写定，发知单转达古城、小站、罗城、董茹村、五府营，届期各带戏价交付"❷。除祭祀水母之外，都渠长在其他祀事中仍具有特权，如："每岁清明节北河渠甲因挑浚河道均行祭礼，而花塔都渠长另设祭品于石塘之东。"❸

在晋水流域，不同的利益群体围绕着水权，都在努力争夺、维持或重建水利秩序的话语权，"油锅捞钱"的故事就是现实中南、北河争夺水权的反映。在争夺和较量中，花塔张氏一族正是借用了一个看似正统的传说，掌握其在水利社会中的话语权，反过来进一步巩固了张氏宗族的地位。这是一个张姓如何"宗族化"——从没有宗族到借助水利发展宗族的典型案例。

三、相辅相成：榆次郭氏宗族对地方水利的垄断

（一）以大欺小：村际争水背后的宗族势力

在晋水流域的水利管理系统中，宗族势力是不容忽视的力量，它掌握着地方水利的管理权，正因为如此，当发生水利纠纷时，势力强大的宗族就会表现出不容侵犯的一面。在《山西建设公报》记录的水案❹中，由于水程分配不公、开渠占地等引发的讼争为数不少，历史时期没有得以解决的水利纠纷绵延至民国。民国三十二年《榆次县志·水利》卷首云："因水程之乖舛，灌溉之失均，村民悍者为械斗，黠者兴讼狱，历年以来数见不鲜。"一语道出了水案发生的原因、形式和频率。可见，在民国时期水利纠

---

❶ 刘大鹏：《晋祠志·卷三十三·河例四》，太原：山西人民出版社，2003年，第632页。
❷ 刘大鹏：《晋祠志·卷八·祭赛下》，太原：山西人民出版社，2003年，第149页。
❸ 刘大鹏：《晋祠志·卷八·祭赛下》，太原：山西人民出版社，2003年，第150页。
❹ 《山西建设公报》是民国时期反映山西省建设厅动向的一个重要机关刊物，该刊物创办于1929年。其常设栏目中即有"水利案件类"和"治河及水利类"，记载和保存了为数不少的有关"水利冲突与地域合作"方面的详细资料。

纷仍然是当地不容忽视的社会现象。其中，榆次县万春渠和官甲口渠因开渠发生的纠纷就具有代表性。

万春渠位于榆次县城东南三里许，开凿年代较为久远："元至正二十二年刘时敏等开，引洞涡水，自白家庄西流，上为大渠一，下分小渠三，灌李村、邱家小堡（即今近城村）、郝家堡（即今郭家堡）、荣村、高村、韩村、小赵、西荣、四营六堡地凡一百二十余顷。明成化年间渠淤。"❶万春渠开凿初期为一大渠、三小渠，其中一小渠灌李村地亩，一小渠灌邱家堡、城南关地亩，一小渠灌郭家堡等村地亩，后来灌郭家堡地亩的渠被唤作官甲口渠，在西关之西三里，双桥为三渠分水处。而在成化年间，大小渠是否都被淤积尚不得而知。后来，明弘治十一年（1498），在万春渠北一里处，由渠长郭志端等率领开凿官甲口渠，也就是原来万春渠的一个分渠，并由它承担旧时万春渠的灌溉地亩，"诸村以次轮灌"❷。后来因为郭家堡争抢官甲口渠水利，李村人自白家庄疏通旧时的万春渠渠道，灌溉李村与近城村土地三十余顷，至此，万春渠与官甲口渠成分为两大渠。

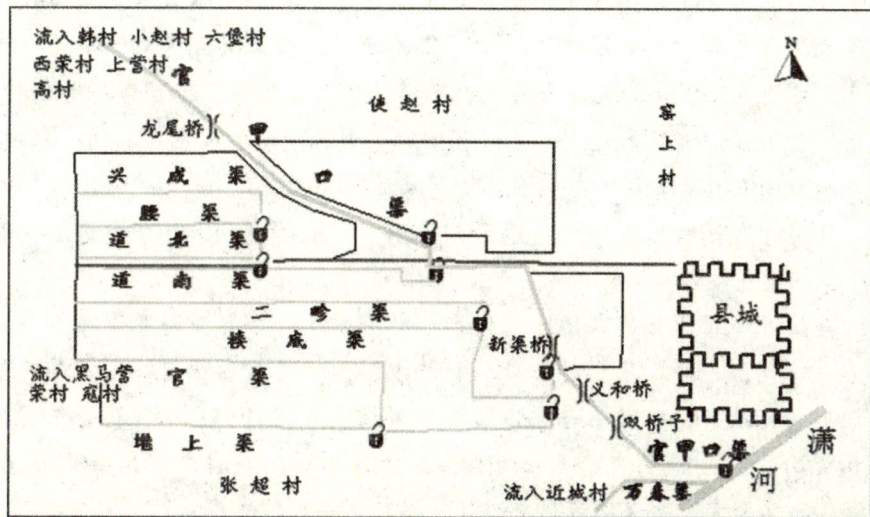

图4—3　郭家堡官甲口渠河道渠闸分布图 ❸

❶ 张敬颢：《榆次县志》卷七《水利》，民国三十一年铅印本。四营为东营、西营、南营、中营，总名上营村，为明晋王屯地。
❷ 张敬颢：《榆次县志》卷七《水利》，民国三十一年铅印本。
❸ 底图来源：《郭氏族谱》，第80页。

141

民国十七年（1928）1月，因万春渠渠路变更年远失修淤塞不通，近城村和荣村村长共同请求修复近城村到荣村的旧有渠道，被榆次县署驳回，遂恳请山西建设厅调查准予。在建设厅派人调查期间，官甲口渠渠长郭英荣在3月20日呈控万春渠紊乱成规妨害水利，并要求万春渠停止挑浚，"而附近各村又因水利冲突，群起反对该近城村所请开浚旧渠"，因此发生争执。建设厅委员便从中调解，仅两日后，建设厅就发出"近城村与官甲口渠两方均愿意取消原议，仍按照旧例使水灌田，并甘结永悉争端"的公文。可是事情并没有就此平息，到6月份，荣村村长再次请求建设厅开浚万春渠，被建设厅驳回，理由是"所请开浚之旧渠代远年湮无从查考，事实上诸多困难，并经剀切劝喻将近城村等村呈开复之旧渠作罢，论该渠使水灌田仍照旧规，且近城村已情愿停止开浚，具结息争"，并劝荣村"遵照旧日规例使水灌田，勿再牵连"。事实上，近城村并未善罢甘休，伺机强行掘开官甲口渠，继而因卖水获罪受罚。对此事件，近城村张光耀解释说：

官甲口渠执事于恢复万春渠结案之后，在民等渠口之上突筑一堰，致民等渠内滴水毫无，情急无奈始将该堰攉开以资救济。而官甲口渠又控诉民等灌溉张超等村，实属破坏旧规，得价卖水。榆次县署竟听官甲渠一面之词，处罚民等近城村大洋三百元，并将民等万春渠渠长范耀等一并管押，致近城村不服初次县署处分。又以官甲口渠截筑坝堰本属无理取闹，张超、南谷两村派锹灌地又系奉令照准，请再派员彻查取消县谕。

建设厅在调查将近一个月之后，作出了"维持县判，并饬令近城村赔偿"的决定：

查该近城村既与郭家堡同程使水，所有用水各事自应遵照管河县佐命令办理一切，乃此次用水时该近城村并未禀承谭县佐之意旨，遂将郭家堡之坝堰擅行砍开，殊属不合。惟既据查报该近城村村小户稀，罚金三百元实属无力措交，姑准从宽量予核减，应由该知事酌夺村中情形妥为办理，并令被押渠长同时取保回村措交罚款，早日息事，特此行知。

这次争水事件从民国十七年1月19日经建设厅正式办理起，到当年9月21日有最终的处罚结果为止，经过起诉、调查、发生纠纷、调解、再起纠纷、判决，整整经历了八个月，最终以近城村败诉而告一段落。

因开渠引发的引水、用水纠纷是各种水利案件类型中较常见的一种，发展到民国时期有愈演愈烈之势。在一定空间一定时间内，一条河或一眼泉的水量是有限的，引水堰渠增多，势必导致每个堰渠引水量的减少。因

第叁卷

此，新修的堰渠会影响其他堰渠的引水量而遭到各利户的强烈反对，进而导致水利纠纷。官甲口渠与万春渠同引洞涡水灌溉，民国时万春渠渠路变更，近城村与荣村请求疏浚旧有渠路，无疑是要分洞涡之水，势必会引起以郭家堡为首的诸村的反对。况且一旦开辟新渠，原有的用水规定就被打乱，势必会产生更多的用水纠纷，而地方政府也是基于这种考虑，没有批准近城村和荣村的请求。面对这种情况，近城村采取了私自掘开官甲口渠堰的做法得以浇水，并卖水于张超村。近城村上诉不成就自己采取行动，这也是在水利纠纷中经常看到的解决问题的方式，即采取武力的手段。近城村争夺水资源，经历了寄希望于地方政府不成转而诉诸乡村社会惯用的武力手段的过程。近城村"村小户稀"，又不占据地理优势，在支配水资源问题上处于弱势地位，采用这两种方式都是迫于生存压力。在生存压力下，迫使民众不计代价地争夺水资源。而武力则是影响乡村水利秩序的重要因素，"惯例、陈规、武力、势力是乡村水利秩序的决定因素，也是国家在指定水利规章制度时应多加考虑的"[1]。一方面肯定武力、势力等在乡村秩序形成中的决定因素，另一方面武力观念的强化可能引发械斗的发生和秩序的破坏。在地方政府的眼中，武力的强化无疑是具有破坏性的，因而要尽早把他消灭在萌芽状态，力求用和平方式缓和矛盾。所以一开始双方发生纠纷时，地方政府尽量从中调解，试图能平息矛盾，当纠纷发展为武力冲突时，地方政府立即采取行动，严惩武力行动的带头人。但是，在大多数时候，地方政府是愿意充当"中间人"的角色，他不希望看到强者更强、弱者更弱，尽量要平衡两方的势力。所以，本着息事宁人的态度，对近城村的罚款"从宽量予核减，并令被押渠长同时取保回村措交罚款"，暂时缓和了矛盾。作为矛盾双方的近城村和郭家堡村，近城村试图要改变现有的水利秩序，从本案的结果来看，却是徒劳的。关键在于其对手郭家堡村的郭氏宗族，掌握着官甲口渠的管理权。

（二）家族之河：因水而兴的郭氏宗族

郭家堡位于晋中市榆次区西郊，村内有全国最大的液压件生产基地（液压件厂）和亚洲最大的纺织制造企业（经纬纺织机械股份有限公司）。全村 1700 余户，总人口 4700 人，郭姓有 2000 余人，耕地全部为水浇

[1] 张俊峰："明清介休水案与地方社会——对'水利社会'的一项类型学分析"，收入行龙、杨念群编：《区域社会史比较研究》，北京：社会科学文献出版社，2006 年。

地。郭氏立祖秀实公、子实公、皇实公为三兄弟。明洪武三年（1370）秀实公迁到太谷大郭村，洪武八年（1375）子实公迁居榆次郭家堡，明建文元年（1399）皇实公迁居榆次郭村。清末以来，因躲避战乱、经商等原因迁居异地者不乏其人，繁衍十数代已成规模，分支别派者颇多。郭氏宗祠位于郭家堡村北，坐北朝南，建于清道光二十一年（1841）。与宗祠对应的是郭氏乐楼，供郭氏族人清明节祭祖演戏之用。郭氏宗祠后是郭氏祖茔石坊，建于民国三十二年（1943）。如今这些建筑均已被毁。郭氏家谱编于乾隆三十二年（1767），先后在道光二十一年（1841）、同治八年（1869）、民国三十年（1941）予以重修。最近一次续编于2007年定稿出版，记载了郭氏一族的发源、迁徙、发展历史和家族人物的世系、传记等情况。

郭氏宗族可谓因水而兴，是宗族势力与水利管理权力紧密结合的又一典型。郭家祖先三兄弟中迁至大郭村的郭秀实，独占圪塔河，依靠得天独厚的灌溉条件，养育了郭氏族人。而郭子实之弟郭皇实迁往的郭村，则为潇河渡口之一，为南北交通要道。郭氏先辈靠着优越的地理位置，使本地区的经济日益发达。而郭家堡郭子实的后人郭志端的开渠之举，使得郭姓在当地水利事务管理中，占有重要地位。志端公可谓是使郭氏一族势力强大的功臣，他在万春渠上游另开官甲口渠，致使郭家堡田亩成为水田，郭氏族人丰衣足食。志端公因其开渠之功，备受后人尊敬。郭志端墓地在该村东门外地，清明节时全族人要备齐贡品，和对待郭家老坟一样的规格去祭祀和纪念他。

郭氏在当地的水利管理组织中享有不可逾越的地位。官甲口渠设有河务管理所，简称渠长房，其组织有渠长十人，常夫十人，书记（会计）一人。渠长均为种地大户，有郭姓八人，异姓二人，会计为郭姓。渠长房下有一百二十个小组长，管理四十五六亩的土地。小组长管派工，到年终可以有五六亩地不用出工，作为小组长的劳动报酬。一户有二十亩地以上，就可以当小组长，但是郭姓十七八亩亦可当组长，这也是祖宗功德的体现和照顾。听郭氏族人说，从前郭家堡用水享有"三不浇"的特权，即刮风不浇、下雨不浇、黑夜不浇，下游村庄用水时，都要到堡内中心的三明楼唱戏。[1]在郭氏族人的观念中，官甲口渠不仅仅是一道浇地之渠，更是其势力的基础，因而他们称其为"家族的河流"，从这个称谓上看，郭氏对官甲

---

[1] 采访时间：2012年10月18日；采访地点：郭家堡村委会；采访对象：郭润清，61岁，现任郭家堡村委会会计，《郭氏家谱》的副主编之一。

口渠的管理是占有垄断地位的，不允许他人插足干涉。

值得一提的是，在郭氏宗族还有一个叫清明会的组织，它是专管每年清明节祭祀祖宗的单位，由族内有名望、守本分、生活宽裕、性情良善者充当清明会会主。每年清明节前，会主召集族内长辈商量祭祖之事，邀请戏班连续演出三天。由族人抬着贡品赴祠堂后祖茔祭祀。年年守此规，辈辈守此制。约从民国二十四年规定，一概纸张等祭品及杂务花费，全由渠长房支出，唱戏开支等费用均由族内户按人丁及地亩均摊。从中我们可以看到祭祀祖坟是郭氏族人的一件大事，由此形成了一定的组织（清明会），体现了北方宗族活动的一个特点。❶

再回到上节郭家堡村与近城村的开渠之争，这个案例表面上看是因开渠而引发的纠纷，而背后则体现了强大的宗族势力。近城村的失败让我们看到了其竞争对手郭家堡的强大，郭家堡在官甲口渠享有充分的话语权。而其权力的取得与晋水流域花塔村的争水英雄张郎不同的是，使郭氏一族势力强大的功臣确有其人，他就是郭氏一族七世祖郭志端。从他领导郭氏族人开渠的那天起，就奠定了郭姓在官甲口渠的地位，下游村庄即使心有不满，为浇地使水也须听从，甚至要百般讨好。即使有少数反抗者想挑战延续几百年的旧例，其结果也是失败的。如本案中的近城村，本就"村小户稀"，面对宗族势力强大的郭家，无论是诉诸官府还是武力对抗，其力量都是微不足道的。作为地方政府来说，不得不考虑郭家的势力，因为地方上的水利运作大多还是要仰仗这些大户维持秩序。在旧时的水利管理体系中，近城村只能做旧规的维护者，否则"维权"不成还要受罚。

四、分庭抗礼：交城吕氏与胡氏宗族对水利的争夺

在地方权利网络中，宗族势力并不是唯一能充当领导者的角色，当人们忽视它的力量时，宗族也会反抗现有的权力制度，争夺在地方上的话语权。本节所论交城南堡村吕氏宗族和曲里村胡氏宗族的事例就颇为典型。

（一）利益均沾：曲里胡氏宗族对水利的经营

文峪河是汾河最大的一级支流，自古交、文二县传唱的山西民歌"交城的山来交城的水，不浇那个交城浇文水"就是指文峪河而言。但是，这首民歌所指的只是文峪河出了关帝山后该河流下游地区，受地势所限，西

---

❶　冯尔康：《清代宗族祖坟述略》，《安徽史学》2009 年第 1 期，第 60—75 页。

北高，东南低，水尽归东南，故而水利不流交城流文水。本节所言南堡村和曲里村南堡村、曲里村位于交城县与文水县交界处，紧邻文峪河水库。两村旧有龙门渠一道，为两村公渠。旧志载："龙门渠在县西三十六里曲里村，上通西社龙门，因此得名，下流至阳湾、塔上、南堡等村。"❶曲里居南堡上游，用水次序先曲里后南堡。两村之地共分十一甲，曲里七甲南堡四甲，每甲约有地四五十亩，每甲有甲头一人，由浇水地户每年轮流经营。甲头以上又由曲里公举渠头一人，民国年间由曲里村长胡得乐兼任其职，达二十余年。

如图4-4所示，曲里和南堡是两个毗邻的村庄。据实地调查，该村吕姓系明代洪武二年从洪洞迁到汾阳肖家庄，然后再迁至交城南堡村。始迁祖为弟兄三人，全村分为东、西、南三股。现有人口七百五十余人，吕姓占七八成以上，确系南堡大族。吕姓最初迁居此地，正是看中这里良好的水利条件。吕姓过去建有宗祠，修有族谱，但是在1959年修建文峪河水库时全村搬迁，吕氏宗祠淹没于水下，吕氏族谱亦未能留存。

与吕氏相比，曲里胡姓宗族的势力则要强大得多。《胡氏族谱》中记载了2004年该族25代孙胡佩庆对家族历史的回顾："我祖先祖南宋初迁至本县市崇坊，七代祖兄弟三人，老二、老三移居曲里，老大仍居县城，均依农为生。明清两代文人雅士层出不穷，县志以'一门四进士'、'祖孙及第'、'兄弟文科'赞之。此外，七品郎官、省察、举人、拔贡、恩贡、岁贡、副贡、贡生、廪生、生员、武生计有八十五名。他们忠尽命，孝竭力，皇帝颁有圣旨一宗，为此在县城南正街卢川书院建有过街胡家功德牌楼一座。西门外官道北路旁有功德碑八宗之多，人们惯称其地名为胡家石碑则。街巷有胡家街、胡家巷，在西门外有上胡家渠、下胡家渠、胡家大井。"胡家在明清两代为官者甚众，有朝廷封赐"进士第牌"4面和御史、巡按、知府、布政等18面金牌。建有宗祠三座，曲里有上胡家祠堂、下胡家祠堂，县城祠堂条石砌基，一砖到底，堂瓦高耸，门窗古朴，庄严夺目。1941年日军侵占县城后被烧毁。后又在胡家巷购古房一院，改做祠堂。每逢大年初一日悬挂神主影身供奉，上香叩拜。曲里胡氏家族分别在上下祠堂聚餐，讲述家族史。胡家祖坟位于县城西门外，名为"鱼池坟"。茔内有石坊门牌楼、望柱、供桌、墓碑、明堂、后土。每逢清明时节由族长带子孙列队祭祖，而后会餐，有时还唱戏助兴。所有以上经费均由本族公众所有土地租

❶ 夏肇庸、许惺南：《交城县志·卷二·河渠》，清光绪八年刻本。

金支付。本族公有土地除西门外耕地、坟地外，在曲里、西社、沙沟等处还有数十亩。族人如遇困难，也可用租金济之。

胡氏自第七代由交城迁到曲里，至今共二十二代，大抵经历了六百年左右的时间，大致相当于明清时代。从上述资料可见，胡氏乃是一个科第官宦世家，这种家族背景为胡氏族人在地方社会的发展提供了强有力的资源和保障。胡姓迁居曲里后，积极参与地方水利的经营。家谱中特别记载了晚清民国时期胡氏家族中的一位著名地方士绅的事迹，有助于了解宗族势力对地方水利的经营与发展。据家谱所载："胡德乐（1878—1941）字自安，曲里人，喜好社交，热心公务，连任村长及龙门渠渠长二十余年，时刻把群众的冷暖放在心上。每逢大雨就往外跑，冒雨巡渠、查堰、察洪情，在新文化运动时期，积极废私塾、立学校，创建女学堂，成立晋剧团。一心带领群众挑渠打坝、植柳护堰、淤地造田、修路搭桥，为全村办了许多好事。他与邻村以诚相待、友好相处、竭力帮助，有一年天旱，河水不多，下游广兴无水可灌，派人向他求助，他马上限期让阳湾、塔上、曲里、南堡四村浇完地后，把水全部放下去。广兴人大受感动，与上四村结下深厚的友谊。他不但赢得村民的拥护和爱戴，也博得了邻村乡亲们的赞誉和信任，乡亲们联名赠送了他写有'两袖清风'、'廉洁奉公'、'助人为乐'之类内容的六块金字大匾额。受匾之多，实属罕见。至今乡亲们念念不忘其恩泽。"由此亦可知，胡氏宗族在龙门渠水利系统中不仅势力强大，而且是颇有威信和民望的。这势必会招致毗邻而居的南堡村吕氏族人的忌恨，并多方寻衅，以为吕氏一族在地方资源的争夺中获得更多的话语权。

图4-4 交城曲里南堡村水利形势图

147

（二）无事生非：南堡吕氏宗族"毁匾"事件

民国十五年（1926），南堡村甲长张峥等为联络上游感情起见，提倡以全村名义制送"利益均沾"匾额，署款南堡村龙门渠四甲头张峥等地户人。腊月十二送匾游街时，不料农民吕景贤、吕凤贵、吕应根等出面阻拦，吕家人等认为龙门渠为两村公共之渠，即两村公有之水，甲头送匾不应擅用"利益均沾"四字，下款亦不应用地户人等名义，送匾有破坏渠规妨碍本村水利的意味。当即将下款地户数字毁去，匾被扣留在吕姓宗祠。随后，甲头张峥等以"截匾毁字"为由将吕家呈诉于县。经县长裁决，认为甲头张峥因公联络上游感情，制送渠头胡得乐匾额是好事，吕景贤等人竟逞三四私人意见扣匾毁字，伤人情面，实属不该，令将所扣之匾送还并各罚大洋十元了事，吕景贤等不遵判决遂被关押在县。

没过多久，吕家吕景萧等人又以"官绅狼狈帮诬倒置、呈请撤换渠头渠甲"为名呈控渠头渠甲：

据交城县南堡村农民代表吕景萧、吕恩山等呈，控为帮诬倒置滥权虐迫蒙蔽作祟，黑冤难伸，恳请饬县释放无辜并按渠例改换渠头渠甲，以杜专横舞弊而保民权民生等情。

经建设厅查实后，认可县里的裁决，认为吕景萧的呈控毫无根据，其目的是吕景萧之兄吕景元想因族人吕景贤等羁押日久鸣不平，至于原呈所称破坏渠规无形消减水利毫无关系，均系故为夸大其词。判决该县知事拘押首事人等、并各判罚金十元，如果罚款缴清可予保释，张峥等办事疏忽，已令其仍用原匾重刻愿送者姓名，另行致送，以符名实：

该县知事拘押首事人等各判罚金十元处理未为不当，如果罚款缴清应予保释，张峥等办事疏忽咎由自取，已令其仍用原匾重刻原送者姓名，另行致送，以符名实，至吕景萧等原呈所称破坏渠规无形消减水利以及呈请撤换渠头渠甲各节，均系故为张大其词，似应毋庸置疑。

这个案例的症结在于南堡村甲头张峥等为上游曲里村村长兼渠头胡得乐送匾一事。南堡村地在下游，引水灌田自不能不与上游联络，张峥等为联络上下游感情起见，提倡制送"利益均沾"匾额原本无可厚非，但是疏忽之处在于既用地户人等名义，自应先得全村地户同意才合理，张峥等未得吕家同意率用全村地户名义送匾，引起吕家不满。吕家的错误在于既不愿随名送匾，近在一村也可商量解决，或是上诉到县，等候裁决，不应在送匾游街时蛮横地出头拦阻，聚众毁匾，知法犯法，造成坏影响。此后还不依不饶，诬告渠头渠甲。

案件中地方政府的态度是同意送匾的，"南堡村地在下游，饮水灌田自不能不与上游联络"，且"利益均沾"四个字意为"全渠水利各地户均得按其所有土地享受应由水程轮流灌浇，无偏无畸，并非下游受上游之恩惠"，甲头的做法是合情合理的。

实际上，在同渠上下游之间，南堡村的做法是具有普遍性的。例如文水县甘泉渠，同时灌溉开栅镇与邻县交城县广兴镇。由于开栅镇购买了甘泉渠渠基，位于渠上游，使其拥有绝对用水权的观念，长期独占水权。而下游的广兴镇只有通过备席敬请、筹措修渠、酬神、献戏等费才能获得用水权。[1]因为地理位置的差异，在用水过程中，处于上下游位置的村庄都产生了一定的用水方式和用水心理，特别是拥有水资源的上游村庄。[2]根据韩茂莉的研究，"自在使水，永不兴工"[3]是这一渠段的特权，渠道的上游渠段是水资源的优先拥有者，却往往不是灌渠的兴建者，他们可以利用有利的地理位置优先获取水资源；中下游渠段是灌渠的兴建者，在上下游间资源所有与资源开发的交易中，上游渠段依托出让资源获得了无偿使水的权益；中下游渠段凭借兴渠中的预付资本与承担渠道维护工费的承诺获取得了持续使用水资源的保障。但事实上由于水源控制在上游过水村手中，中下游渠段付出资财，并不一定就有持续使水的保障，特别在农作物需水季节与旱年。久而久之，处在上游的村庄把持水利，霸水卖水，任意欺压下游，表面上看虽是按亩出工，实际上游灌溉有余甚至白白浪费。处在下游的村庄为能顺利灌溉，只能"忍气吞声"，通过制送匾额、招待酒饭等方式极力讨好，一旦干旱之年用水迫在眉睫而上游又霸水不放时，就不顾渠规旧例，擅自采取砍堰放水下流等方法，甚至不惜械斗来争得水利。这种用水方式和用水心理的形成，是产生上下游纠纷的原因之一，而用水环境的差异性和旧时的分配方式则是更深层次的原因。

在这个案件中，没有看到以往因争水产生的直接的冲突，但是透过"甲头送匾，族人毁匾"一事，我们可以看到村庄内部紧张的人际关系。既然不是争水，那么吕家人的强行出头究竟是为了争什么？

---

[1] 张俊峰："水权与地方社会——以明清以来山西省甘泉渠水案为例"，《山西大学学报》（哲学社会科学版）2001 年第 6 期，第 5—9 页。

[2] 张俊峰："明清时期介休水案与泉域社会分析"，《中国社会经济史研究》2006 年 1 期，第 9—18 页。

[3] 韩茂莉："近代山陕地区地理环境与水权保障系统"，《近代史研究》2006 年 1 期，第 40—55 页。

（三）不容忽视：为了家族的颜面

南堡甲头为了联络上游感情给渠头送匾，这在地方政府和老百姓看来都是有益于本村的，可是偏偏吕姓一族不答应，出头拦阻，聚众毁匾，并把匾扣压至吕氏宗祠，甚至控告甲头渠长破坏渠规，要求撤换渠头甲长。地方政府认为，吕姓在明知渠头由公众推选、渠甲轮族充当的情况下，仍一意孤行，"知法犯法"，于是毫不留情地给予了处罚。而在结案后，吕氏族人吕金山试图插讼抗议，依旧被建设厅驳回，态度明确、语气强硬：

既有正当办法，又何能以少数人之私见请予撤换，且送匾与否均各听其自由，羁押、罚金原为妨害秩序，截然两事、畔若鸿沟更不能任意牵扯，希图蔓讼来呈，毫无理由，碍难一事再理，再查此案，前据卷宗本无吕金山名字，突于结案之后署名插讼，殊属颠顶已极，仰仍遵照前批，勿再□渎，所请不准。

从该案件中我们可以看到，吕姓宗族既然有自己的宗祠，说明其在当地也是大户，公文中"吕姓又系南堡村巨族"的字眼也说明了这一点。对于本村甲头送匾一事，他们似乎感到非常不满，并不是不满意送匾，而是不满意这匾送在哪儿、送给谁。聚众砸匾，控告渠头甲长，就是他们发泄不满的一种表现。事实上，建设厅在调查后证实渠长胡得乐并非如吕家所说"专横舞弊"，"查龙门渠渠头胡得乐办理渠事一本公平毫无偏袒，迭经本厅派员前往调查，几于有口皆碑无瑕可指"。能身兼曲里村村长和龙门渠渠头两要职，说明这位胡得乐确实得到了百姓的认可。况且前文也分析到上下游的利益关系，下游村庄送匾说明没有因水利不均而产生纠纷，至少在南堡村甲头看来，胡做事应该是还算公平的。可是，吕姓不这么认为，才上演了"毁匾"的闹剧。村庄内部，赞成送匾和反对送匾的声音构成了紧张的人际关系，在这背后则反映了地方上不同势力对权力的争夺。我们注意到，作为当地大户的吕姓，并没有担任渠务工作中的要职。表面上，吕姓是与甲头过不去，实际上是对地方上的这种权力安排早有不满，甲头送匾成为吕家发泄不满的契机，通过砸匾事件，继而弹劾胡得乐。而胡得乐正是地方水利管理组织与村庄基层权力组织相结合的权威代表，借此来争夺地方的话语权和控制权。

吕姓对送匾的不满还在于一点，就是甲头张峥等未得吕家同意率用全村地户名义送匾，这也是甲头做的不周到的地方，既然用全村名义送匾，却没有与吕家商量，这让吕家感到很没面子。于是吕家人毫不客气地毁了匾，即使作为村庄水利组织“领导者”的甲头，也不能阻止，可见甲头在地方势力中地位并不高。吕家作为当地较强势力的宗族，在兴建渠道之初也投入了资金和劳力，旧志在记载龙门渠时特意记载：“咸丰年，武生吕丰经营数载，渠道通畅，沿水各村均受其益，立碑于河神庙。”[1]由此可见，吕家祖上不仅对龙门渠有经营权，并且对其功劳立碑褒奖。到民国时期，吕家不再担任渠道管理的主角，是何原因我们尚不清楚，但是作为吕氏宗族的一种集体记忆，参与渠道管理是理所应当的，更糟糕的是当地的甲头在做事之前没与吕家商量，更让吕家觉得颜面尽失，于是借机发泄对现有的权力制度的强烈不满，而其对抗的结果，不仅没有为族人争取到管理权力，反而是吕氏族人被罚，最终结局只能无奈地选择妥协。当然，笔者相信，这次“毁匾”事件应该不是孤立上演的，在这之前，吕家人是否已经与渠长胡得乐及其背后的权力组织早有结怨，而借此事将这些过节集中爆发出来。受资料所限，我们无法还原出这些矛盾与过节，但可以明确的是宗族通过干预地方的水利事务，向公众展示他们的存在，表达他们在地方公共事务上的声音，是地方各种权力团体中不容忽视的力量。

在人与环境互动的大多数情况下，无论是治水还是争水，水往往被当作自然之物和纯粹的生态因素来对待。历史上层出不穷的水利案件呈现的是斗争双方为争夺水的使用权而屡屡兴讼的场面，由此牵连出地方政府的统治、乡村势力的控制和人民基本生活的保障之间的一种力量的斗争和错综复杂的关系。在本案中较为激烈的冲突背后，地方政府、村长、甲头和地方大户都被牵连进来，宗族势力站在了水利管理的对立面，交织组成了与晋水流域地方水利社会不同的历史画面。我们不禁要问：作为自然之物的水，在复杂的社会场景下，是否能保持为“纯粹的生态因素”，还是已经在无形中被赋予某种象征？张亚辉把水看作“文化之水”：“如果不给出水这种物质在一个区域社会的文化意义，我们就无法确切知道当地人在什么意义上利用这种物质，进一步的讨论也便无从说起。水首先要作为一种象征，然后才能够成为一种资源。”[2]对于干旱的山西，水资源自然是重中之重了，掌握水利事务的管理权，就能在地方权力网络中占有一席之地了。因此，水对于吕家而言，是作为“面子”和权力的象征，才会奋力去争取。

---

❶ 夏肇庸、许惺南：《交城县志·卷二·河渠》，清光绪八年刻本。

❷ 张亚辉：《水德配天——一个晋中水利社会的历史与道德》，北京：民族出版社，2008年，第36页。

五、祖荫之下：河津史氏宗族对地方水利的破坏

"引洪灌溉"是一种居于水资源丰富、水源稳定的大河流域和极端缺水地区之间的一种灌溉方式，在山西地区，吕梁山东南麓的汾西、洪洞、临汾、襄汾、新绛、稷山、河津等八县，❶洪灌历史悠久，并形成了发达的洪灌系统，与水利管理组织、水神信仰、水争端、水权力一起形成了洪灌型水利社会的类型。对此，拙作《水利社会的类型——明清以来洪洞水利与乡村社会变迁》中有较为详尽的讨论。❷本节着重考察河津干涧村史氏宗族不同历史时期在当地水利社会中的地位与角色。

（一）清洪两用：三峪水利开发的特征

河津市位于山西省西南部，运城地区西北隅。东迎汾水与稷山毗邻，西隔黄河与陕西韩城市相望，南有台地与万荣县毗连，北依吕梁山与乡宁县接壤。河津市水资源较为丰富，是缺水的山西省和运城市的相对富水区，并且总体水质较好。上世纪80年代初被全国水储委员会称之为"华北地区的一颗明珠"、山西省的风水宝地。汾河由稷山县史册村南端入境，自南部由东向西齐腰横贯。历史上穿渠引汾溉田获利匪浅，汉武帝元光六年（前129），河东太守番系倡修渠道，引汾以灌皮氏；贞观二十三年（649），县令长孙恕凿石垆渠灌田，亩收十石。❸但是由于汾河迁徙频繁，"渠不利则田者不能长种，久之，河东渠田废。据此，则行之无益劳之无功"❹。因此，这里的居民们把水源转向了泉水与洪水。

河津市地下水资源丰富，尤以靠山靠河处为佳。区域内泉水主要分布在北部的紫金山南麓，自西向东，分别在遮马峪、瓜峪、神峪（简称三峪）等处。三峪地处龙门山大断层，系基岩山区与山前倾斜平原区的衔接地带，海拔在450—550米之间，从西碛口到阎家洞一带，下游泉水出现较多。三峪水源充沛，灌溉历史悠久。遮马峪发源于乡宁县尉庄乡一带，为黄河支流。峪口前缘由于受洪水冲刷，形成东北－西南向的宽阔冲沟，即遮马峪大涧。洪水顺大涧南西行至清涧湾汇入黄河，有牧羊凹、五眼泉、滴水崖

---

❶ 相关成果还有袁兆辉：《洪灌型水利社会的纷争与秩序——以晚清民国吕梁山东南麓七县为中心》，山西大学硕士学位论文，2012年。

❷ 参见张俊峰：《水利社会的类型——明清以来洪洞水利与乡村社会变迁》，北京：北京大学出版社，2012年，第四章。

❸ 茅丕熙、杨汉章：《河津县志·卷二·山川》，清光绪六年刻本。

❹ 茅丕熙、杨汉章：《河津县志·卷二·山川》，清光绪六年刻本。

等多处泉水。唐贞观年间，县尹长孙恕凿山修二渠，利用遮马峪泉水灌溉干涧、固镇民田，下流一渠灌溉固镇，上流一渠灌溉干涧，互不相干。直到元大德年间，沟崩山裂，灌溉干涧一渠被毁。明隆庆五年（1571），知县张汝乾捐奉凿山通渠，水利得以复兴。瓜峪河是汾河的一级支流，发源于乡宁县尉庄乡西圪垛村，于河津市北里沟直入汾河，有筛儿崖、婆婆庙、老汉尿诸泉。瓜峪水分三派，形像瓜字，东派为天涧，中派为南下大涧，西派为西长大涧。唐时，长孙恕开凿清浊二渠兹以灌溉，万历元年（1573），知县张汝乾疏浚上流渠道，划清支渠所浇灌的各村民田。神峪位于河津市城北的马鞍山下，瓜峪东。"马鞍山……山下名神峪，有水母庙，庙下巨石孔盈尺，清泉沸涌，味芳甘。南流出峪，横越天涧，即长孙恕所凿马鞍坞渠也。"❶

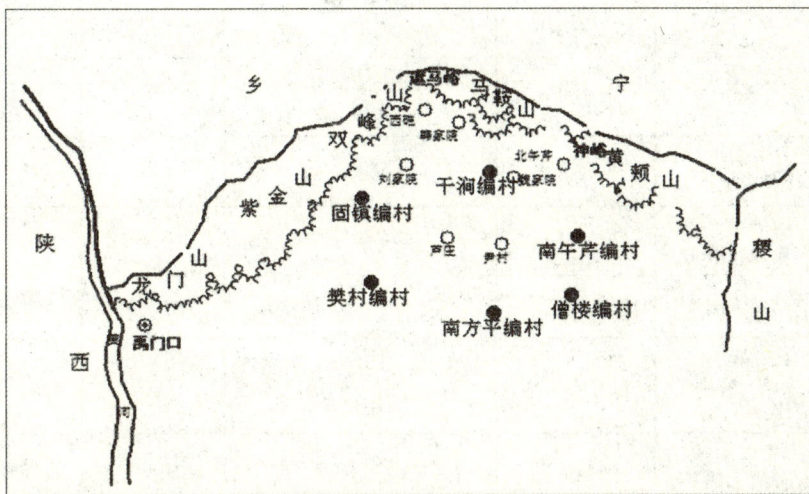

图4－5　中华民国十七年河津县全图（局部）❷

三峪灌区经过傍涧各村开发、治理后，水渠纵错，形成了一个清洪两用的灌溉系统。明洪武二十二年（1390），《平阳府蒲州河津县水利榜文》榜文中载，三峪灌区有清水地 16 036 亩，洪水地 42 328 亩。清康熙二十三

❶ 茅丕熙、杨汉章：《河津县志·卷二·山川》，清光绪六年刻本。
❷ 底图来源：王应立主编：《河津市志》，太原：山西人民出版社，2002年，插图。

年（1684），三峪灌区面积不足 5 000 亩。民国七年（1918），三峪灌区有干渠 8 条，支渠 38 条，共长 46 公里，灌溉面积 35 900 亩。民国三十六年（1947），渠道失修毁弃达半数，灌溉面积不足两万亩。1949 年以后，三峪灌区年年整修渠道，至 1985 年，恢复灌溉面积 56 428 亩。1948 年以前各渠以渠为单位，设"渠长"或"水长"、"水老"主事按时浇灌，按亩分摊费用。1948 年，在三峪灌区设立了专门机构——三峪水委会，由各受益村选出水利代表组成，作为灌区管水的最高领导机构。❶从表 4—1 中可以看到，干涧村是唯一能享用清水渠和洪水渠灌溉的村庄。

表4—1　民国七年三峪灌区灌溉情况表

渠名	水源	渠之经过地区	灌溉面积（亩）	灌溉时间
南下大涧	瓜峪洪水	尹村、侯家庄、南北方平、僧楼西半村	13 000	夏秋
西长大涧	瓜峪洪水	干涧、南北寺庄、芦庄、光德、樊村	8000	夏秋
红石渠（今韩魏渠）	瓜峪清水	魏家庄	1500	通年
堡底渠（今史家庄渠）	瓜峪清水	史家庄	500	通年
遮马峪大涧	遮马峪洪水	曹家窑、任家窑	300—400	夏秋
遮马渠（今遮马峪南干渠）	遮马峪清水	上寨、张家巷、刘家院、古垛、固镇、西砲、韩家院、干涧	7000	通年
马鞍坞渠（今神峪干渠）	神峪清水	北午芹、南午芹	4000	通年
高鞍坞渠（今瓜峪东干渠）	瓜峪清水	北午芹	1500	通年

注：此表据王永录主编：《三峪志》，西安：西安地图出版社，1995 年，第 57 页"民国七年三峪渠道统计表"，第 64 页"民国七年河津县三峪灌区灌溉情况表"绘制而成。

❶　王应立主编：《河津市志》，太原：山西人民出版社，2002 年，第 435—457 页。

（二）将相之后：干涧村史氏宗族

干涧村地处河津市城区北坡三十里处，北依吕梁山南端的紫金山南麓，西望黄河，东接稷王山，南眺汾河湾。该村村名的由来与发源于三峪的涧水有关：早年间，由于村西村西有一条大涧（季节河），故村名叫涧东村。后来此涧渐渐干涸，逐渐废弃，村名也由涧东村改为干涧村至今。在河津当地，干涧村还是远近闻名的"将相村"，故老相传该村史氏是唐末五代名将史敬思的后裔，及至元代又有多名史氏宗族子弟封侯拜相，固有"两代元戎故里"的美誉。

和山西绝大多数村庄一样，干涧村也不是单姓村，这里居住着史、宁、王、延、齐、邵、原、胡、周、郝等诸多姓氏。其中史姓一族，英才济济，俊杰辈出。始祖史敬思，唐朝官居一品（武职），其终救主尽忠。史敬思是唐末五代名将，李克用的部下，因其骁勇善战著称，号称白袍史敬思。在上源驿馆之战中，为保护李克用撤退，力战而死。二世史建瑭（875—921），曾任五代后唐提督元帅，历任贝、相二州刺史。《旧五代史》中对于史敬思和史建堂有如下记述：

史建瑭，字国宝。父敬思，雁门人，仕郡至牙校。武皇节制雁门，敬思为九府都督，从入关，定京师。及镇太原，为裨将。中和四年，从援陈、许，为前锋，败黄巢于汴上，勇冠诸军。是时，天下之师云集，军中无不推服。六月，从武皇入汴州，舍于上源驿。是夕为汴人围攻，敬思操弓矢不虚发，汴人死者数百。左右扶武皇决围而去，敬思后拒，血战而殁。武皇还营，知失敬思，流涕久之。建瑭以父荫少仕军门。光化中，典昭德军。与李嗣昭攻汾州，率先登城，擒叛将李瑭以献，授检校工部尚书。十二年，建瑭与符存审前军屯魏县十三年，收澶州，以建瑭为刺史、检校司空、贝、相二州刺史，屯于德胜。十八年，与阎宝讨张文礼，为马军都将。八月，收赵州。退逼镇州，为流矢所中，卒于军，时年四十六。❶

八世史简，官至忠翊校尉，教民导山引水，兴水利，除水害，农耕稼穑育椒的示范田，椒园遗迹现存干涧村东南隅。"史建堂，唐元帅，史简其后裔也。简官忠翊校尉，生子真，真之子迁。"❷史简之孙史迁（？—1325），元时被封为镇西元帅，后入朝为相，据《河津县志》载："元·史迁，史建

❶ （宋）薛居正：《旧五代史·卷三十一·唐书七·列传第七》，长春：吉林人民出版社，1995年。
❷ 茅丕熙、杨汉章：《河津县志·卷七·人物》，清光绪六年刻本。

堂后裔，初封镇西元帅，后入朝为相，墓葬干涧村北，并有'故河津镇西帅史公'墓碣铭一通。"❶因史迁忠于元太师国王，平阳路提举学校段成己为史迁所撰的碑文中云："天地之道有五行，天地备五行，上下辑若，祥瑞丰乐……公性所赋者有五，首拜太师国王备五行——忠也，犯锋镝，出己粟——仁也，杀敌果毅——勇也。"简言概述了作为将相的史迁的品格和业绩；史迁长子史承庆，为浮山县令，据史籍记载：浮山县土地贫瘠，民食无着，有不少山乡土地长着"剪牙草"，此草根深难刨，铲断又复活，生命力强，对庄稼田禾危害大。史承庆上任伊始，关心乡民疾苦，即出示布告，限期收购剪牙草草根，乡民闻讯，争着下地连根刨除此草，连逃荒在外的乡民也纷纷归来，参加除草行列。不多久，剪牙草被刨挖得一干二净，农民得以进行耕种。翌年，浮山县庄稼大丰收，故史承庆墓碑铭文刻曰："如此致国泽民，恩比天涯地角之广，故大德应得其位，必得其名。"次子史承宗为河津县令，仁政多端，廉洁奉公。尤其是倡导种植花椒树，在北山开发水利，春耕夏种，教民稼穑于田畴，为民众所乐道。❷

　　从十四世按居住条件分为三支。因清朝实行里甲制度，故划分：后巷为一甲，前巷为二甲，灰坡巷为三甲。村里原有祠堂四座，一甲有老祠堂、新祠堂，二甲有前巷祠堂，三甲有三甲祠堂。祠堂内奉祀着始祖史敬思及其各代后裔和他们配偶的彩绘画像。村内现存有二甲、三甲祠堂保存的清朝彩绘布制牌位二幕。新祠堂为村中三条胡同，于清末所建。祠堂门楼悬"将相祠"，蓝底金字，立式牌匾（俗称立字牌），祠堂门为朱红漆大门，两旁挂有宫灯式竖圆柱形红底黑字的"将相祠"纱灯一对。所有四块牌匾形制与北京故宫各宫门上的牌匾形制相同。史氏族人在婆亲时，都要打两个"将相村"的灯笼，旁人遇到这样的迎亲队伍，都要主动让路。❸可惜祠堂、牌匾及灯笼都毁于"文革"破四旧时。

　　从十五世起，村内史姓后裔多有迁往外地去繁衍发展。由于这一带地少人稠，单纯靠农业不足以养活这么多人口，史氏后裔较多选择了去外地经商。在当地就有"要想富得快，农业加买卖"的谚语，由此发家致富的较多，"七大家、八大家、二十四家温和家"说的就是干涧村的富户。

❶ 茅丕熙、杨汉章：《河津县志·卷七·人物》，清光绪六年刻本。
❷ 中国人民政治协商会议山西省河津县委员会文史资料研究委员会编：《河津文史资料》第6辑，第184—189页。
❸ 采访时间：2012年12月11日；采访地点：史中元先生家；采访对象：史中元，64岁。

史氏老坟在干涧村东北隅二里许，韩家院村东南，魏家院村西三角地带，原占地三亩。老坟原有史敬思、史建瑭衣冠冢，以及史简、史迁及其四子墓。通往史迁墓的甬道旁，还有石人、石马等雕刻。但因地震及"文革"，史敬思、史建瑭墓碑及那些石刻均被损毁。只有史迁墓碑保留下来。史敬思墓碑（俗称蛟龙碑）在1990年9月经后裔族人照旧碑刊立于村中心原祠堂遗址上。史建瑭墓碑，由元世祖时三公之一太保刘秉忠篆额并书丹，题为"提督元帅史君墓碑"，篆额尚好。史简墓碑，御史中丞张养浩篆额并书丹。现存史建瑭、史简、史迁四子墓都是后人照旧碑刊立。史迁墓，即镇西帅史公墓碑一通，1985年12月被河津县人民政府定为市级重点文物保护单位。元泰定乙丑年（1325），由宣授平阳府提督学校，段菊轩（即段成己，元代诗人，金大正七年兄弟同榜进士）撰碑文，宣授奉训大夫户部郎中、元吏部尚书段铺（段菊轩孙）书丹并题额。此碑螭首龟座，高225厘米，石质坚细，形制壮伟，镌刻精良，书法遒劲，字迹清楚，是一通比较完整的元代碑刻。史公墓碑群曾有一通墓碑，其名为"史公墓旁一碑"，由刘秉忠撰并书，碑文为："县北紫金山麓，有史氏先陵，溯其为人，卓尔不群，致仁于唐，遂舍其身……历观其后，世世荣昌，唐（后唐）有史简，立功于君国，元有史迁，布勋于王家，迁又生四子，为浮山令，为河津令，为河津诸军奥鲁（军需官），为监河津县女课，可谓簪缨济济，桂兰芬芳，夫爵禄厚，因人所尊重，而建功立业，尤人所难。"❶足可见史家祖上的荣耀。

史氏家谱有三甲祠堂保存的，由史氏后裔史希珍、史载吉于宣统元年（1909），以十五世从村里外迁至吉州（今吉县）的迁户，保存的原上古时的《史氏家谱》为底本，续编的《史氏家谱·灰坡巷》。家谱结构较为简单，内容只有世系图表，简要记述了从始祖史敬思到二十四代人官位及其配偶，没有记载祖先的生卒年、相关事迹及宗族分支情况。

从现有的资料来看，史氏的宗族史可以追溯到唐末甚至更早，较为少见，但是正因为年代久远，其资料的可信程度还有待于进一步验证。因为大多数族谱在讲述宗族历史时，往往会夸大祖先的事迹或是与名人望族联系起来，带有主观性。对此，刘志伟认为这样做的目的是使人们形成一种集体记忆，有其特定的社会和文化的意义："通过追远溯源，攀附名门，可

专题研究

---

❶ 中国人民政治协商会议山西省河津县委员会文史资料研究委员会编：《河津文史资料》第6辑，第184—189页。

以提高宗族的声誉和地位，形成宗族的精神支柱，培养宗族成员的荣誉感和认同感，丰富宗族发展的价值资源，增强宗族群体的凝聚力。"❶史家是否重构谱系，目前尚不能定论。但是《史氏家谱》记载的是从唐末的史敬思直到宣统元年二十四世孙，那么，从二世史建堂的生卒年（875—921）到宣统元年（1909）的一千多年时间里，史家仅繁衍了二十四代，这似乎不符合常理。其次，唐末五代名将史敬思，在嘉庆二十年版和光绪六年版的《河津县志》中，并没有相关记载。对于史建堂和史简，也只一语带过，没有记述其事迹："史建堂，唐元帅，史简其后裔也。简官忠翊校尉，生子真，真之子迁。"❷而在《旧五代史》和《新五代史》中，❸都记载道"史建堂，父敬思，雁门人"，并非河津县人，但是还存在史氏后人迁居到河津的可能。而在段菊轩为史迁墓碑撰写的碑文中写道："吾家东人之子，因仕处龙门日月悠远，世系遗毁，曾高名讳不可考焉。祖讳简，配寺庄吴氏……父讳真，配固镇陈氏。"❹碑文中只把史氏祖先追溯到家谱中所写到的八世祖史简，对史敬思和史建堂只字未提。在刘秉忠所撰"史公墓旁一碑"的碑文中叙述史家的荣耀时，也只从史简说起："历观其后，世世荣昌，唐有史简，立功业于君国；元有史迁，布勋猷于王家，又有史迁三子。"❺仍然未提始史敬思及其事迹。

干涧村史氏始祖究竟是谁，可能到今天也无法说清楚了，正如陈支平所说："就族谱中的血缘世系而言，各家族对先代祖宗的追溯，大多是扑朔迷离，不可尽信。但是这样的族谱记载，正符合修谱为家族制度服务的宗旨，它从观念上强调了家族的优越感、荣誉感，从而为加强家族内部的团结和巩固家族的社会地位起着积极的作用。"❻无论如何，史氏后人是坚信自己是将相之后，已成为一种集体记忆代代相传，成为史氏后人凝聚力的象征。值得深思的是，干涧村史氏宗族在经历了唐宋战乱、朝代更迭的历史大变革后，仍然生息繁衍在这块土地上，也许就是依靠对祖先的认同，依靠由认同产生的凝聚力，这也就是"宗族的本质"："祖先认同，尊祖敬宗

❶ 刘志伟：《祖先谱系的重构及其意义》，《中国社会经济史研究》1992年第4期，第18—30页。
❷ 茅丕熙、杨汉章：《河津县志·卷七·人物》，清光绪六年刻本。
❸ （宋）薛居正：《旧五代史·卷三十一·唐书七·列传第七》，长春：吉林人民出版社，1995年。
（宋）欧阳修：《新五代史·卷二十五·唐臣传第十三》，长春：吉林人民出版社，1995年。
❹ 茅丕熙、杨汉章：《河津县志·卷十二·艺文》，清光绪六年刻本。
❺ 茅丕熙、杨汉章：《河津县志·卷十二·艺文》，清光绪六年刻本。
❻ 陈支平：《近五百年来福建的家族社会与文化》，北京：中国人民大学出版社，2011年，第26页。

是维护宗族的前提，属于宗族的本质，修族谱、建祠堂、立族规作为手段发挥宗族的功能。"❶

（三）今非昔比：史氏后裔在水利社会中的失落

在早年水利开发阶段，史氏宗族起了带头人的作用，为后人所传诵。据《河津县志》载：史氏十世祖史迁次子史承宗"河津令，教民开水利、植椒树，当日功德悉载干涧村碑记"。❷在当地，还流传着"史太公让水树高风"的事迹。❸然而，随着水利的开发，三峪灌区混争水利的现象层出不穷，当地官府为悉讼争，多次实地勘察，制定水规，立碑以警醒于后人。早在元大德七年（1303），固镇、干涧村民因水相争，从州、县、府直告到京，下搅官府，上扰朝廷，至40余年水不归渠，弃流于汾。明洪武二十二年（1389），钦差大臣凌佐堂亲至瓜峪踏视水渠，制定《平阳府蒲州河津县水利榜文》，❹详细规定了清、浊水所灌村落及地亩数，按地分水，按水评粮，"凡后有讼水利者，辄取证于斯"。清康熙二十二（1683）、二十三年（1684）依据《榜文》分别立《遮马峪三水灌溉图碑》和《三峪水规碑》，再次制订水规粮则，希望用水之人依序而行。以上二碑均存于干涧村。

然而，事与愿违，"自国朝康熙、雍正、嘉庆等年，历有控案，断令率由旧章"❺，纷争不断。道光九年（1829），因水再起风波。《私开水渠审断不公案碑》记载了这次风波：河津县民师在午等控告该县知县审断不公，民人史传清等私开水渠。按照旧有规则，师在午所居尹村用三峪西长大涧水灌溉，史传清所居干涧村用遮马峪清水灌溉。干涧村觊觎浊水更能肥沃土地，遂私开已勒令平塞之马迁渠、魏家渠，盗用浊水。经查证，明确指出"干涧村亦有不合，饬令史传清等将所开渠平塞堵尽"，至于控告知县断案不公情节，并不属实。此次纠纷告一段落，好景不长，民国二十一年（1932），尹村、干涧村因开渠一事，又一次对簿公堂。从《白公断案

---

❶ 冯尔康等著：《中国宗族史》，上海：上海人民出版社，2008年，第278页。

❷ 茅丕熙、杨汉章：《河津县志·卷七·人物》，清光绪六年刻本。

❸ 《河津文史资料·水利专辑》（第18集）中记载了这个传说：隋唐年间，村民因争抢三峪泉水闹得势不两立，史太公不愿看到邻村之间因争水发生械斗，决计让水。把本应史家院浇地的三峪清水，让给邻村使用，从而也解除了邻村争水之危。

❹ 张学会主编：《河东水利石刻》，太原：山西人民出版社，2004年，第188页。

❺ 《私开水渠审断不公案碑》，张学会主编：《河东水利石刻》，太原：山西人民出版社，2004年，第224页。

专题研究

《碑》的记载来看 [1]，这一次被告人是干涧村史成章、史明智、史平稳，告史成章率众将马、魏二渠私自挖开，用浊水浇灌其民田。县里一再宣谕，堵塞挖开之渠，恢复原状，干涧村拒不执行，遂判决"干涧村新挖渠道，着令即日堵塞，恢复原状；并援照决水赔粮之规定，赔偿尹村大洋一百元"。此判决的主要依据仍是干涧村属遮马峪清水人户，历来清浊分明，不容破坏成例。干涧村人似乎一向不服判决，二、三审均经上诉驳回，遂于民国二十三年（1934）将私开之渠堵塞。一波未平一波又起，据《海公断案碑》记载 [2]：干涧村人史成章、史遵发、史希文、史平稳、史存才、史明智、史义娃等率众于民国二十四年（1935）再次将马、魏二渠挖开，尹村等村代表将此情形报告到县。警察将史发生缉拿回县，突遇干涧村村民围攻，将四名警察绑回村庙内并殴打。随后，在史成子的带领下，干涧村二三百村民分持刀械，在干涧村南尹村北交界处游行示威，意图恐吓尹村等村。经区查明，判处史掌印等妨害水利，各处有期徒刑二年；史吴管等妨害他人自由，各处有期徒刑三年；史阳进等妨害他人身体，各处有期徒刑两年五个月；令所开之渠克日堵塞，花费由原世英、宁典辰连带负责赔偿大洋一百九十元。因干涧村盗用尹村浊水浇地三年，尹村等请求赔偿水利损失，具体赔偿数额也有碑刻为证 [3]：三年间，干涧村共用浊水浇地七千八百余亩，即尹村等应浇七千八百余亩之地不能浇灌，每亩以一元赔偿，被告史平稳等共同连带负责赔偿尹村水利损失洋七千八百元整。

从清末到民国的这一百多年时间里，水利纷争愈演愈烈，史太公的高风亮节并没有得到后人传承，史家屡次私自挖开马、魏二渠，一心想据浊水为己用。事实上，自从元大德年间浇灌干涧村之渠被毁后，固镇、干涧数村"相兴争讼，讼蔓不息"，干涧村争水的斗争贯穿于元、明、清三朝，直至民国愈演愈烈，以至于不遵水规在前，私开水渠在后，多次立碑警醒却丝毫无用。从表4-1可以看到，干涧村同时引瓜峪洪水和遮马峪清水灌溉，全年都可以浇灌，这在三峪灌区是独一无二的。可是史氏并不满足，一再破坏当地的水利秩序，不惜与官府为敌，与其他村落陷于成年累月的讼争中。史氏后人没能延续祖上的荣耀，但是仍想凭借祖荫的庇佑在当地

❶ 张学会主编：《河东水利石刻》，太原：山西人民出版社，2004年，第235页。
❷ 张学会主编：《河东水利石刻》，太原：山西人民出版社，2004年，第239页。
❸ 见《请求赔偿水利损失案碑》，张学会主编：《河东水利石刻》，太原：山西人民出版社，2004年，第239页。

的权力分配中占有一席之地，殊不知已今非昔比，只讲利益不讲贡献恐怕会更增加史氏宗族的失落感。

史氏宗族有着非常荣耀的宗族发展史，这应该能成为宗族在地方社会争夺话语权的一个重要资本。相比花塔村的张氏，史氏一族并没有利用好这个资本。这种出自名门的优越感，似乎助长了史氏在水利社会中跋扈的心理：祖上有功，且为当地的大户，应该在水利分配中享有优先权，甚至认为是理所应当的。但是，作为地方上的大家族，家族利益固然重要，但是更要考虑到其所在地域的整体利益，这样才会赢得地方政府和群众的信任，获得在地方上的话语权，进而更好地为家族谋利。反之，如果一味地动用武力，效果只会适得其反。可惜的是，在祖上荣耀的笼罩下，血缘的优越感已经超越地域，破坏了与其他村落合作的关系。史家在水利社会中的作用，祖上有功，后人有过。史氏家族的例子证明：在水利社会中，宗族的力量并不是独大的，一定有来自其他方面的力量，如官府、传统、乡规民约等加以牵制，乡村社会的秩序正是在各种力量的平衡中得以维系。

六、对宗族与水利关系的认识及延伸性讨论

通过以上四个典型案例，我们得以观察到山西水利社会中宗族势力发挥作用的诸多面向。在此基础上可以进一步去讨论宗族与水利的相互关系及其宗族在地域社会的生成与发展问题。

首先，四个典型案例存在的一个共同特征是，水利曾经是清以来地域社会发展的一个根本动力，但是水利与宗族之间却不存在正相关的关系，即水利会直接促成宗族的生长与发育。相反，其逻辑关系应当是"水利－村落－宗族"三者间的内在循环关系，即水利的有无与兴衰，决定了村落的贫富与兴衰，村落的贫富与兴衰会促进宗族的发展与兴盛，宗族的发展与兴盛又使得宗族有实力染指村落水利事务，从而出现宗族操控或者支配地方水利的局面。当然，这种内循环关系并不针对存在宗族势力的单个村落而言，而是适用于汾河流域某个水利系统所及的整个地域范围，三者间的关系构成了汾河流域水利社会中最基础的关系单元。与水资源丰富、开发便利的其他地区相比，明清以来汾河流域的水资源总体呈现相对缺乏的局面，因而地方水利多以中小型为主。这些水利系统小则三五村，多则十数村、数十村，因为水利关系结成了跨村落的合作与对抗关系。村庄之间或彼此结盟，或相互对抗，关系多有不一。这些水利多属民间自办性质，

故而三者之间的关系可以用图4-6表示：

村落　　宗族

水利

图4-6　水利-村落-宗族关系示意图

　　如此一来，从表面上看水利似乎成为宗族发展与否的根本动力所在，或者说宗族的强盛与否会对水利的发展起到关键作用，二者之间似乎很难说清谁决定谁、谁影响谁，呈现出一种错综复杂甚至是矛盾的状态。事实上这种作用并非直接性的、必然的。因为有些村庄宗族在水利兴起之前就早已存在，在水利衰败之后也依然存在，说明水利的有无与宗族的存在与发展没有多大关系。反之，有些村庄是先有水利，后有宗族，宗族的发展看起来完全借助于水利，二者关系又相当直接。对此，我们可以通过总结前文中的四个事例来加以认识。

　　就晋祠水利与花塔村张氏宗族的关系来看，晋水开发的历史可以溯至唐宋时代，而花塔村张氏祖先却是明代移民背景。唐宋时代晋祠水利的开发就已达到传统时代生产力条件下的最大规模，明清时代均未曾超越。晋水流域所谓"北方小江南"的说法所揭示的首先是水利促进地域社会发展的事实。明初始迁入花塔村的张氏宗族对晋水北河都渠长权力的控制，则是凭借"油锅捞钱、三七分水"的传说中花塔村争水英雄张姓青年的功劳，并无限放大这一壮举的权力象征意义，使张氏宗族在地方水利中具有了话语权，借助于水利的力量使宗族获得持久的发展机遇。这里提供的是水利促进村落发展，村落吸引移民加入，移民利用水利来发展宗族的事例，水利是基础和原动力。

　　榆次郭家堡的官甲口渠之所以被称为"家族之河"，是因为该村水利是受惠于郭氏第七世祖先郭志端对水利的开创之功和后世历代郭氏族人的继承与经营。而且该村基本可以视为一个单姓宗族村落。与前述花塔村的事例相比，这里是先有宗族，后有水利，在宗族势力实现对水利系统的完全控制后，村落也得到了较快发展。可见，宗族势力是其基础和原动力。

　　交城曲里和南堡所突显的则是一强一弱两个宗族争夺水利的典型事例。曲里村胡姓宗族势力强大，不仅在交城县城建有胡姓祠堂，在曲里村也有上下两个胡姓祠堂，实可谓当地一个强宗大族。晚清民国时期胡姓族人胡得乐依靠个人的德行、能力和家族势力，在龙门渠水利系统中享有极高的威望，从民众屡屡为其赠送匾额的行为中可见一斑。然而，恰恰因为送匾事件，引起南堡吕氏宗族的嫉恨，借助该村甲头为胡得乐送匾事件寻衅滋事，意图在地方公共事务中显示其家族的影响力，维护家族颜面。可见，无论是胡姓还是吕姓，均表明宗族在地方水利事务中持续发挥影响的事实。在此，胡姓宗族的发展要早于龙门渠水利系统的创建。与榆次郭家堡一样，它提供的是水利因宗族势力的推动而发展，进而带动村落发展的事例。

河津干涧史氏宗族同样对三峪水利的开发作出了突出贡献。史氏宗族的发迹显然不是因为水利的关系，而是受益于历代先祖的军功和爵位，史氏宗族拥有"两代元戎"的荣耀，这也使得干涧村有"将相村"之美誉。在三峪水利未开发之前，史氏宗族已经得到了较大发展。史氏八世祖、十一世祖均曾治理过本地水利，在三峪水利的开发上，史氏有开创之功，可谓居功厥伟。其中最有趣味的就是史氏宗族对其祖先的认定，然而三峪水利的兴盛似乎并未对史氏宗族的发展带来多大的促进作用。最直接的证据就是晚清民国时期史氏宗族在三峪水利中的地位已经大不如前了，而三峪水利依然保持着良好的发展势头。不仅如此，史氏族人甚至成为地方水利秩序的破坏者，受到河津县令的惩罚，史氏宗族已显示出颓败的迹象。这种情形表明，史氏宗族有其自身内在的发展脉络，与水利的发展与否并无多大关联。这样，就提供了一个不同于前述两种形态的第三种形态。

其次，本研究中的四个案例显示，无论是宗族促进了水利发展，还是宗族借助于水利发展，均体现出清代以来汾河流域村落社会中宗族与水利并存于同一空间的事实。必须强调的是，当水利是地域社会最为依赖的生存方式时，宗族会尽可能地寻求与水利的高度结合，将自身的势力嵌入进来，力争成为水利的实际控制者和利益分配者。反之，当水利不再成为区域社会经济发展的核心要素时，宗族的发展又会呈现出怎样的特点？这恐怕也是跳出宗族看宗族，跳出水利看水利的一个重要视角。在此，我们可以将视线延伸到现当代，以上述四个村庄在现当代的发展际遇来认识宗族与水利相互关系的问题。

在太原花塔村，张姓至今依然是村中大姓，但是村庄现在已经没有水地和稻地可种，全部变成了旱田，原因是过去赖以生存的晋祠难老泉水在1994年就因太原西山煤炭开采的影响而断流，村庄发展失去了稳定可靠的水源，村里现在也没有什么好的集体企业或者矿产资源可以开发，过去的稻地和水浇地现在都变成了旱地。尽管可以井灌，但是浇地价格相对较高，农民常常是浇不起的。在调查中，我们能够感受到村民对于该村过去水利发达时富裕状况的向往和对当下水利衰退后村庄经济发展乏力的无奈。村人现在多外出打工、搞运输或做小买卖，没有可以替代水利的新的生存手段。前已述及，该村张姓宗族的家谱毁于"文革"时期，张姓祠堂也早已不见踪迹。但访问中村民尚能记得祖先自南京迁移而来，且村中张姓宗族分为前、后、中三股的事实。在调查中，张氏族人对跳油锅捞铜钱定下三七分水之制的张氏祖先及其晋祠张郎塔依旧充满了崇敬和怀念，甚至是引以为豪的荣耀。可见宗族的外在形式虽然不存，但依然镌刻留存于民众的思想观念之中，久而弥馨。

相比之下，榆次郭家堡村现在俨然已经是一个城中村了，全村现有2 159户5 188人，耕地有2 000余亩。调查中我们了解到该村官甲口渠早已废弃多年不用。在问及过去的水利时，郭氏族人对于祖先在全村水利上的贡献及郭氏宗族对水利的独占优势仍然能够津津乐道。但是水利显然已成过去，随着城市化步伐的加快，村民中务农者已越来越少。据调查了解，该村毗邻亚洲最大的经纬纺机股份有限公司和山西知名企业榆次液压集团有限公司。前者成立于1951年，1959年陈毅副总理曾来厂视察并题词，1995年实行股份制改革，1996年在香港和深圳上市。后者则是1963年经周恩来总理批示，从国外成套引进液压新技术和资金建立起来的中外合资企业，1993年入选中国五百家机械工业最大企业，1996年改制为国有独资企业。2000年以来该企业开始走下坡路，产品销路受阻，为太原重型机械集团公司兼并。尽管如此，由于这两家大型国有企业的存在，依然为全体村民提供了很好的就业渠道和机会。不仅如此，全村现在还有三家非公有制企业，特别是房地产公司，自2000年以来呈现繁荣局面。加之城市化导致外来流动务工人员很多，很多村民依靠房屋租赁为生。2011年，全村经济总收入达到12.5亿元，人均纯收入13 941元，是榆次区实力较强的城郊村，列入山西省"新农村建设示范村"、晋中市"城中村"改造之列。可见，榆次郭家堡村已经从一个传统时代以水利为主要发展手段的村庄，变成一个主要依靠现代企业为发展动力的"新农村"了。在此过程中，郭氏宗族并未因水利的停顿而陷入困境。相反，在企业取代水利的地位之后，村庄和宗族重新获得了新的发展动力。同时，宗族力量顺理成章地嵌入了村庄基层权力组织和企业中，继续维系着郭氏一族在村落社会中的权力和利益。郭氏族人的宗族观念从他们不断编修家谱、联宗的活动中可以看到。郭氏家谱历经乾隆三十六年、道光二十一年、同治八年、民国三十年的编修与增补，2007年再次增订编修，副书记郭润青得知我们要研究郭氏宗族历史时，慨然赠送给笔者一部精装的郭氏家谱，并告诉我们郭家堡与太谷大郭村、榆次小郭村的同宗关系。由此可见，新时期郭氏一族的宗族意识依然延续了历史传统，并有进一步发扬光大的可能。郭氏宗族并未因水利的兴衰而沉浮，而是不断寻找现实中的各种可能的手段和机会来延续和强化宗族的认同意识。

交城南堡村吕氏宗族和曲里村胡氏宗族在丧失水利这一重要生存手段之后，未能像榆次郭家堡一样找到水利经济的替代者，而是像太原花塔村一样，同样处于缓慢甚至停滞的发展状态，村庄的现状已然无法与村庄过去的富足和荣耀相提并论。调查中我们了解到，导致两村丧失水利这一重要生存手段的原因是1959年文峪河水库的修建。曲里村《胡氏家谱》记载说："一九五八年国家提倡兴修水利，文峪河水库开始兴建，曲里村成为水库库容区，在五九年夏收后全村全部迁出，分别迁至横尖、古洞道，胡氏多数迁到广兴、覃村、义望，六零年政府批准迁回二十八户，六二年增至八十户，总人口四百一十余人，新曲里村迁至距旧曲里村一华里处，至此八十户人家开始在这里新生。"与曲里村一样，南堡村也是水库淹没村，不仅整村迁移，村庄人口也被分散安置到周围不同的村庄居住。因修建水库导致的拆迁，不仅使两村原有的渠道和土地被淹，而且两个宗族的祠堂也尽淹没于水下。这对于两个宗族而言，的确可以说是"灭顶之灾"。经过修建水库事件后，南堡村吕氏宗族一蹶不振，而曲里村胡氏宗族却未中断撰修家谱、联络族人、强化宗族认同的活动。2004年，胡氏族谱在雍正、乾隆和民国三十年版本的基础上再次编修完成，并重修了重修族谱的规定："为使我胡氏族谱能够代代相传，永不间断，就必须世世续修。为此倡议定时修谱。经研究一致认为以二十年修一次为宜。"为了实现20年修一次谱的要求，特别在族谱中确定了胡氏东南西北四股的修谱负责人员并将其姓名罗列于后。由此我们再次看到了宗族发展的地方形态，即宗族的兴衰其实并非水利的兴衰使然（水利只是一种生存手段和外在因素），宗族有其自身的发展逻辑。南堡村吕氏宗族因为遭遇国家建设和政策的阻碍而趋于衰落，曲里村胡氏宗族却经受住了这种压力而继续保持其顽强的延续能力，这与庄孔韶所讲的宗族作为一种"理念先在"的观点是完全相符的。

河津干涧村的发展则呈现出与榆次郭家堡村相似的特点。集体化时代干涧村所在的河津三峪水利灌区，曾建立了三峪水利委员会，统筹改区域所有村庄的灌溉用水。由于国家力量的介入，打破了以往水利分配不公的状况。干涧村也失去了在整个水利系统中清洪均占的优势地位。人民公社解体，实行农民土地承包以后，该村率先创建乡镇企业，逐步形成了以"煤、电、铝"为龙头的振兴集团，带动了全村各项事业的发展及人民生活水平的提高，村庄经济发展势头明显。1992 年被山西省政府命名为"亿元村"、"百强企业村"，2002 年全村社会总产值达 10 亿元，人均收入突破 1 万元。如果将水利作为过去村庄经济发展原动力的话，那么在新时期现代企业则替代了水利的角色，成为村庄经济发展的新动力。

至于该村的史氏宗族，从民国时期干涧村与尹村大打水利官司的行为中可以看到，史氏宗族的势力在地方社会依然非常强大，以致敢于对抗政府的裁决。这自然不会得到地方政府的支持而败诉，尽管如此，其在水利中的影响力却不容抹杀。因此，史氏宗族不断强化其宗族认同意识，其凝聚宗族的手段就是修建祠堂，编修家谱，强调"将相村"、"将相祠"的历史荣耀，尤其借助于国家的力量，在 1985 年将史迁墓地确定为市级重点文物保护单位，又在 1990 年将史敬思墓碑重新刊立于村中心史姓祠堂遗址。虽然干涧村史氏祠堂今已踪迹不见，但是祖先的荣耀、遗迹和故事，却成为史氏族人共同拥有并借以在村庄社区中持续发挥影响力的重要精神财富。

至此，如果将上述四个村庄当前的发展模式与清代民国时期进行比较的话，最典型地呈现出图 4－6 所示这种模式。其中，作为传统社会生产力条件下汾河流域民众重要生存手段的水利，要么是被企业所成功置换，要么是自身呈现颓势甚至退出历史舞台。于是转型成功的村庄就继续在现代企业的带动下保持继续向前发展的动力，反之则因失去唯一可以依靠的生存手段而难以为继，村庄经济社会长期处于困顿状态甚至裹足不前。

图 4－7　企业－村落－宗族关系示意图

最后，再返回到北方宗族生成与发展的话题上结束本文的讨论。

本文对山西汾河流域水利社会中宗族势力的分析，呈现出宗族因素在区域社会发展尤其是水利发展中所起到的突出作用，有助于理解华北地方宗族的历史形成与存在形态。本研究涉及的四个宗族来看，只有河津的史姓宗族可以追溯到唐末五代，其余均为明洪武永乐年间的移民后裔，其家族历史只能追溯到明代，明代以前则不可考。而且，即便是河津的史姓宗族，如何能够在宋室南渡，金元异族入住中原的历史背景下长期延续不替，也令人疑窦丛生。研究华南宗族的学者认为宗族是一种文化创造，是得益于宋明理学家的发明，教育家的推广，政治家的强化和普通民众的实践，"宗族庶民化"是明清时代长期实践的结果。对于北方宗族的生成与发展而言，是否也经历了一个所谓文化创造的过程，如果有，这个过程是如何开展的？如果没有，其是否有一个自身独有的历史发展脉络？尽管学界近年来对此已多有研究和探讨，比如近年来已有研究者提出北方宗族是中国宗族的早期形态等，但是这个早期形态是如何发展演变的，恐怕仍有继续讨论的必要。

再就清以来直到现代汾河流域水利社会中宗族的发展演变史来看，在水利作为一个时代重要生存手段的条件下，宗族与水利之间呈现出互有影响的特点，要么是宗族凭借水利来发展壮大，要么是水利依靠强宗大族的推动而得以创立和发展，但是绝非谁先谁后、谁决定谁的问题，而是宗族和水利有着各自的发展脉络，本文所讨论的时段正是宗族与水利关系最为密切的一个阶段，故而造成了宗族与水利相互适应，相互推动的表象。在宗族与水利之间，还必须将国家与村庄等要素考虑进来，综合讨论国家、宗族、村庄、水利的复杂关系，才能实现对宗族与水利关系的准确理解，也才能够真正跳出宗族看宗族，跳出水利看水利。

本文是笔者在以往水利社会史研究基础上的一个新的尝试，对宗族问题的讨论尚有很多稚嫩的方面，需要在今后的研究中不断加以补强。笔者相信，这样一个视角无论对于宗族研究，还是水利社会史研究而言，均是有益的。

专题研究

167

The Lineage Force In Shanxi Water Conservancy Society Since Qing Dynasty
——Taking Lineage Force In Fenhe River Basin As Example

Zhang Junfeng   Zhang Yu

Abstract: This thesis studies the lineage force of Water Conservancy Society in Fenhe River Basin. It shows that the lineage force plays an important role in development of Regional Society, especially in development of water conservation. In addition, the thesis helps to understand the historical development and existence of lineages in North China. When water conservation is the most important survival means for local society, lineage will endeavor to seek the height of the water conservancy union and make own power embedded in it. In this process, lineage will try to be the actual controller and interest distributor. However, as an important survival means in traditional society, water conservancy is replaced by new equipment or appears declining trend, even dies out in modern times. Therefore the transformed villages driven by modern enterprises will keep moving. Conversely, without the survival means, the other villages get into difficulties and even hesitate to move forward. According to the development about the lineage force of Water Conservancy Society in Fenhe River Basin from Qing Dynasty to now, water conservancy, which is a vital survival means of an era, has interacted with lineage. Water conservancy has a strong impact on the development of lineage. Meanwhile, with the help of great lineage, water conservancy can be established and promoted. Above all, both of them affected with each other and have their own development tracks respectively. Period discussed in this thesis is when the relationship between lineage and water conservancy was the closest. Therefore we can see that lineage and water conservancy can adapt and promote each other. Furthermore, country, village and other factors should be taken into account in this thesis so that we can know their relationship better and clearer. only then can really jump out lineage understanding lineage， jump out of the water conservancy understanding water conservancy. This thesis is a new try on the basis of the previous studies on history research of Water Conservancy Society.Comparatively speaking， thoughts about lineage are immature and the author should continue to study it intensively. But the author believes that such a perspective is helpful to study lineage and history research of Water Conservancy Society.

Key Words：Fenhe river basin； water conservancy； lineage society

专题研究

中介理论：以临床人类学重构人文科学

［法］阿梅尔·余埃特著　庄晨燕译❶

摘要：科学性一直是人文科学关注的焦点问题。如何解决人文科学各种理论、模型层出不穷、却始终无法验证的恶性循环？科学主义、历史主义的做法最终证明行不通，加涅般提出以临床人类学为基础，建立一种全新的、可验证的人文科学认识论——中介理论。中介理论致力于通过临床病例的观察和实验，发现人的理性运行的基本规律，探索人基于理性的独特文化能力。

加涅般与雷恩大学医学院神经科主任医生萨布罗合作，发现人的理性具有四种运行模态，人类借助于此与现实世界建立关联，并在无意识状态下对其形式化。这四种模态是逻辑模态、技术模态、族群—政治模态、伦理模态，对应着人的言语能力、工具能力、建制能力和伦理能力。每一种模态下，理性的运行都是一个基于自然能力的文化创造过程。这是一个辩证的结构化过程：人不同于动物，从不甘心服从其自然特性所决定的组织模式。人能够对此进行否定，将其格式化以便重新结构化。结构化并不仅仅代表一个更高级的阶段，而是标志着一种质的突破，一种与自然状态和现有文化状态彻底决裂的内隐能力。

中介理论希望提供一种超越地域、文化限制的可验证的人类学分析工具，通过思考人类所共有的基本理性原则，更好地分析不同社会和文化背景下出现的各种现象。这为摆脱目前社会研究中个人主义、整体主义范式局限提供了新的思路。

关键词：临床人类学；理性的四种运行模态；辩证的结构化；个体、主体与个人

❶ 阿梅尔·余埃特（Armel Huet），法国雷恩大学人类学社会学研究所教授；庄晨燕，中央民族大学世界民族学人类学研究所副教授。

前言

从上世纪 60 年代末开始到 21 世纪初，让·加涅般（Jean Gagnepain）与奥利维耶·萨布罗（Olivier Sabouraud）合作，构建了中介理论（Théorie de la Médiation）。让·加涅般教授（1923—2006）在雷恩第二大学语言学系任教 40 余年，他的学术成就主要体现为临床人类学（anthropologie clinique）。奥利维耶·萨布罗医生（1924—2006）是雷恩大学医学院的神经科专家。他协助让·加涅般领导的研究团队对雷恩大学医学院收治的言语障碍病例进行观察，并尝试以此为切入点探索人作为一个整体的运行模式。奥利维耶·萨布罗著述颇丰，最具代表性的是《言语与障碍》❶。让·加涅般是中介理论的主要缔造者，他围绕这一理论在雷恩和其他国家作了 300 多场讲座和研讨，撰写了十多部著作和多篇论文（参见本文最后所附参考文献）。

让·加涅般教授在法国人文学界独树一帜。作为语言学家，他毫不留情地批评自身所在学科的"伪科学性"，而语言学在当时被冠以"最严谨的人文科学"的美名❷。他本人在近 40 年时间里一直致力于构建一种全新的人文科学认识论，重新审视现有的学科边界，为科学地分析文化现象提供思路。他坚持不当学术明星，这既是原则也是秉性使然。他的研究工作因而在很长时间里不为他人所关注。❸

中介理论模型包含超过 1000 个特殊概念，自然很难通过一篇论文全面展开。我在 2007 年访华时曾向中国学者和学生介绍过这个理论。❹尽管如此，我想中方学者在很大程度上还是不太熟悉这一理论框架。我希望借此机会介绍中介理论模型的主要内容，特别是有关社会研究的部分。本论文

---

❶ 奥利维耶·萨布罗：《言语与障碍》（*Langage et ses Maux*），巴黎：奥迪尔·雅各布出版社（Odile Jacob），1995 年。

❷ 费尔迪南·德·索绪尔（Ferdinand de Saussure）（1857—1913）和罗曼·雅各布森（Roman Jakobson）（1896—1982）等学者是新兴语言学的重要代表。

❸ 让·加涅般在法国不为人知，直到上世纪 90 年代末，法国现今最著名的哲学家之———马塞尔·戈歇（Marcel Gauchet）指出，他是当代最伟大的思想家。2006 年，戈歇在《辩论》（*Débat*）杂志上就中介理论出版专刊（第 140 期）。相反，加涅般在英国、比利时和德国的读者更多。他在语言学界声名远扬，但从整个学术生涯来看，他更多属于另类。

❹ 2008 年 4 月，笔者应清华大学社会学系张小军教授的邀请，为社会学、人类学专业的硕士和博士生做了专题讲座。

参考了我在 1988 年撰写的专著《城市理性，共同体与社会性》❶的部分内容，这部著作的理论部分得到了让·加涅般教授的首肯。同时，我试图从人文科学的现状出发，阐述中介理论对学科发展的现实意义。正如本文标题所示，中介理论尝试借助临床人类学的方法重构人文科学，它本身无法被归入一个特定的学科，而是试图与不同学科对话。让·加涅般教授说，中介理论"无学科"。有鉴于此，为方便理解，我在行文过程中会借助脚注作必要的说明。

我希望本文能够得到中方学者的响应、评论和批评。我坚信，人文科学只有在不同文化背景的学者对话的基础上才能真正取得进展。❷

一、以人类学重构人文科学的挑战——呼唤科学模型

（一）汗牛充栋的人文科学

在西方文化语境下，社会学的基础是源于希腊文明的哲学传统。我们至少可以追溯到一千多年前的前苏格拉底时期，特别是以赫拉克利特（Héraclite）❸为代表的米利都学派（Ecole de Milet）❹、爱非斯学派（Ecole d'Ephèse），以恩培多克勒（Empédocle d'Agrigente）为代表的爱利亚学派（Eléates）❺，以及爱奥尼亚哲学家阿那克萨哥拉（Anaxagore）、原子论（Atomistes）❻和诡辩论（Sophistes）❼哲学。这些都是在苏格拉底、柏拉图和亚里士多德之前奠定了希腊哲学基础的重要流派。这一哲学传统随后被犹太基督教神学吸纳，历经文艺复兴、启蒙运动而达到巅峰。进入 20 世纪，西方哲学开始反思自身的研究对象和宗旨。

在西方，文艺复兴彻底改变了人们对自然和文化世界的表征。世界不

❶ 阿梅尔·余埃特：《城市理性，共同体与社会性》（*La Raison Urbaine, Communauté et Sociabilité*），国家博士论文，巴黎十大，1988 年。
❷ 庄晨燕老师是翻译这篇论文的不二人选。她曾在雷恩第二大学系统学习中介理论，并一直为我在中国大学的讲座担任翻译，特别是 2008 年在清华大学的系列讲座。2011 年在雷恩二大完成答辩的博士论文《个人行动与社会动力——北京市打工子弟学校研究》是第一个借鉴中介理论的中国研究。她的研究得到答辩委员会的一致好评。
❸ 公元前 6 世纪。
❹ 公元前 7 世纪到前 6 世纪，学派主要代表有泰勒斯（Thalès）、阿那克西曼德（Anaximandre）、阿那克西美尼（Anaximène）、色诺芬尼（Xénophane）、毕达哥拉斯（Pythagore）和他的学生。
❺ 公元前 6 世纪到前 5 世纪，主要学者有巴门尼德（Parménide）、芝诺（Zénon）、麦里梭（Mélissos）、阿那克萨哥拉（Anaxagore）。
❻ 留基伯（Leucippe）与德谟克利特（Démocrite）（公元前 460—前 370 年）。
❼ 可以在柏拉图想象的与苏格拉底对话的人当中找到他们的名字。

再是一种由神权创造和主导的静止不变的秩序。它所遵循的自然和社会规律能够为人所知，人类因而可以影响它、改变它，让它变得更好！托马斯·莫尔（Thomas More）在《乌托邦》（*Utopie*）❶一书中邀请读者超越当下的社会局限和思想禁锢，想象如何对世界进行改造。而马基雅维里（Machiavel）❷则通过对社会现实的分析，奠定了政治社会学的基础，为正在涌现的国家治理提供思路。孟德斯鸠（Montesquieu）❸在当时科学思想的影响下已经预见，未来人文科学的首要任务是分析和理解。该范式的前提是，既然世界无法自我解析，那只有依靠科学之光来照亮。

19 世纪，初生的社会学希望像自然科学一样，成为一种精确的"社会物理学"。这是圣西蒙（Saint-Simon）——第一位研究法国工业社会的理论家❹、奥古斯特·孔德（Auguste Comte）❺——实证主义思想家的抱负和信念。之后的傅立叶❻（Charles Fourrier）、普鲁东❼（Joseph Proudhon）、马克思以及诸多学者继承了这一科学性传统。

19 世纪标志着现代社会学的诞生。此后，无论在欧洲大陆还是英美地区，社会学家致力于构建各种解释性的理论模型❽，相应的实证研究层出不穷。时至今日，社会学从西方扩展到全世界，呈现出前所未有的丰富。我们是否可以认为，历经百年的社会学所积累的"资本"可以为其"精确"

---

❶ 托马斯·莫尔（1478—1535），《乌托邦》（*Utopie*），拉丁文版，1516 年；法文版，1550 年；英文版，1551 年。

❷ 尼古拉·马基雅维里（1469—1527），著有《君主论》和《论李维》。

❸ 孟德斯鸠（1689—1755），著有《论法的精神》（1748 年）、《罗马盛衰原因论》（1734 年）。

❹ 圣西蒙对他同时代的思想家影响很大，启发了 19 世纪最主要的几大哲学流派，包括唯物主义、实证主义、自由主义和社会主义。

❺ 奥古斯特·孔德（1798—1857）试图创建一门研究社会现象的实证科学，社会现象被视作事实，研究的目的在于揭示现象所遵循的实际规律，即不同现象之间所固有的关系（《实证哲学教程》第一卷）。

❻ 傅立叶是法朗吉理论的创始人，法朗吉是一种全新和谐社会的基层社区组织。

❼ 普鲁东最著名的观点是"所有权就是盗窃"。

❽ 根据不同分类标准，我们可以统计出 20 到 30 种主要理论。这些理论为大家所熟知，在众多学术出版物，如论文、教材、讲座、研讨会中不断出现，也在大众媒体中经常被提及。参见让-弗朗索瓦·道尔提埃（Jean-François Dortier）：《人文科学大词典》（*Dictionnaire des Sciences Humaines*），巴黎：法兰西大学联合出版社（Presses Universitaires de France，简称 PUF），2004 年；吉勒·费雷奥尔（Gilles Ferréol）：《社会学主要领域与关键概念》（*Grands Domaines et Notions clés de la sociologie*），巴黎：阿尔芒·科兰出版社（Armand Colin），2010 年；西尔维亚·莫绪尔（Sylvie Mesure）、帕特里克·萨维旦（Patrick Savidan）主编：《人文科学大词典》（*Dictionnaire des Sciences Humaines*），巴黎：PUF，2006 年。

第叁卷

了解社会提供前所未有、无法替代的手段，并据此勾勒出社会发展的蓝图？社会学在现有的知识框架下能否确认自身的科学性？

我们不得不承认，社会学以及更广义上的人文科学现下正深受困扰：各式各样的研究成果泛滥成灾，决定论、相对论各持己见。究竟如何评估现有社会理论的质量、精准与可靠，如何评价实证研究的可信？这已经成为社会学界的一大难题。社会科学为我们奉献了不计其数的分析、评论、观点、术语，但这些研究充其量只能为我们了解社会提供一些信息或解释。而且，汗牛充栋的现状反过来营造出一种混乱无序的氛围，为某些谬误、偏见和定势的出现提供了沃土。此外，如果说科学性的标志是普遍性和可验证性，那所有这些理论能够称得上是科学的解释模型吗？社会学必须具备真正具有普遍意义的理论和方法论工具才能对社会现象作出科学的解释，否则，我们在交流实证研究成果时只能是各说各话、对牛弹琴，因为不同人有意无意使用的概念体系无法实现对接。更确切地说，科学性要求社会学重新审视其人类学基础，即作为社会基本单元的人究竟是什么？一旦做到这一点，我们就超越了社会研究中的时间和空间局限。

这正是中介理论的宗旨。中介理论并不认为只有自己才是真知灼见，相反，它为不同学科和理论之间的对话开启了窗口，希望在相互批评和丰富的过程中为剖析人类文化现象提供全新的思路。

（二）呼唤真正的人文科学模型

在人文学界对模型不再奢求、被迫接受日益严重的个人色彩之时，让·加涅般决定逆潮流而上。

一直以来，模型问题都是人文学界的"死穴"。精确科学的"严谨"一度让人文学者艳羡不已。人文科学迫切希望成为真正的科学。为此，学者们开始效仿精确科学，甚至直接照搬其原则、模型，至少也以其为参照构建类似的模型。数学、行为学、生物学、控制论、物理学等学科的理论模型被频频用于社会研究，不胜枚举。但令人遗憾的是，人文学者在这个过程中很难做到自圆其说。尽管从技术上看，这些研究确实做到了严谨，也有助于丰富学科的知识体系，但它们的缺点同样显而易见：它们无法抓住社会性（le social）的本质。或许我们不得不承认，精确科学的模型并不适合人文科学的研究对象。对于这种简单借用精确科学的模型、技术或概念

理论研究和学术史

来"科学"处理人类社会数据的做法❶，我们经常情不自禁地感到困惑。当然，这种技术性确实会让某些学者为其所谓"精准"折服，让其他学者感叹自己落后于时代……

人文学界对于是否有必要借用其他学科的技术和模型一直意见不一。具体到社会学界，一边是各种遵循文学和哲学传统的立场，另一边则是坚持借用精确科学形式化模型的科学理论派。后者最主要的代表是"统计至上论"（我们并不否认统计学在处理人类社会数据方面的作用，但反对将统计作为理解人类社会的根本原则），"生物性压倒一切"［威尔逊（Edward O. Wilson）的社会生物学，埃德加·莫兰（Edgar Morin）从整体到整体的理论］以及控制论。当然，还有其他更低调地将精确科学模型移植到人文科学的做法，譬如直接用物理学中的力量对比、平衡状态等概念来解释人类社会的某些现象。

除了上述套用精确科学模型生产人文科学知识的做法之外，还存在另一种做法——历史主义，即在历史和当下事件之间建立因果关系。以基于时间的因果取代逻辑推理的因果，时间的先后成为解释的关键。为此，他们总是试图寻找原初的事实。

让·加涅般不同意上述各种做法。他认为，人文科学无法将自身的科学性建立在"照搬"自然科学模型和方法的基础之上，即便这种移植极尽巧妙之能事。自然科学和人文科学之间存在无法消弭的差别：自然科学的宗旨是，对外在于人类、没有人类干预无法形式化的世界进行形式化；而人文科学的研究对象是一个已经形式化，或已经被"分析"和"模型化"的世界。有鉴于此，人文科学的科学性完全不同于自然科学，它所提出的模型、程序或方法必须能够体现自身研究对象的特殊性。否认这一点，就是重蹈实证主义的覆辙，无论如何巧妙的遮掩或粉饰都无济于事。

至于历史主义的做法，尽管表面上似乎在某一领域将所有信息挖掘透彻，或者在论证过程中正确地借鉴了精确科学所特有的技术和程序的系统

---

❶ 在《知识欺骗》（*Impostures intellectuelles*）（1997年）一书中，阿兰·索卡尔（Alain Sokal）和让·布里克蒙（Jean Bricmont）谴责很多人文学者错误地使用自然科学和数学概念，这些概念只是简单套用，没有任何实证支持和理论论证。他们认为，如此套用概念就是一种欺骗，涉及的知名学者包括心理分析和语言学领域的拉康、朱莉娅·克里斯蒂娃（Julia Kristeva），露西·伊丽格瑞（Luce Irigaray），社会学领域的让·鲍德里亚（Jean Baudrillard），布鲁诺·拉图尔（Bruno Latour）以及哲学领域的雅克·德勒兹（Jacques Deleuze）。两位作者指出，这些学者的作品经常晦涩难懂，无法证明自身的科学性。

性，但它从根本上回避了对人的科学思考。无论涉及哪个学科，这种做法最终体现为，对某种似是而非的因果关系纠缠不清，无法摆脱以历史解释历史的循环。因为它仅限于从过去乃至当下历史蕴含的形式化内容或自身所感知的未来可能出发，对相关问题进行形式化的解释。从这个意义上看，它是将历史当成某种实证数据，从已经形式化的历史事实中选择适合的内容来解释历史。历史主义研究可能面临的风险是，研究仅限于阐释，成为一家之言甚或为意识形态所利用。正如让·加涅般所述："人们所关注的不再是研究对象本身，而是处理研究对象的方式。那些设计精巧的图表最终无法掩盖骨子里的新实证主义，具体而言，他们把数据本身当成事实和前提假设。而我们需要做的是，撇开文化本身所生产的'工具'，另辟蹊径，探索文化现象的核心要义。"❶

让·加涅般认为，科学主义和历史主义的做法都不可取，人文科学的使命在于，彻底放弃以文化解释文化的幻想和陷阱，转而思考人如何认知自身所面对的社会历史世界，或者说，如何将超越时空限制的人的认知机制形式化。当然，这并不意味着当代人文科学所从事的全方位的调查以及数据收集、整理、阐释工作毫无意义。但他认为，尽管这些研究非常严肃，但只能被纳入信息工作的范畴，无法等同于科学性的探索，后者的工作是，透过可观察的事实发现背后的原则。如果仅仅满足于捕获新鲜热辣的事实，而忽略了知识探索的诉求，那人文科学不可避免会陷入走投无路的困境。

当然，我们认为，信息的积累，并根据当下流行的品味、规则、需求和意愿对信息进行整理和评价，所有这些工作与构建科学的知识体系并不矛盾。相反，前者是后者的一个步骤，是推动后者前进的动力，为后者提供问题、理念、素材和数据。每个社会都会形成自身特有的表征和文化，并建立相应制度手段来阐述、彰显自身的特性。科学探索的特殊性在于不能止步于此，而是必须与之拉开距离，从而引入另一个视角，进入更高的层次。从这个意义上说，科学诉求本身要求我们与特定社会所生产的知识保持距离。今天的现状是，这些知识披上了科学话语的外衣，成为科学性的代表。在这样的背景下，谈论科学已是枉然。

大乱之后必是大治。面对当前人文学界的混乱局面，我们唯一的选择

---

❶ 让·加涅般：《论欲言：人文科学的认识论》（*Du vouloir dire: traité d'épistémologie des Sciences Humaines*），牛津：帕加蒙出版社（Pergamon Press），1982 年，第 6 页。

是回归科学研究必须坚守的原则：言之有据。任何模型必须明确相关研究的定位、局限和目的。今天屡见不鲜的是，人们为了模型而模型，理论建构就是把各种假设、概念、论述串成一个有机整体。理论如何指导实践？如何在实践中证明理论？这已不再是理论家们所关注的问题。然而，任何认知行为总是基于某种暗隐的模式（一方面是人所特有的形式化机制，另一方面是内化的时代文化图式）。即使是日常生活中不经意的认知行为，如幽默或智语，我们也会启动这种模式，与自身、他者保持一定的距离。

科学模型因而必须做到明确无误，尽量减少个人阐释所固有的发散和想象，这是人所特有的能力，但与科学精神相违背。科学研究旨在为我们提供一种理解的手段，它所采用的话语必须能够将人类话语所固有的含糊性降到最低。从这个意义上，科学言语可能显得贫乏，但因此获得的是对研究问题更准确的定义和陈述。丰富固然是创造性的来源，但也可能因为不加控制而乱成一团。科学言语不再是一般意义上的观点，而是落实到一种图式，一种从根本上思考人是什么的努力。这正是中介理论的精髓所在。

二、人类理性及其运行模态——否定言语至上，倡导临床实验

让·加涅般认为，人文科学的进步要求我们彻底结束言语（langage）的统治。言语至上的结果是，逻辑理性（定义为思想的表达能力）取代其他形式的理性（rationalité），主导了知识构建的进程。

（一）理性的四种运行模态

作为语言学家，让·加涅般并不认为，自己所在的学科就是人文社会科学科学性的代表。他指出，没有任何理由将言语与理性等同起来，言语并非理性的全部❶，劳动、社会生活、欲望同样是理性不可分割的组成部分。

"我们所说的中介理论尽管源于语言学，但并非像某些人认为的那样是一个语言学理论。我们讨论的是人类的理性，即人类借助符号、工具、个人和规范的网络对自身的表征、行动、存在和欲望进行分析的内隐过程，而符号、工具、个人和规范仅以重新投注的方式呈现。"❷

加涅般发现，理性具有四种运行模态，人类正是通过这四种模态的中

❶ 加涅般在这里明确反对当代法国盛行的知识"符号化"趋势（罗兰·巴特、让·鲍德里亚，甚至皮埃尔·布迪厄从某些方面看也是如此），这一趋势最核心的观点是，世界所遵循的规律与阐述世界的话语所遵循的规律完全一致。

❷ 让·加涅般：《论欲言：人文科学的认识论》，牛津：帕加蒙出版社，1982年，第18页。

介与现实世界建立关联，并在无意识状态下对其形式化。这也是"中介理论"名称的由来。这四种模态是：（1）逻辑模态，人类据此进行推理、思考和阐述；（2）技术模态，人类以此来对世界进行改造；（3）社会模态，或更确切地说是群体－政治模态，人类借此建立社会关系，进而形成制度和社会；（4）伦理模态，人类借此梳理自身的欲望，有选择地满足，从而获得自由。

上述模态共同组成了人类的理性，加涅般认为无法将其排序。如果有人认为四种模态有先有后，那也只是源自人们在文化世界中获得的习惯性表征而已。中介理论认为："言语（langage）、艺术（art）、社会（société）和权利（droit）是共同支撑现实文化世界的四大支柱。换言之，现实文化世界将主体与物质世界相区分，落实到每个人，文化是对自然状态的超越，但又将其包含在内。"❶人文科学的远大抱负是对所有的文化现象（即人类的所有创造）作出解释。为此，我们必须彻底改变做法，不再仅仅从逻辑理性出发，而是引入除思维之外的其他知识生产模态。

让·加涅般在 40 多年里一直致力于通过临床验证来构建模型。❷鉴于研究对象是人本身，直接实验很难操作，临床病例研究成为无法替代的手段。观察病人反过来会帮助我们更好地理解正常人的理性运行 ❸，这也是为什么加涅般选择与雷恩大学医学院神经科主任奥利维耶·萨布罗医生合作。

（二）临床观察与四种理性模态的发现

1. 逻辑模态与技术模态的分离

让·加涅般和他的团队首先在雷恩大学医学院神经科对失语症（aphasie）病人进行观察和实验，发现言语这个概念本身需要重新定义。失语症病人的口头表达与书写能力之间存在反差。在他看来，这种症状的差异并非相同言语障碍的不同表现，而是属于两种完全不同的病症。由此可以提出如下假设：言语和书写分属不同的理性模态，失语症源于口头表达

❶ 让·加涅般：《论欲言：人文科学的认识论》，牛津：帕加蒙出版社，1982 年，第 18 页。
❷ 加涅般组建了一个研究团队，与雷恩大学医学院神经科专家奥利维耶·萨布罗及其团队紧密合作。
❸ 在医学领域，通过对疾病病因和发展的研究，我们能够更好地了解人的机体如何运行。人同时也是一个社会和文化的存在，我们同样可以透过障碍和疾病来揭示人与社会现实之间究竟存在何种中介机制。加涅般正是希望以此来构建一种全新的认识论，彻底打破"身体"与"精神"的两分。毋庸讳言，这样的尝试自然会在医学和人文领域遭遇阻力。但我们不能否认的事实是，失语症病人尽管呈现出的是言语障碍，但疾病的根源在于中枢神经系统。

理论研究和学术史

能力的缺陷，而失技症（atechnie）是工具化能力出现障碍的体现。❶基于临床观察中对语音和书写的分离，加涅般指出，书写不是言语的一部分，而是另一种理性运行模态，对书写障碍的解释与表征体系无关。因此，通过对言语障碍病人的临床观察，他发现了两种理性模态，借助于这两种模态的中介，人对世界行使理性赋予的两种能力：逻辑表征能力❷（模态一）和运用技术能力❸（模态二），而模态二与模态一交叉的结果就是书写。

　　2. 社会模态❹

　　加涅般发现，失语症病人在语法方面的障碍并不妨碍他们与他人进行交流（譬如可以借助手势），因此可以将言说（locution）与对话（interlocution），或言语与交流（communication）分离开来❺。很多人，包括语言学家，都将交流定义为言语的功能。在人文科学领域，人们总是基于交流的语言学模型来分析社会中存在的各种交流方式。列维-施特劳斯（Claude Lèvi-Strauss）的结构人类学的基础就是音位学。然而，如果承认言语不是我们在无意识状态下对世界进行形式化的唯一中介，那我们就应该思考，人们究竟借助于哪种理性模态来与他者进行交流，进而建立社会本身？

　　社会这个概念的多义性让定义变得很困难，譬如人们经常会说"动物社会"，以至于某些自然主义理论家将人类社会看作是动物社会的一种高级

---

❶ 加涅般在《中介理论导论》（*Leçons d'introduction à la théorie de la médiation*）中简要讲述了他分离逻辑模态和技术模态的经过：布洛卡（Broca）失语症病人的症状是几乎不说话，他试着让病人写字，有些病人对于图像的识别没有问题，但透过他们的读和写能够发现相应的症状。然而，另外一些病人在读和写中反映出的问题却很难被归入失语症症状。他试着让这些病人操作工具，譬如给她们一个化妆盒。有些人把铅笔当蜡烛点，有些人把口红当胶水。他发现，这些病人的问题是无法认知工具所包含的使用信息。这是技术或工具能力的障碍，而不是言语能力的障碍（*Leçons d'introduction à la théorie de la médiation*, Louvain-La-Neuve: Peeters, 1994, p. 40）。

❷ 这里的逻辑（希腊语 logos）指人有序表征世界的能力。加涅般认为，人的理性不仅仅限于逻辑能力。

❸ 希腊语 technè 的意思是物质制造，其中包含某种技能，即理性运行的表现。技术模态的直接结果是艺术，人的理性投注到所有物质和非物质的制造当中。

❹ 中介理论中的术语是群体-政治模态。

❺ 加涅般在《中介理论导论》中简要提及社会模态的发现：有一天，精神科送了一个病人到神经科，精神科医生的初步诊断是精神分裂，但病人的症状主要表现在言语上，他们怀疑可能是失语症，请神经科医生会诊。他发现，这个病人能够听懂人说话，但表达非常奇怪，完全听不懂他在说什么。加涅般坚持听了很长时间后发现了病人说话的规律，他通过计算重复系数，试着以病人相同的方式说话，病人听到后暴怒。这个实验表明，病人并非患有失语症，他试图通过创造一种独有的语言来构建自己的世界，这个世界只有在他人无法与他交流时才成立（*Leçons d'introduction à la théorie de la médiation*, Louvain-La-Neuve: Peeters, 1994, p. 41）。

延伸。"动物社会"这种说法是人类中心主义（anthropocentrisme）（人类只能透过自身的想象和能力来认识和理解世界）的集中体现。所谓动物社会指的是自然状态下动物的集聚，虽然可能存在共居，但任何动物物种都无法超越这种简单的聚合。从群居动物（蜜蜂、蚂蚁、狐狸、企鹅、候鸟、大象、猴子等）❶以及其他动物身上观察到的相互联系可能会很复杂，但这种联系不可能超越它们的动物本性。相反，人与同类建立的联系［即各种社会世界（univers sociaux）］不再是一种自然状态下的简单聚合。尽管人本身也是一种动物，但是他的社会性是一种文化创造。他像动物一样属于生命世界，但他在此基础上构建了一个文化世界。我们或许可以这么表述，动物拥有它本性所决定的"文化"，但人不会甘心接受本性的"安排"，能够超越本性的局限。

我们可以用言语来类比社会模态。人具有言语能力，但人所讲的是语言（langues）（复数的语言），而动物只能运用其物种所决定的交流模式。有研究指出❷，熊猫拥有 11 种不同发声方式，可以根据对方性别、情境和反应进行选择。尽管如此，我们不能想象熊猫能够向偶遇的小鸟们献殷勤，甚至和它们就北京鸭的美貌问题交换意见。

与动物不同，人借助于自身的言语能力以及这种能力在特定社会历史条件下的表现，即语言，超越了自身的动物本性。但也正是因为这种超越，人不得不总是处于猜度对方究竟想说什么的状态，即使双方讲的是同一种语言。正如任何言语从来无法完美表达欲说之意，交流的过程总是透明、误解和晦涩并存。这是各种语言所共有的词汇多义性所致。对交流的定义无法借助所谓成功交流模型。事实上，从来不存在完美的语言，因为语言总是与特定的人群相关，交流就是相关方面不断就彼此之间的分歧寻求妥协的过程。这是由人的言语能力本身所决定的。

基于类比，言语模态能够帮助我们理解社会关系的基本原则。从更普遍的意义上说，人与自身物种之间无法简单地画等号，否定这一点，

---

❶ 从上世纪 30 年代起，自然科学领域逐渐形成了研究"动物社会"的传统，主要学者包括哈伯（Rabaud）（《社会现象与动物社会》）（1929）、毕加尔（Picard）（《动物当中的社会现象》）（1933）、生物学和动物学家格拉塞（Grassé）以及威廉·惠勒（William Wheeler）（《昆虫社会》）（1928）。"动物社会"的说法也逐渐进入日常话语。

❷ 参见 *Proceedings of the Royal Society*（No. 277, December 2010）, *Animal Behaviour*（No. 79, March 2010）, *Journal of the Acoustical Society of America*（No. 126, September 2009）.

人就回到了动物状态（这也是我们透过某些病例所观察到的现象）。尽管作为生物体，人不得不面对自身的局限，但人能够超越生物局限，创造更多的可能。具体而言，正是因为具备构建社会和创造历史的能力，人不断超越自身物种所决定的命运。在这个过程中，人在自我与他者之间建立边界，这正是形成族群性（ethnicité）的基础。我们从中看到的是人不断从他者身上看到自己，划定边界的同时超越边界，寻求与他者的交流与妥协。

因此，群体性并不是常识或政治学所定义的"自然"特性，即特定社会群体在历史上形成的认同，而是人的一种内生特性，在人与人之间建构边界的能力。这是人与世界建立联系的第三种中介，人借此实现了从生命（自然状态）到历史（文化状态）的飞跃，这也是形成社会关系的根本所在。如果承认这个理性模态的存在，那我们就不难理解为什么个体与群体的实体主义区分无法成立。简单从个体或群体出发都不可能对社会性作出解释。让·加涅般因而在中介理论中提出了"个人问题"（problème de la personne），即人构建社会世界的能力，具体体现为一种辩证模式：区隔与共识，断绝与交流（社会模态与言语模态交叉的结果）。

3. 伦理模态

让·加涅般通过进一步解构言语概念，发现了理性的第四种模态——伦理模态。话语（discours）是我们在欲说与能说之间妥协的结果，我们在任何时候都不可能做到"知无不言，言无不尽"。同样，在行为层面，我们总是在想做和能做之间寻求平衡，采取任何行动都必须考虑面临的局限，或可能付出的"代价"。或者可以说，任何行动都是我们在"愿望"（good）和"代价"（price）之间权衡的结果。这是人所特有的规范（normer）、调节自身行为的能力，也就是我们这里所说的理性的伦理模态。基于言语能力，人能够讲不同的语言。同样，伦理能力本身不带任何价值判断，只是意味着人能够选择自己应该做的事情。正如语言无法摆脱现有语法规则等屏障，我们的行为也必然接受规则的制约，这是我们在特定社会情境之下所感受和遵循的规则。

虽然理性的运行可以被"拆分"为四种不同模态，但理性本身是不可分割的。换言之，四种模态同时发挥作用，某种模态的缺陷或缺失会引发其他模态的补偿。如果希望理解人在不同时间不同地域所创造的各种文化，我们必须思考人所调动的各种内隐机制和原则。毫无疑问，中介理论所提出的理性的四种运行模态为人文科学的发展提供了全新的视角，为理论和方法的创新铺平了道路。

（三）重新定义人文科学

有人会说，理性运行存在不同模态，这不是什么新鲜说法。显而易见，正因为这是人的内在能力，它自然会通过人的活动以及各种物质或非物质的产出在不同文化中留下印迹。但这不是问题的关键所在。中介理论希望提出质疑的是，四种模态当中不存在某种更高、更强、更适用于科学表达的模态。在人文学界，让·加涅般并非前无古人后无来者。他确实提出了非常重要的问题以及相对系统的解决方案，但他的模型所包含的理念一直以来都是学界争论的焦点，在当代人文研究的诸多成果中都能看到影子。他的贡献在于，选择全新的方法和视角，为这些焦点问题提供一个系统性的解决方案。这完全不同于某些研究的浅尝辄止或标新立异。他希望自己的模型能够经得住临床观察和实验验证，从整体上思考人的理性模式，超越传统意义上生物性和理性的两分。

所以，让·加涅般留给我们最重要的遗产是，任何理论都必须可验证、可证伪。这在科学性泛滥的今天尤为难能可贵。他希望从根本上把握人文科学的研究问题，坚持实验验证的方法，同时尊重人的自由、"神秘"、创造力……让人变得"可读"，还原人的尊严。为此，他将分散的研究问题整合起来，对现有理论涉及的某些概念进行重新定义，必要时另起炉灶构建全新的概念。他的理论并非惊世骇俗，我们会觉得似曾相识，但似乎更系统，更有说服力。正因为严谨，所以不怕批评，而这也是任何科学研究的必经之路。

让·加涅般认为，对言语概念的解构必然带来人文学科内部的重组。他建议学科的划分不再依据实证研究对象，而是每种理性模态所蕴含的独特方法，只有这样才能真正涵盖所有文化现象。他建议人文科学可以划分为以下四大基本学科：

1. 言语学 ❶：研究符号和逻辑的科学，它对应着理性的言语模态，即人表征、思考世界的能力，这种能力在现实世界的运行体现为科学、神话和

---

❶ 言语学"glossologie"这个词一般用法是语言学的总称，包括语言学，比较语言研究，科学术语研究。在中介理论框架下，加涅般用这个词来指基本语言学，指向人的言语能力，而不包括言语能力的社会文化表现——语言。在另外三个理性模态所对应的技术、社会和价值领域，基本语言学都有相应的应用学科。

诗性三大类文化现象。

2. 运动学❶：对应理性的技术模态，即人使用工具的能力，在现实世界体现为工业、手艺和巫术三类文化现象。

3. 社会学：对应着理性的社会模态，即人构建社会联系的能力，在现实世界体现为人如何依据区隔和共识的辩证模式建立社会。

4. 价值学❷：对应着理性的伦理模态，即人规范自身欲望、建立规则，并在此基础上采取行动的能力。

上述四个学科分别对应着不同的临床病例观察和实验：言语学（失语症），运动学（失技症），社会学（人格障碍），价值学（规范障碍）。

这四大学科底下将根据不同模态所对应的研究对象和方法区分相应的子学科。举例而言，传统的语言学在中介理论框架下被一分为四：言语学（逻辑）、工具语言学（书写）、社会语言学（语言）、价值语言学（话语）。如此划分的优势是让人文科学大大"瘦身"，同时有助于打破经济学一统天下的局面。经济学不再是社会科学的救星和推动历史前进的动力，相反，它需要走出当下的危机，从整体上思考人的现实社会生活，而不是将一切都归结于"经济利益"。在这一点上，中介理论并非孤家寡人，很多学者都认为，经济并非人类活动的唯一结构化动力，"经济人"模型不具现实性和普遍性。❸

（四）个人——社会学的原则，否定个体和群体的两分

今天，大家都在谈论社会学是否深陷危机。然而，以危机来形容学科面临的困境是非常不恰当的。任何科学都是在危机中前行，危机意味着现有的知识表征框架不再适合，必须实现超越。而稳定则意味着满足于现有的各种理论和方法，当下没有能力提出质疑，或者可以说这是一个期待新

---

❶ 运动学（ergologie）的研究对象是劳动。随着学科的发展，其研究对象逐渐扩展到所有人类活动。在中介理论框架下，工程学对应的是理性的技术模态，即人赖以改造世界的技术手段。

❷ 在哲学领域，价值学（axiologie）是研究道德和价值观的科学，研究对象包括伦理和美学问题。在中介理论框架下，价值学研究人如何超越自然欲望和冲动，形成道德选择，也就是伦理理性模态的基本机制。

❸ 参见皮埃尔·布迪厄：《经济的社会结构》（Les structures sociales de l'économie），巴黎：瑟伊（Seuil）出版社，2000年；吕克·布尔当斯基（Luc Boltanski）：《资本主义的新精神》（Le nouvel esprit du capitalisme），巴黎：伽利玛出版社（Gallimard），1999年。除了这些社会学者外，卡尔·门格尔（Carl Menger）和奥地利学派经济学家以及制度主义经济学等都对"经济人"模型提出了质疑。

智慧和新发现的阶段。从这个意义上看，社会学的危机体现出一种普遍的紧迫感，虽然存在这样那样的意见，但学科内部已经逐渐达成共识：目前的知识体系缺乏说服力，很难令人满意。同时，我们不能忘记，社会学知识的构建必然受到所处时代的影响，无法避免时代发展过程中出现的曲折可能带来的负面效应。社会学的危机或许可以提供的启示是，我们不仅要拓展、更新学科的知识体系，而且应当重新定义指导学科理论建构和方法论的根本原则。

不管怎样，辩论正在进行当中。无论从群体或社会出发，还是从个体出发去解释社会现象都显得不合时宜，无所适从。目前出现的反理论趋势和理论领域的混乱提示我们，必须摆脱群体－个体两难，这是社会学创建时期遗留下来的实证主义恶果。中介理论能够提供一个全新的理论视野，为我们彻底走出两难困境铺平道路。加涅般为此区分三个概念：个体（individu）、主体（sujet）和个人（personne），这与西方文化框架下人文科学的定义完全不同。

1. 个体化

更确切的说法是个体化（individuation），而不是个体，因为这指向一个过程，植物、动物和人都不例外。个体是机体保持自身完整、避免降解到物理状态的过程。在物理世界中不存在个体，只存在不同的状态，不存在真正的边界和内外之分。人借助自身的感觉、行动，确立边界、空间和时间。因此，物理世界的切分是人的作品。

生命世界与物理世界不同，个体化是一个生物过程，在生命世界中建立界限，将生命世界与物理世界区分开来。个体化意味着内外之分，外部生命体征与内部动力系统的区分。机体是内外互动的结果，借助新陈代谢获得自主生存。作为生命的单元，个体与环境之间存在某种共生关系，机体依赖环境，但又区别于环境。在这个阶段，还不存在有组织的繁衍，只是一种直接繁衍。

2. 从个体到主体

在动物界，个体能够与环境拉开距离。借助于感官，个体营造出相对于自身的特有环境。每个物种的环境取决于它的机体器官能够实现的"成就"。个体与环境之间不再是一种直接的共生关系，个体能够在环境中"照顾"自己，通过交配和抚育来保证自身种系的延续。这里的个体不再是一个自然扩展的种群，而是能够直接参与、组织自身种群的扩张。正是这种与同类建立交配关系、抚育后代、维持物种繁衍的能力让个体成为主体。每次动物进行交配、抚育后代的时候，动物就成为主体。在某些时期，动物并非处于主体状态，它与同类之间的关系完全不同。举例而言，动物在某些时候对领地无所谓，而在其他时候，特别是繁衍期，它们会明确划分领地。在动物身上，进入主体状态存在周期性，而在人身上，这是一种常态，人的性行为与生理周期之间不存在严格对应关系。因此，动物的主体状态是由其神经系统所决定，是一个与其物种生物条件（繁衍周期）相关的封闭体系，动物无法超越其生物机能的局限。

从这个意义上看，动物社会的说法是有问题的，因为动物群体内部不存在我们所说的社会联系。德福罗（George Devereux）指出："某些昆虫的'社会性'是其基因构成的必然结果，而人的'社会性'……是其基因构成所提供的部分可能性在现实中的体现，仅仅是可能性而已。"❶

某些"新自然主义"或"生物社会学"❷学派将动物群居视作社会性的原始形式，甚至是典范形式，认为人类社会与动物群居之间只存在程度，而不是本质的差别。这种观点最终是对人和人所创造的文化的特殊性的否定。这样的学者不胜枚举。威尔逊这位生物社会学界的"向日葵教授"认为，白蚁和人类的社会组织在基本形式上不存在差别，后者只是比前者更完备而已。❸他进而指出，只要对人的基因构成进行相应的调整，人就能够更好地解决自身所面对的问题，像某些动物物种一样构建出无比和谐的社

---

❶ 乔治·德福罗（1908—1985）是法美双重国籍人类学家和心理分析学家。他认为研究文化现象时不能将个体与社会简单分离。心理学和社会学代表着从两种视角出发，用两种方法来研究相同的现象。所以，从方法上看，这两个学科具有互补性。见《互补的人类学与心理分析》（*Ethnopsychanalyste complémentariste*），巴黎：弗拉马利翁出版社（Flammarion），1972 年，第 12 页。他的观点今天已经被广泛认可，心理学承认无法脱离个体的社会存在来解释个体，而社会学也认为，分析社会现象不能不考虑创造这些现象的个人。

❷ 爱德华·威尔逊（Edward Wilson）是这个学派的奠基人，见《社会生物学：新的综合》（*Sociobiology, the New Synthesis*），剑桥：哈佛大学出版社，1975 年；《论人性》（*On human-nature*），剑桥：哈佛大学出版社，1978 年。

❸ "如此自私自利和精于算计的人有能力实现一种无限扩展的社会和谐和稳定……如果这是像其他哺乳动物一样有限度的、真正意义上的自私自利，那就是实现几乎完美的社会契约的关键。"见《论人性》（法文版），巴黎：斯托克出版社（Stock），1979 年，第 229 页。法国哲学家、科普记者皮埃尔·杜利埃（Pierre Thuillier）（1932—1998）在"生物学家是否将掌权"（1981）一文中对上述背气的进化论进行了毫不留情的批评。他指出，与达尔文同时代的赫胥黎（T. H. Huxley）曾经希望通过掌握人类进化的生物规律来创造一个更美好的社会，但他依然没有忘记人类社会的特殊性：社会的伦理进步不可能通过模仿自然进程来实现……而是应当同自然作斗争（赫胥黎：《赫胥黎文集》，伦敦：麦克米伦出版社，1900 年）。

会组织形式。

这种新型历史主义似乎没有太多的追随者，但我们还是不无遗憾地看到，获得诺贝尔文学奖的比利时诗人梅特林克（Maeterlinck）衷心赞叹昆虫的社会组织精细完美，希望人类社会能够像白蚁一样，呈现出一种更高层次的存在，更加智慧的美感、舒适、惬意、和平与幸福。❶同样获得诺贝尔奖的卡尔·冯·弗里希（Karl von Frisch）老调重弹，虔诚地赞美蜜蜂令人惊叹的成就以及它们无与伦比的社会组织。❷我们可以原谅米什莱（Michelet）为蚂蚁不同寻常的共和美德激动不已 ❸，但居然有学者断言，拉丁美洲嗡嗡叫的蜜蜂是所有社会动物中最坚定的民主斗士 ❹，或许他希望蜜蜂能够弥补它们的人类同胞的不足，然而，我们还是不能不怀疑这样的"学者"是否足够严肃。寓言家最终证明比我们现今的学者更有洞察力。尽管他们透过动物来讽刺人的各种缺点，但他们并不试图借助前者来帮助我们理解后者。

人文科学的理论模型无法直接从动物社会中获得。人可以改变社会，但动物不会。然而，直到今天，这种基于自然主义解释社会和文化的做法在人文学界依然不绝于耳 ❺，尽管对其进行批驳的研究也不少。❻

---

❶ "确实，某种伟大的理念、伟大的本能、伟大的自主或机械的冲动、一系列伟大的偶然……使它们远远高于人类：对公共物品的全身心投入，对任何存在、个人优势、私利的令人无法置信的放弃，完全意义上的自我牺牲，为了拯救城邦无私的奉献，在我们人类当中，它们就是英雄或圣人。"见莫里斯·梅特林克：《蜜蜂的生活》（*La vie des abeilles*），巴黎，1901 年第 1 版，1963 年第 2 版，第 208 页。梅特林克（1862—1949），诺贝尔文学奖得主（1963），试图从蜜蜂（1901）、白蚁（《白蚁的生活》，1927）和蚂蚁（《蚂蚁的生活》，1930）来理解人类社会。

❷ 卡尔·冯·弗里希（1886—1982），1973 年诺贝尔生理学和医学奖得主，参见《昆虫，地球的主人？》（*Les insectes maîtres de la terre ?*），巴黎：弗拉马利翁出版社，1976 年。

❸ "恕我直言，蚂蚁具有极强的共和意识，它们不需要一个显见、生动的城邦象征，无需掂量，对那些负责繁衍的软弱雌性的治理颇有力度。"见儒勒·米什莱：《昆虫》（*L'insecte*），巴黎：阿歇特出版社，1858 年，第 357 页。

❹ 参见约翰·T. 博纳（John T. Bonner）：《动物文化演进》（*The Evolution of Culture in Animals*），普林斯顿：普林斯顿大学出版社，1980 年。

❺ 参见布鲁诺·拉图尔：《柏林钥匙或一个科普爱好者的思考》（*La clef de Berlin et autres leçons d'un amateur de sciences*），巴黎：发现出版社（La Découverte），1993 年。

❻ 参见萨林斯（M. Sahlins）：《批判社会生物学——人类学的观点》（*Critique de la sociobiologie. Aspects anthropologiques*），巴黎：伽利玛出版社，1980 年；阿什利·蒙塔古（Ashley Montagu）主编：《审视社会生物学》（*Sociobiology examined*），牛津：牛津大学出版社，1980 年；格拉塞（P. P. Grassé），《被起诉的人，从生物到政治》（*L'homme en accusation. De la biologie à la politique*），巴黎：阿尔班·米歇尔出版社（Albin Michel），1980 年。

理论研究和学术史

3. 个人的浮现

人类社会是文化事实而非自然事实。

在族群-政治模态下，人与动物存在根本区别，人和动物一样拥有自然本性所赋予的能力，但人能够超越自然状态，实现突破。具体而言，人作为主体，和动物一样具有其物种所决定的自然能力，但人能够突破自然状态：性交不再是交配，养育不再是出于本能的抚育。换言之，人不可能摆脱其动物性，但能够不断对其进行改造。这就是为什么人文科学的理论模型无法直接从动物社会中获得。在人身上，对主体状态的突破标志着人从自然状态过渡到文化状态。对性交和抚育行为的文化改造是理解社会关系形成的关键。我们可以借助于象征父性（paternité symbolique）的概念。拉康指出，在拉丁语中，"patrare" 的意思是父亲的行为，而 "gignere" 的意思是生育孩子，这是两个完全不同的词。与 "patrare" 相关的词是 "jusjurandum"，即宣誓、缔结协议，"promissa"，兑现承诺，"pacem"，缔造和平……这就意味着拉丁语将父性与养育区分开来，从象征层面来定义父性。我们可以在罗马法中再次得到证实，父亲的行为主要不是生育（一个单身男性同样可以获得父亲的称号），而是给孩子命名，也就是确立子女在社会中的一席之地。

通过对性交和抚育行为的文化改造，人突破了与动物共有的主体状态，实现从主体到个人的浮现。具体而言，人能够超越自然本性（性和抚育），构建关系并加以形式化 ❶。由此可以发现，个人是形成社会和历史的原则所在。告别主体，人构建自我，从而形成他者和他人 ❷。他将同类之间的交配关系改造为一对一的夫妻关系，将长幼之间的抚育关系改造为象征意义上的父子关系。夫妻关系是两人之间的关系，标志着人能够区分自我与他者，形成自我认同。因此，这是他性与分类的基本原则所在。象征意义上的父子关系是自我与他人之间的关系，意味着人能够意识到他人的存在，与他人建立联系，为他人服务（主要通过职业），在这里，父子关系不再仅仅是长与幼之间的一一对应关系，而是更广泛意义上的自我与他人的关系。这

---

❶ 乔治·德福罗在阐述社会学和心理学话语的互补性问题上提出了相似的结论：不同类型的白蚁"社会"具有不同的形态特点，而人用自己的区分能力超越了这种状态。见《互补的人类学与心理分析》（*Ethnopsychanalyste complémentariste*），巴黎：弗拉马利翁出版社，1972 年，第 11 页。

❷ 法文中的他者（l'autre）是单数，他人（autrui）是复数，相当于泛化的他者，或米德所说的 "generalized others"。

就是莫斯❶在《礼物》中希望阐明的馈赠与回馈的原则，或者更普遍意义上的义务和责任原则。

从主体到个人，这就是让·加涅般所定义的理性的社会模态，人借助这一模态的中介构建社会关系，形成社会世界。每个人都有自己的社会世界，不存在两个完全相同的社会世界。与动物世界不同的是，人能够走出自己的世界，与其他人组成共同的世界。

社会因此不是时间或逻辑上的先验实体，也不是凌驾于个体之上的超验存在。当然，每个个体都是诞生在一个事先存在的社会之中，他的成长与这个社会的历史、结构和矛盾息息相关。但人与动物不同，他与环境之间不仅仅是一种从属关系。他能够分析环境，建立边界，改造环境…… 换言之，从主体到个人，人从此能够以另一种方式来说话、劳动、与他人交往、规范自己的行为。在这个过程中，他自然会提出新的问题，遇到新的挑战。从这个角度出发，我们可以说，他从社会中来，参与创造社会的历史。我们一般意义上所说的个体和社会在这里显然是密不可分的。中介理论否定和超越了个体与群体之间实质意义上的两分，从根本上消弭了心理学与社会学之间的边界，以及社会学中个人主义范式和整体主义范式之间的界线。这样的划分没有依据。让·加涅般向我们证明，临床观察和实验同样可以是社会学的一种研究方法，对个体行为障碍的病理研究能够帮助我们更好地理解社会现象本身。

从 1954 年开始，德福罗就坚持类似的立场："如果人类学家能够完整记录已知的所有类型的文化行为，这个名单将能够与精神分析医生在临床所记录的所有驱力、欲望、幻想的名单完全对上。两者殊途同归能够证明的是，人的心理具有一致性，而且，对文化现象的心理分析阐释是有效的。而这两点在目前只能从实证的角度来印证。"❷

个人因此不再只是被文化和历史锻造的生命单体，需要由分析者来发现他的内在特性和缺陷，从而为他的行为找到解释。过往的社会和文化赋予个人当下的一切，但个人既非历史，也不是反历史。个人不属于某些哲学家所界定的无法触及、永恒不变的世界，也不能被简单归结为个体的一

---

❶ 马塞尔·莫斯（1872—1950），涂尔干的侄子，法国人类学的创始人。他关于馈赠和债的研究对于分析社会联系依然具有重要意义。

❷ 《互补的人类学与心理分析》（*Ethnopsychanalyste complémentariste*），巴黎：弗拉马利翁出版社，1972 年，第 66 页。

种心理状态，即个体透过生命本身、行为和事件而形成的某种特性。个人体现的是在普遍世界中构建个体历史的原则，也就是理性的一种抽象模态。人因此可以不仅仅通过浸润、同化或适应来面对世界，还可以与之拉开距离，从现有世界中解脱出来，以自己的方式重构和创造世界。个人因而成为一种动力机制，没有终点。个人是对主体状态的超越，个体间差异无法完全消除，每个人具备的能力有所不同。个人帮助我们从自然状态过渡到文化状态，这一文化状态并非先于我们而存在，但取决于我们在各自的群体中所处的位置。

如此定义的个人显然无法实体化。同样，个人不能被简化为个体的特性或某个群体的影响。

从主体到个人的浮现，也就是对性交和抚育的文化改造，从而形成了个体与他者、个体与他人的关系。"在个人层面，自我成为建构的起点，性交不再受力比多控制，与他者的关系不再只是冲动，而是成为个体与世界联系的一部分。"[1]对性交的文化改造因而成为人与人之间社会联系的原则所在，在此基础上形成了我们通常所说的基于互动的社会关系。对抚育的文化改造是个体与他人关系的基础，文化改造的结果是使抚育不再只是父母与子女之间的直接联系，而是成为服务社会、承担责任的依据，即所有在为共同体、城邦的运行和延续贡献力量的过程中建立的关系。

人与人之间的联系可以被视作一种相互依存的关系，交流意味着权威的交换，这不仅仅是统治或等级，更多是授权他人从事我们自己无法承担的服务（这正是职业或责任的根源）。

综上所述，个人是社会学研究的根本，任何社会学理论都无法回避。尽管我们总是无法摆脱通用语言中对个人的狭隘定义，但中介理论让我们看到的是，个人不仅仅是个体、主体，更重要的是人的一种结构化的能力，而这正是社会之所以存在的根本动力机制。

三、 重新定义辩证与结构

（一）辩证：社会历史知识的密钥

1. 言语与辩证

对言语概念的解构必然导致对辩证和结构的重新定义。

---

[1] 让·加涅般，1983年12月3日讲座记录，第9页。

古希腊诡辩派哲学崇尚话语的艺术和辩证法的运用。这印证了让·加涅般所提出的质疑：言语被赋予至高无上的地位，逻辑理性成为理性的代表。众所周知，在人文科学，特别是历史哲学领域，"辩证法"一度让学者们踌躇满志。继黑格尔和马克思之后，学者们曾认为，"辩证法"终于让人类抓住了所有复杂文化现象的本质，成为理解其存在和命运的密钥。

柏拉图指出，辩证法能够帮助人类实现和解。他被话语理性的表现深深吸引，认为辩证法能够帮助人们超越众说纷纭的表象，从总体上触及和把握普遍性的真实［辩证有助于感知整体（sunoptikos）］。既然辩证能够在理念的世界里建立秩序，那它同样能够在现实世界里勾勒出最适合的模式（"理想国"），现实世界是理性的自然延伸。

古希腊以降，辩证法成为"窥见"当下世界所循秩序的唯一方法，借此方能消解隐晦与禁忌，发现根本秩序之所在。而理性、历史和民众则肩负着祛除樊篱，使之落叶生根的使命。黑格尔坚信言语的绝对地位，只有通过言语及其内隐的理性，知识才能最终统治世界，消除一切偶然、虚幻和游移，彰显真理。马克思将黑格尔的假设彻底颠倒，转而从社会历史的唯物秩序出发。❶无论是黑格尔还是马克思，辩证法总是试图消弭事实与理性之间的界限（泛逻辑主义），将世界封闭在它所构建的整体之中，从而思考世界的终结。正如科内利乌斯·卡斯托里亚迪斯（Cornelius Castoriadis）所批评的，"任何辩证系统最终必然导致历史的终结，无论这种终结以何种形式呈现"❷。

贯穿整个思想史的辩证定义包含着一个无法消解的矛盾：一方面，辩证方法旨在将世界从人们竭尽全力维护或建构的纷繁表象中解脱出来，凸显任何社会和个人的生存必然包含的变化逻辑；另一方面，作为一种哲学传统，它不遗余力地寻找这个世界的统一和终极意义。对此，尽管我们只能隐隐约约地感知到某些碎片，但理性能够帮助我们进行重构。出现这一矛盾的原因是，辩证无法摆脱言语的优势地位，言语成为理性的全部，由此推出

❶ 科内利乌斯·卡斯托里亚迪斯指出："虽然马克思推翻了黑格尔的辩证法，但他依然保留了其中的哲学内容，即理性主义。马克思只是脱去了黑格尔理论的"精神"外衣，换上了"唯物主义"。即使这个过程风云诡谲，其实涉及的只是词语而已。"见《社会的想象制度》（L'institution imaginaire de la société），巴黎：瑟伊出版社，1975 年，第 74—75 页。
❷ 科内利乌斯·卡斯托里亚迪斯：《社会的想象制度》（L'institution imaginaire de la société），巴黎：瑟伊出版社，1975 年，第 14 页。

的结论是，只要使用得当，言语与言说对象之间能够实现完美契合，这是言语的本质和功能所决定的。诡辩学派❶将话语艺术定义为最佳认知模式，这已为其后出现的系统辩证法定下目的论（teleology）的基调：相信只要能够控制辩论，将对手逼到毫无退路，最终总能完美胜出。在他们看来，理性的特点在于能够将辩论进行到底，穷尽所有资源、论据和可能存在的事实。

无论是"唯心主义"还是"唯物主义"，辩证法都无法摆脱唯心主义言语定义蕴含的陷阱。辩证法仿效言语，构建种种表征体系，凸显人类存在与历史发展必然遵循的优先秩序，当下的人们因为发展阶段或人际冲突而无法获知。辩证法也像言语一样，坚信如下理念：我们能够从整体上把握社会历史现实，并迈向某个终极目标。古希腊哲学家相信这将是某种终极宇宙学，并为此进行了充分的论证。辩证法难道不是继承了这一传统，同样在维护着某种神话吗？那就是我们最终会走向世界的终极，如果无法掌控这一进程，那么走向毁灭的就是我们自己。总而言之，辩证法与整体思维密不可分，整体被视作一种先验的秩序，需要将其重新植入意识和历史，或者将分散的元素重新聚合起来，纳入整体，对真理的感知和把握同样位居其中。柏拉图以来，灵魂和城邦的和谐共存成为辩证法追求的最终目标，美德不再是惊喜，而是智者和贵族的特权，辩证法可以适用于全人类。知识、价值和本体终于实现了统一。

2. 社会学与辩证法——理性的结合

社会学是 19 世纪哲学家的忠实传人，特别是继承了他们的科学主义信念。它自然需要与辩证法结合，以便发展自身的批判思维（正如法兰克福学派❷所主张的），实现创造科学性知识的伟大抱负。格尔维奇❸（Gurwitch）指出，如果我们放弃辩证法，那社会学的研究对象就会变得无

---

❶ 希腊最早的诡辩哲学家出现在公元前 5 世纪，他们在各个城邦供职，教授思考、论证和决策的方法，经常为政府工作。柏拉图在与苏格拉底的对话中大量涉及著名诡辩哲学家，如普罗泰戈拉（Protagoras）、高尔吉亚（Gorgias）、普洛狄科斯（Prodicos）、安提芬（Antiphon）、希皮亚斯·德利斯（Hippias d'Elis）等的相对主义思想和推理方法，从而使诡辩哲学广为人知。普罗泰戈拉明确表明坚持不可知论：神是什么，我不知道。他把人放在中心位置：人是衡量一切的标准。高尔吉亚教授说服的艺术，普洛狄科斯教授道德和语义。安提芬是著名的享乐主义哲学家和辩论家，教授法学知识，占卜、治疗和修辞。希皮亚斯·德利斯是数学家。

❷ 法兰克福学派（阿多诺、马尔库塞、哈贝马斯）是上世纪 30 年代出现、以辩证法为基础的批判社会学的思想渊源。他们主张，社会学的作用在于对当下事物和人所遵循的秩序提出批评，这是一种完全不同于全盘接受的实证主义传统。

❸ 乔治·格尔维奇（1894—1965），法国俄裔社会学家，主要研究知识和法律。

法把握……社会学的方法本身决定了我们必须运用辩证法。❶他本人一直不遗余力地说服学界同意他的观点❷，他认为这是防止学科以及思维出现僵化的有效途径，而且他本人也在此激励下，孜孜不倦地致力于再现社会整体以及整体所包含的具体情境：辩证法的第一要务是摧毁一切既有的概念，以便防止这些概念开枝散叶，因为它们本身没有能力展现前进中的人类整体。我们必须同时考虑整体及其组成部分，它们之间是相互生成的关系❸。实证研究是社会学的必要手段，但辩证法能够帮助我们摆脱实证研究的平板性（这太常见了！），在社会学和历史学的统领下实现不同社会学科的有机结合。而社会学和历史学之间同样存在着辩证关系❹。

除结构主义之外，社会学对辩证法的态度可谓痴迷。列维 - 施特劳斯的结构主义与辩证理性无法调和，这是可以理解的。因为在他看来，人文科学的最终目的不是建构人，而是消解人❺，而辩证法的目的在于维护或从整体上重构人。不过他也承认，辩证是人获取"生命智慧"的一种能力，在此基础上，人能够进行比较，重构整体。虽然我们站在此岸，望不到那渐行渐远的彼岸，但我们还是能够借助分析理性，在那意识中的沟壑上架起桥梁，并不断加以延伸、调整。❻尽管列维 - 施特劳斯认为辩证法是一种科

❶ 乔治·格尔维奇：《辩证法与社会学》（*Dialectique et Sociologie*），巴黎：弗拉马利翁出版社，1977年。
❷ 参见 Gurwitch: "I' Hyper-Empirisme dialectique" in *Cahiers Internationaux de Sociologie*, Volume XV, 1953; "La crise de l'explication en sociologie" in *Cahiers Internationaux de Sociologie*, Volume XXI, 1956年; "Réflexions sur les rapports entre philosophie et sociologie" in *Cahiers Internationaux de Sociologie*, Volume XXII, 1957.
❸ 他接下来指出，辩证法能够帮助我们在探寻现实人类群体、特别是社会整体的过程中有效抵御简单化、结晶化、静态化或美化的趋势。……需要重申的是，为了切实发挥效用，辩证方法只能是一种净化和考验，借助于净化的火焰，消除所有先前的哲学或科学立场，废除一整套经典和传统的论调，为全新理论的出现扫清障碍……人文科学迫切需要辩证法，因为它符合现实发展的趋势。在我们追随现实发展的过程中，辩证法能够帮助我们破除"制度主义"、"文化主义"的概念框架，消除静态和动态之间的对立，化解脱离社会现实发展的结构主义、形式主义和历史主义等理论的束缚。简而言之，辩证法要求我们不断推翻各种"体系"，以便能够在问题的讨论上越来越深入。见乔治·格尔维奇：《辩证法与社会学》（*Dialectique et Sociologie*），巴黎：弗拉马利翁出版社，1977年，第234页—246页。
❹ 乔治·格尔维奇：《今天社会学的使命》（*La vocation actuelle de la sociologie*），巴黎：法兰西大学联合出版社，1963年（第1版1950年），第307页。
❺ 克洛德·列维 - 施特劳斯：《野性的思维》（*La Pensée Sauvage*），巴黎：普隆出版社（Plon），1962年，第326页。
❻ 克洛德·列维 - 施特劳斯：《野性的思维》（*La Pensée Sauvage*），巴黎：普隆出版社，1962年，第323页。

理论研究和学术史

学方法，但他并没有将其与分析理性区分开来，在他看来，任何理性都具有辩证性，辩证就是发展中的分析理性。[1]

上世纪 70 年代，法国的马克思主义和结构马克思主义社会学当然还是青睐辩证法，但并没有将其落实到具体研究当中，只是把它看作一种科学的论证方法。

其他社会学家一样对辩证法情有独钟。譬如阿兰·图海纳（Alain Touraine）致力于研究社会运动的辩证法。[2]他将社会运动定义为社会学能够把控的具体历史整体，社会学家的使命在于探索其活力所在和运动轨迹，它们是社会变革和发展的重要来源。

有些学者拒绝采用辩证法，将其视作黑格尔主义和马克思主义的邪恶化身。最常见的态度是人们接受它，但不加定义，也很难系统使用。撇开各种精细或平淡的阐述，辩证法所承载的基本理念是：我们对于现象的理解离不开对构成现象的不同元素以及现象内部所包含的各种关联、互动和因果关系的考量。在这个框架下存在两种类型的辩证法：二元论，探讨两者之间的矛盾统一关系；循环论，揭示现象与现象，结构与结构以及元素与元素之间的复杂交互作用，埃德加·莫兰就是循环论的杰出代表。[3]

我们很难总结辩证法在人文科学中的应用，因为它的定义飘忽不定，实际运用也难以辨析。唯一需要指出的是，辩证法希望证明自己是分析变化的有效工具。确实，辩证法能够帮助我们理解现象内部的对立关系，以及对现象的发展和转化可能产生影响的内在动力机制；有助于揭示部分与整体之间的关系，再现现象作为一个整体逐步浮现的过程，同时凸显现象背后整个社会历史逻辑的联动作用。辩证法是人类千辛万苦获得的成果，也是其赖以战胜自我和世界的工具。它能够为变革理论提供扎实的支撑，也能为变革的实施提供有效的指导。

（二）辩证与结构：分道扬镳的迹象

1.结构：辩证法的核心还 / 或是生命体的掘墓人？

---

❶ 克洛德·列维-施特劳斯：《野性的思维》（*La Pensée Sauvage*），巴黎：普隆出版社，1962 年，第 332 页。

❷ 参见阿兰·特莱尼（Alain Touraine）：《行动社会学》（*Sociologie de l'action*），巴黎：瑟伊出版社，1965 年；《社会的生产》（*Production de la société*），巴黎：瑟伊出版社，1973 年。

❸ 参见埃德加·莫兰：《方法》（*La Méthode*）六卷，巴黎：瑟伊出版社，1977—2004 年。我们可以说，莫兰将辩证法等同于复杂性思维，后者试图在整体的各个组成元素之间建立关联，从而理解整体。

阿尔都塞 ❶（Louis Althusser）、普朗查斯 ❷（Nicos Poulantzas）、古德利尔 ❸（Maurice Godelier）等结构马克思主义者认为，辩证与结构的成功结合将奠定人文科学的科学性基础。今天，我们都知道这一仓促结合所导致的结果：普遍期待的科学性基础最终在如此绝对的种种希望逐个破灭的过程中烟消云散。

我们今天依然经常提及辩证和结构，但这两个概念日趋平淡，不再具有当年学界力捧时被赋予的鲜明色彩。现今回想那个时代围绕这一问题的论战，我们只能将之归结为科学主义意识形态的狂热。当然，这两个概念并不会就此消失，相反，某些系统理论中提及的两者融合有可能为今后社会学知识的创新开辟新的道路。如果不去关注构成现实世界的不同元素、关系和逻辑之间的互动，我们如何能够揭示推动世界演变的动力机制呢？难道我们能够想象研究社会世界而不关注它所包含的结构吗？格尔维奇早年已经强调了结构与辩证之间紧密的交互关系，或更确切地说是结构的辩证本质。他将结构定义为一种不断更新的平衡状态 ❹，并坚信，社会学以此为出发点才能真正理解历史为什么是一个不断建构和解构的过程。他提出了一种全新的解释社会现象的模式，完全不同于本质主义（essentialism）和历史主义（historicism）的做法。在结构辩证法的基础上，历史活动将作如下呈现：这将是社会现实的一部分，无论是群体还是个人都能从中感受到，社会结构能够在共同行动的作用下实现改变或走向解体 ❺……亨利·列斐伏尔（Henri Lefebvre）引用马克思的著作，提出类似的观点以及结构历史主

❶ 路易·阿尔都塞（1918—1990），马克思主义哲学家，代表作品：《保卫马克思》（*Pour Marx*），巴黎：马斯佩罗出版社，1965 年；《读〈资本论〉》（*Lire le Capital*）（合著），巴黎：马斯佩罗出版社，1965 年。

❷ 尼科斯·普朗查斯（*Nicos Poulantzas*）（1936—1979），马克思主义哲学和政治学家，参见《事物的性质和法律——论事实与价值的辩证关系》（*Nature des choses et droit, essai sur la dialectique du fait et de la valeur*）第六卷，巴黎，1965 年。

❸ 参见 Maurice Godelier: "Système, Structure et Contradiction dans le Capital", in *Les Temps Modernes*, *Problèmes du structuralisme*, No.246, Nov., 1966; "Remarques sur les concepts de structure et de contradiction", in *Alethela, Le Structuralisme*, No.4, April,1969.

❹ 乔治·格尔维奇：《今天社会学的使命》（*La vocation actuelle de la sociologie*），巴黎：法兰西大学联合出版社，1963 年（第 1 版 1950 年），第 445 页。

❺ 乔治·格尔维奇：《社会学论说》（*Traité de sociologie*），巴黎：法兰西大学联合出版社，1977 年（巴黎：弗拉马利翁出版社，1962 年，第 1 版），第 224 页。

义（historisme structurel）的概念❶。格雷马斯（A.J. Greimas）提出了结构的历史化（historisation des structures）❷，罗兰·巴特（Roland Barthes）提到风格（style），或者说是"结构化活动"（activités structuraliste），即"结构化的人"（homme structural）理解、解构和重构现实的活动❸。

结构这个概念的难点在于，用法繁多，相互矛盾。❹它究竟是一种内隐现实、建构模型还是现实与表征之间的中介？仅仅这三大块定义就足以产生一大堆二级定义。在这里没有必要打开这个潘多拉盒子。我们只需记住结构主义对结构的定义，因为在人文科学不同理论范式中，结构主义对结构的定义最为系统，而且它希望借助这个概念开辟一条全新的道路，以便同时避开社会哲学、实证描述（旨在发现已经结构化的现实）和统计模型（让结构屈从统计者所设计的规则）的陷阱。

结构主义本身也不只是一种理论，但我们可以从不同理论主张在内容和目标方面的一致性上将其认定为一个学派。❺我们在这里只需了解这个理论范式的主要特征以及它希望回答的主要问题。

有人批评说结构主义无法分析社会和个人的历史发展，讨论个人的意

---

❶ 他指出，我们面临两个分析层次：结构分析和辩证分析。辩证分析针对人类生产和创造活动所固有的矛盾，具有根本意义，是生成未来、销毁和创建结构的动力……对马克思而言，辩证对立是最基本的，相比张力、互补、对立、形式和结构而言更深入。结构化是原初矛盾演化并统一的结果，结构化促成实质的产生，就像平衡和连贯一样构成演化的一个阶段。历史因此成为不同结构的基础。历史趋势就是不同存在之间达成的某种相对的、临时的、随时可能打破的稳定状态。我们可以将这种观点归结为一个术语，那就是结构历史主义。见亨利·列斐伏尔：《结构主义意识形态》（L'idéologie structuraliste），巴黎：人类出版社（Anthropos），1971年，第42页。

❷ 格雷马斯（1917—1992），法国结构主义符号学创始人，参见格雷马斯："结构与历史"（Structure et histoire），见《摩登时代》（Les Temps Modernes，或译作《现代杂志》），1966年11月第246期。

❸ 罗兰·巴特（1915—1980），法国符号学家，参见《新文学》（Lettres Nouvelles），1963年2月，第71—81页。

❹ "概念被用得越多，就变得越晦涩。很多情况下，它变成使用概念的人自己认为所拥有知识的一种客观影像，事实上，他并不真正拥有知识，只是借助概念的投射，并自认为知识既完整又严谨。"见亨利·列斐伏尔：《结构主义意识形态》（Lidéologie structuraliste），巴黎：人类出版社，1971年，第13页。克鲁伯（A. Kroeber）早就指出：结构概念很可能只是一种时髦玩意儿……一种典型人格或许可以考查其结构，但某种生理构造、社会或文化的组织、水晶或机器的组成都被称之为结构，任何存在，只要拥有最低限度的组织，就能说是拥有某种结构。因此，似乎使用结构这个词对推进我们的思考并没什么益处，最多就像一种令人愉快的辣椒调料而已。见克鲁伯：《人类学》（Anthropology），纽约，1948年，第325页，转引自列维-施特劳斯《结构人类学》，巴黎：普隆出版社，1958年，第364页。

❺ 参见亚当·沙夫（Adam Schaff）："作为学派的结构主义"（Le structuralisme en tant que courant intellectuel），《完整的人和社会》（L'Homme et la Société），No. 24-25，1972年。

向以及社会和个人所经历的变化，这与结构主义确定的问题有关。❶结构主义关注的焦点是理性思维的建构，在这个框架下，它自然无法关注到那些构成社会的细小元素，就像在语言学领域，结构主义无法解释"话语"的"结构化"和词语的多义性。面对这一困境，结构主义学者竭尽全力寻求突破。列维 - 施特劳斯提出了"浮动的能指"（significant flottant）的概念，类似能够在结构中游移的象征性空白。❷拉康 ❸（Jacques Lacan）在想象的整合作用的基础上，提出象征的区分作用（rôle différenciateur du symbolique）。福柯 ❹（Michel Foucault）提出了"结构突变"（mutation structurale）概念，阿尔都塞，"过渡形式"（forme de transition）概念。

上述不同概念都可以归结为一种"空格"（就像棋盘上没有空格就无法走棋）理论，他们希望以此来解释变化，因为经典的结构主义命题在这个问题上很难作为。一旦存在"空格"，结构关系就可能产生创新，出现各种全新的变体和价值，进而生成新的结构。但如何来解释"空格"的神秘功用呢？或许结构有它们的上帝，只是秘而不宣？"空格"究竟是什么？多头怪兽还是千手妖魔？它无时不在又无处可寻，既非单体也非普遍。它凌驾于结构之上，为其排忧解难，使其成为无法否定的历史存在。它成为结构的"永动机"（perpetuum mobile），运动不息，战斗不止，不断超越命运的局限，建设一个全新的世界。作为结构的空白，"空格"最终给人留下一席之地。或更确切地说，结构主义以此来让人绝处逢生。福柯在《词与物》中指出：人只能借助消失的人所留下的空白来思考。空白并非缺憾，无法加以弥补。空白不多不少就是一个展开的皱褶提供的空间，这样就让思维

---

❶ 参见雷蒙·布东（Raymond Boudon）："结构与变化：结构主义的偏见"，《无序的地位》（*La place du désordre*），1984 年，巴黎：法兰西大学联合出版社，第 4 章；亨利·列斐伏尔：《结构主义意识形态》，巴黎：人类出版社，1971 年，第 13—44 页。

❷ "人类在自身理解世界的努力过程中，总是拥有某种额外的符号能力……这种额外份额的分配——如果我们可以这么表述的话——是必不可少的，只有这样，可用的能指与确定的所指之间才能建立一种互补关系，而这正是象征思维的必要条件。我们认为，那些单一类型的概念数量很多、形式多样，从功能上看，它们正是发挥了浮动的能指的作用，而这是任何完整思维的基础（而且也是任何艺术、诗歌、神话和美学创造的条件）。"见列维 - 施特劳斯为马塞尔·莫斯（Marcel Mauss）《社会学与人类学》所写的引言，巴黎：法兰西大学联合出版社，1950 年，第 49—59 页。

❸ 雅克·拉康（1901—1981），法国心理分析学家，创立了心理分析拉康学派。

❹ 米歇尔·福柯（1926—1984），法国哲学家，创立"知识考古学"（《疯癫与文明——理性时代的疯癫史》，1964 年，《词与物》，1966 年），以及参照历史分析的微型权力物理学（《规训与惩罚》，1975 年）。

变得可能。❶

为了消除结构主义命题所固有的局限，莫里斯·古德利尔和皮埃尔·布迪厄继格尔维奇和列斐伏尔之后，建议将结构主义的基本命题辩证化。古德利尔提出一个总体矛盾理论（théorie générale de la contradiction），认为在此基础上就可以描述和分析所有可能产生的结构间关系。马克思主义的精髓难道不就是揭示社会所包含的隐性结构，并透过不同结构之间矛盾的显现和发展来解释社会的演变吗？❷布迪厄（Pierre Bourdieu）建议借助个体的适应性行动来冲破结构主义的禁锢❸：这是某种不稳定的结构，正因为根植于所有现存结构，它能够迅速强加给任何人。❹我们稍后会回过来讨论他们的理论。

萨特（Jean-Paul Sartre）虽然反对结构主义，但同样认为，辩证是结构的生命之源，人尽管被结构所决定，但作为行动的主体和中介，人总是有能力实现超越，构建新的决定性力量。❺列维-施特劳斯同意萨特的观点，在被结构所决定的适应性行动和可观察的实践行动之间，"总是存在某种中介，即某种概念图式，在它的作用下，某种物质或形式尽管无法独立存在，但最终还是能够形成结构"。❻

如今，关于结构与辩证以及结构与历史之间关系的辩论已经销声匿迹。但这并不意味着这样的讨论不再具有现实意义，也不是表明今天能够提出更好的理论问题。我们可以对此前的讨论提出的批评是，结构这个概念被过度实体化，而有关辩证问题的论述无法摆脱历史主义的局限。尽管如此，还是应当承认，他们提出了任何社会学研究都无法回避的问题：如何能够

---

❶ 米歇尔·福柯，《词与物》（*Les Mots et les Choses. Une archéologie des sciences humaines*），巴黎：伽利玛出版社，1966 年，第 353 页。

❷ 参见莫里斯·古德利尔："《资本论》中的系统、结构和矛盾"（Système, Structure et Contradiction dans le Capital），《结构问题》（*Problèmes du structuralisme*），见《摩登时代》1966 年 11 月，第 246 期。

❸ 皮埃尔·布迪厄："知识领域与创造计划"（Champ intellectuel et projet créateur），见《摩登时代》1966 年 11 月第 246 期。

❹ 布迪厄随后写道："譬如，一个学者与他出生或当下所属的社会阶级之间的关系是通过他在知识界的地位来中介的，他正是根据自身的地位来决定是彰显这一阶级属性（通过相应的选择）还是否认或隐匿。因此，决定论要在知识领域确立决定地位，必须根据知识界的特定逻辑，借助创造计划来实现再阐释……"

❺ "我们总是处在共时整体化的阶段，而没有考虑探索历时可能带来的深度……现在应该让这些结构自由地存在，彼此对立或组合。"见让-保罗·萨特：《辩证理性批判》（*Critique de la raison dialectique*），巴黎：伽利玛出版社，1960 年。

❻ 克洛德·列维-施特劳斯：《野性的思维》（*La Pensée Sauvage*），巴黎：普隆出版社，1962 年，第 173 页。

摆脱对社会现实的固有表征，以另一种方式来解释现实问题？现实与结构究竟存在什么关系？讨论这个问题并非否认现实的发展和演变，探索其中蕴含的秩序并非否认生命的多元，我们的目的仅仅是让社会现实变得可以理解。尽管结构和辩证不再是时髦的概念，让·加涅般希望将这方面的思考往前推进。

2. 结构化与组织化

在对临床病例进行观察的过程中，加涅般意识到，结构主义在解释"生命体"（vivant）方面存在缺陷，当务之急是重新定义结构这个概念。他发现，知觉的损伤（去组织化 désorganisation）不会必然导致言语的障碍。举例而言，一个视觉失认症（agnosie visuelle）病人虽然无法辨认某个物体，但他能够描述这个物体并说明它的功用。如果没有同时患触觉失认症的话，只要把物体放到他手里，他依然能够辨认出来。这个例子表明，虽然存在损伤，或去组织化，但这不构成言语障碍，否则他无法通过其他手段来弥补自身的障碍。我们在失用症（apraxie）（操作障碍）病人身上也能观察到类似的现象。失用症病人并没有丧失技术能力，能够以此来弥补存在的障碍。换言之，这些病人虽然存在生理障碍，但他们的文化能力并没有受损。

有鉴于此，加涅般认为，应当区分结构化（structuration）和组织化（organisation），去结构化（déstructuration）和去组织化，在索绪尔❶以及由此派生出的结构主义理论中，两者被混为一谈，在转型主义理论（transformationnisme）中，两者被描述为复杂性建构过程的不同阶段。加涅般认为，组织化和结构化并非简单的连续体（continuum），结构化标志着一种转折。我们可以借助于两个主要的知觉理论（théories perceptuelles）流派来说明。联想主义理论（théorie associationniste）自洛克❷（John Locke）以来试图将认知行为解释为不同感觉和图像串联的过程。❸格式塔理论（Gestalt-théorie）或完形心理学，不认同联想主义，认为任何知觉都是一种完形，是

---

❶ 费尔迪南·德·索绪尔（1857—1917），瑞士语言学家，其著作《普通语言学教程》（*Cours de linguistique générale*）被视作结构主义语言学的奠基之作。他对于结构主义人类学（克洛德·列维 - 施特劳斯）、结构主义语言学（路易·叶尔姆斯列夫，1899 —1965，丹麦语言学家）以及福柯等哲学家影响很大。索绪尔也是让·加涅般主要参考的理论之一，在此基础上重新定义言语，构建中介理论。

❷ 参见约翰·洛克（1632—1704）：《人类理解论》（*Essai sur l'entendement humain*），第 2 卷，巴黎：迪多出版社（Didot），1831 年，第 25 页。

❸ 德国心理学家、实验心理学的创始人威廉·冯特（Wilhelm Wundt）（1832—1920）指出，我们的心灵世界是由这些不同感觉串联组成的。

理论研究和学术史

一个无法分离的整体，整体并非部分的集合，反而会对部分施加影响。

现下的普遍结论是，知觉活动既是一个序列化的过程（组合）也是一个整合的过程（整体）。尽管存在多重刺激，但知觉并不是将它们简单叠加，而是进行组合，使之融合成一个整体。这里的整体不再是部分的总和。知觉活动的组织是一个自然过程，加涅般称之为"自然状态的格式塔化"，并分别纳入四种中介模态，这是人和动物所共有。

——借助于感觉（sensation），动物具备感知能力：能够将各种感觉格式塔化，赋予指征以意义。这也是动物的象征或表征能力。

——借助于运动（motricité），动物具备实践能力：能够将运动格式塔化，形成路径（trajet），将其分解为手势，并为实现目标而设计手段（工具）。

——作为个体，动物具备自体统合能力（somasie）：能够将自体与环境相区分，我们之后将进一步阐述这一点。

——借助于情绪（émotion），动物具备驱动能力：能够将自身欲望格式塔化，将其转化为主动的行动。

上述格式塔化的进程完全被自然特性所"决定"，共同组成一个封闭系统。动物拥有其物种所决定的感知、实践、统合和驱动能力。狗、猫、蜜蜂和鹈鹕会像狗、猫、蜜蜂、鹈鹕那样行事。动物只能在其自然本性所设定的框架内进行活动，无从超越。动物不会为所欲为，它们的活动我们可以精确观察和记录，可以总结出明确的规律。

3. 突破的能力

人不同于动物，从来不会甘心服从其自然特性或动物特性所决定的组织模式。人能够对此进行否定，与其拉开距离，将其格式化以便重新结构化。从这个意义上讲，结构化并不仅仅代表一个更高级的阶段，或更复杂的组织模式。它标志着一种质的突破，一种与自然状态和现有文化状态彻底决裂的内隐能力。如果说动物处于对其自然状态进行格式塔化的阶段，人将对自然状态进行文化创造，对现有文化状态进行再创造。

——人将感知能力转化为语法能力：人对语音和语义分别进行分析、形式化，使之成为能指和所指，并随之将两者关联起来形成符号。这一符号化的过程与动物在声音和意义之间直接关联的象征化过程完全不同，是产生非专有性（impropriété）的根源。具体而言，人在分析语音和语义的同时，也为各种阐释可能性的出现准备了条件，只有通过修辞投注（investissement rhétorique），即在特定语境下对特定对象的表述，才有可能暂时消解这种多义性。举例而言，法文中"桌子"（table）一词本身具有多重含义。如果您到我家来做客，我说"请上桌"（Mettez-vous à table），您明白这是邀请您开始用餐。如果您因为偷东西被警察抓住，警察对您说"请上桌"，您自然明白这不是请您吃饭，而是让您招供。语音（能指）"桌子"与所指（正餐或供词）必须相互分析，相同能指可能会指向不同所指，反之亦然。我相信，中文当中肯定有很多例子可以说明能指和所指相互分析的必要。

因此，人的言语能力的一大特征就是符号的非专有性（这是思维抽象化的结果），语音和语义永远无法做到一一对应，或者说，正是因为似是而非、模棱两可，人才能称之为人。❶

然而，符号的非专有性并不意味着存在某种"浮动的能指"，某种"空格"，需要加以填充。相反，正是借助于这个能力，人才能够对世界进行形式化，在言语模态下，对语法进行结构化。❷人们之所以要离开巴别塔，并不是仅仅因为他们无法和谐共处，也不是因为他们文化素质不高，而是因为人根本不可能只讲一种语言。这是人的言语能力本身所决定的。

——人将实践能力转化为技术能力：人能够借助于工具来制造，即将非自然手段与希望达成的目标放在一起来分析。我们在这里看到的是能制造（fabriquant）和所制造（fabriqué）之间的交互分析。举例而言，您要做一桌菜款待您的客人，究竟做什么菜❸（所制造）（是川菜、淮扬菜还是粤菜）和我能做什么菜（能制造）（有什么原料……）这两者之间必须综合权衡。借助理性的技术模态，人能够选择工具来进行制造，而需要制造的产品也反过来决定需要选择的工具。技术模态下，工具的选择最终带给人类的是"休闲"（loisir）。

——人将统合能力转化为族群性（我们将在后面详细讨论这个问题）。

——人将驱动能力转化为伦理能力，即规范能力：人在自然状态下能

---

❶ 加涅般指出："非专有性源自特性、切分以及被切分的世界的非偶然性。通过其所建立的语音或语义系统，非专有性赋予言说者分类的能力，即为世界划分范畴的语法能力。"见《论欲言：人文科学的认识论》（*Du vouloir dire: traité d'épistémologie des Sciences Humaines*），巴黎：帕加蒙出版社，1982 年，第 44 页。

❷ 加涅般指出："非专有性绝不是来自于文化的多样性，而是体现了一种原则：就结构而言，无论使用何种语言，人们都可以表达任何意思，而且总是能够找到替代的说法。"见《论欲言：人文科学的认识论》（*Du vouloir dire: traité d'épistémologie des Sciences Humaines*），巴黎：帕加蒙出版社，1982 年，第 31 页。

❸ 我在这里讲的当然是中国菜，每次有机会到中国都不能错过。

理论研究和学术史

够表达自己的喜好，为了更大的收益选择延迟满足。加涅般指出，这种自然的价值比较意味着人和动物能够放弃眼前的快感，以便获得更大的满足。这就是我们所说的利益概念（intérêt）。而人能够规范自身的驱力，不仅仅局限于延迟满足。更确切地说，人能够选择不予满足。换言之，人并不是简单地将自身的欲望加以排序，而是对其进行重组甚至融合。

从上述四点可以看出，结构在这里不再是某种复杂的组织模式，或者说是整体的不同部分之间相互依存关系所构成的稳定形式，某种由不同相互依存关系组成的自主实体❶，某种凌驾于所有社会成员之上并将符号整体强加于他们的超验象征秩序，也不是连接组织化的现实与结构化主体所拥有的形式化模型的界面，即现象学所定义的某种社会的主体本质❷，或者是结构功能主义所定义的无法分离的交互关系系统。相反，结构作为理性抽象的结果，是社会现实产生的原则，也是我们理解社会现实的关键。从这个意义上看，让·加涅般和列维-施特劳斯、拉康、米歇尔·塞尔（Michel Serres）❸是一致的。但他又与他们不同。加涅般同意，结构是一种原则，但他并不将其视作存在于深层的某种现实，能够在无形之中决定所有社会成员的行为。因为如果承认这种深层决定力量的存在，就意味着在我们所生活的世界之外，还存在着一个由各种规律主导的真实世界。既然这个世界是我们存在的基础，我们必须去发现它、认识它，只有这样才能理解我们文化的组织方式和行动的发展方向。

加涅般像列维-施特劳斯和拉康一样，也是借鉴语言学来定义结构，但他的结论与他们正相反。

——结构主义假设，语言密码与社会文化密码，甚至"心理"密码之间没有区别，这就等于承认言语在分析所有文化现象和人类行为方面的绝对优先地位。在这一前提假设基础上，社会交往就简化为信息交流，并遵循相应的规则。拉康认为，无意识与言语结构一致。我们之前已经提到，加涅般反对言语就是一切的观点。对言语霸权的否定是他与结构主义理论

---

❶ 参见本韦尼斯特（Emile Benveniste）在《普通语言学问题》（*Problèmes de linguistique générale*）中引用叶尔姆斯列夫，1966 年，巴黎：伽利玛出版社，第 97 页。

❷ 参见梅洛-庞蒂（Maurice Merleau-Ponty）：《行为的结构》（*La structure du comportement*），巴黎：法兰西大学联合出版社，1942 年。

❸ 参见米歇尔·塞尔：《赫尔墨斯 I. 交流》（*Hermès I: la communication*），巴黎：午夜出版社（Editions de Minuit），1968 年。

家的主要区别，这标志着一种认识论上的突破。具体而言，如果不承认言语的独一无二，那我们就不能像结构主义那样，通过简单照搬的方式来探寻结构所遵循的原则和模型。

——结构主义在语言中发现了社会的结构，将结构定义为由相互关联的不同元素组成的封闭整体。语言学从语言中挖掘出意素，音素、词素等基本结构，社会学的任务就是发掘基本社会文化单元，在此基础上理解、解构和重构社会。❶这或许可以解释为什么结构主义对现象学模型情有独钟，因为这些模型比符号学模型更"坚韧"，更经得住推敲。符号学家总是很难将意义（signification）纳入某个明确的结构。❷

——结构主义执着地追寻结构，最终导致结构的僵化，结构成为组成象征体系的基本元素，不同象征体系交互作用，构成决定文化形态和社会实践的整体。在福柯看来，为了更好地理解人类及其思想史，我们必须挖掘其深层基础，而这只能借助于一种思想考古学——通过挖掘现实和想象的世界来发现深埋的象征世界。在拉康看来，只有了解这个结构化的象征世界，我们才能解释现实和想象世界中的问题❸。

让·加涅般不同意将结构定义为被隐藏的现实或位于深层的核心，也不同意将其归结为现实中的各种具体存在。他将结构定义为"某种筛选和过滤机制，在这一机制下，范畴的分类少于被分类的事物，规则少于实例"。结构化能力就是能够摆脱现状，以另一种方式进行重构，同时不存在崩溃的风险。人生活在一个结构的世界里，但他无时无刻不在将其结构化。齐美尔（Simmel）同样看到了这一点，他认为，人具有形式化的能力，但这并不妨碍大厦的不同部分切实存在❹。

---

❶ 列维-斯特劳斯指出："我们希望弄明白，即使在一个仅仅存在某些结构相互连接或嵌套的社会内部，究竟存在什么样的机制能够纠正可能出现的不平衡？只有这样，我们才能解释为什么一个社会不受外界影响但依然能够向前发展。"见克洛德·列维-斯特劳斯：《结构人类学》（*Anthropologie structurale*），巴黎：普隆出版社，1958年。

❷ 安德烈·马丁内（André Martinet）（1908—1999），法国语言学家。为了解决这个难题，他试图将符号分析与语言研究区分开来，在此基础上建立符号学，即研究人们赖以表意和交流的符号的科学。参见《普通语言学纲要》（*Eléments de linguistique générale*），巴黎：保尔·古特纳出版社（Paul Geuthner），1960年。

❸ 拉康继真实的父亲（père réel）与心理分析中的父亲形象之后，发现了第三个父亲，象征的父亲或父亲之名（Nom du père）。正是这个具有根本意义的父亲决定了现实的关系，以及真实父亲与想象父亲之间的关系障碍。象征是一种根本性的结构，是其他真实或想象结构生成的基本原则。

❹ 参见齐美尔：《社会学与认识论》（*Sociologie et Epistémologie*），巴黎：法兰西大学联合出版社，1981年。

理论研究和学术史

从结构主义对结构的定义出发，社会学将社会成员的经历以及与意识相关的现象排除在自身的研究对象之外，因为这些都属于想象的范畴。既然一切都可归结为言语和信息的交换，结构就包含了所有的意义。社会学的任务就是发现结构之间的内在关联，从中可以透视出人类思想和文化的超验图式。结构主义构建现实与知性的努力难道不正是探寻人的本真的过程吗？而人的本真所对应的正是理性的不同范畴。

总而言之，结构主义所确定的客观化命题最终必然走向某种新唯名论（néo-nominalisme）——试图将范畴与范畴指向的现实一一对应。结构主义因此必然成为一种新的术语及其相互关系的科学（sermocinalis scientia）。❶事物—术语两难（dilemma res-voces）终于被消解，但为此付出的代价何等沉重，人从此被封闭在一个词与物不仅相连、而且原则上必须一致的世界之中。然而，人本身具备的能力决定了他不可能陷于如此一一对应的境地，除非是在病理状态下。相反，如果将结构理解为否定自然状态并从文化现状中抽离出来以便对其进行重组的能力，那我们就能够把人的经验、有意识的活动重新纳入社会学的研究范畴。

4. 辩证和结构

在中介理论框架下，结构不再是某种实体或可把控的物质存在。结构是辩证过程的一部分，因辩证过程的存在而存在。辩证过程包括三个阶段：

第一阶段是对自然状态的格式塔组织，我们之前已经强调，这不仅仅限于将感觉转化为知觉和表征，同时包括另外三种转化：从运动到实践（路径），从个体到主体，从情绪到欲望。这是人和动物所共有的能力。

第二阶段，对上述格式塔组织阶段予以否定，使其"突变"为另一种形式。这是结构化过程，即人能够与自然状态的格式塔化拉开距离，对其重新组织。

第三阶段是将上一阶段产生的结构投注到结构所改变的组织（即第一阶段）当中，呈现出我们在社会生活中能够观察到的形式。在中介理论框架下，这一阶段被称之为"运用再投注"（réinvestissement performantiel）。

这三个阶段之间不是历时，而是共时的关系，标志着人能够超越时间、

---

❶ 总有一天，结构分析将沦落为言语对象，将被纳入一个更高、能够给出解释的系统……结构主义必须要明白：符号学家未来必将宣判它的死亡，所使用的正是赖以命名和解释世界的术语。见罗兰·巴特：《流行体系》（*Système de la mode*），巴黎：瑟伊出版社，1957年，第293页。

空间和地域的限制，在更高层次上进行重组和创造。

我们可以通过加涅般所定义的机能（instance）和运用（performance）这两个概念更好地理解辩证与结构。

（三）机能与运用——对结构的解释

从方法论的角度，每个学科都会从机能（结构化阶段）或运用（机能的重新投注）两个方面来定义自己的研究对象。机能是人对自身的自然能力进行文化改造和创造的能力，这种能力显然只有被投注到运用状态才能显现出来。或者说我们只有着眼于运用才能"观察"到机能。我们无法直接感知逻辑、技术、族群或伦理理性，能够观察到的是话语、生产活动和产品、社会的组织和治理、道德与非道德行为。更具体而言，我们能观察到的是语言、对话、文本、艺术、工业、手工艺、学术、技能、社会关系、共同体、冲突、行为……这些都是机能在具体社会历史条件下的运用。而传统社会学的研究仅限于此，正如让 - 弗朗索瓦·加尼埃（Jean-François Garnier）所指出的那样。

每个社会都有独特的区分模式，对自身的表征、生产、文化、制度和价值都有独特的定义。所有这些必定是已经形式化的数据。众所周知，人文科学一直以来致力于文化现象的理解和解释，其远大抱负在于发现现象之间的逻辑联系、相互作用与因果关联，这是解释的关键，也是决定未来走势的根本。在这个过程中，人文科学采取了自然主义的立场，将获得的数据视作"客观"现实的载体，借助社会所提供的"形式化"手段来阐释社会历史现象，而不是构建能够真正对现象作出解释的形式化工具。由此产生的问题是，人文研究总是不自觉地掉入如下陷阱：在自身表征的基础上，依据自认为观察到的过往或当下的社会秩序，甚至是自身希望未来出现的秩序，来对眼下的社会世界指手画脚，品头论足。

之所以要区分机能和运用，那是因为我们必须以另一种方式来理解世界，而不是简单地依据世界向我们呈现的部分，不能忘记我们自身也生活在这个世界上，我们的所做、所为、所想必然会影响到我们对世界的解释和理解。中介理论对机能和运用的区分与马克思主义、精神分析和结构主义所开创的人文科学传统一脉相承，那就是探寻解释人类现象的原则以及这些原则如何被嵌入到具体的文化和历史语境之中。同时，中介理论又不同于这些学派，不会将某个具体文化现象、社会历史表征或行为所体现的原则泛化为能够分析所有文化、历史和行为的普遍原则。在加涅般看来，

这些原则只是人类理性在社会现实中的再投注，尽管其中某些现象因为长时间保持稳定可能会给人普遍性的错觉。

所以，人类并不是被无意识或经济基础所决定。我们所看到的现象是在每个人身上所发生的内隐人类学过程外显的结果。正如加涅般所指出，讨论形式世界和物质世界孰是孰非没有意义，我们看到的是两者的交互作用，具象的背后是结构化的过程。

结论

中介理论可能会让大家感到吃惊，因为我们已经习惯于依据各自学科所确立的理论框架、运用熟悉的术语和语言来思考社会现象。但我们也不得不同意，现有的理论和概念体系已经山穷水尽，必须彻底更新理论框架、确立全新的理论方向才有可能走出困境。在这个摸着石头过河的过程中，中介理论或许能够给我们提供一些思路，至少能够激励我们换个角度思考问题，从一个全新的视角来审视人类的文化现象。让·加涅般经常说，我们不认为自己总有道理。他最大的贡献在于尝试为人文科学寻找科学性基础，为人文研究提供能够证明和验证的理论框架。中介理论并不是简单地告诉我们人是什么、社会是什么、文化是什么，正如加涅般所强调的，他希望提供一个可验证的理论工具，帮助我们更好地分析社会现实，一个真正适合人文科学的工具。既然是工具，那在使用的过程中必然要不断调试，但调试必须符合模型构建的整体要求。中介理论是一个在讨论中不断修正的理论工具，它借助于不同的研究，历经不同的学者而越来越完善。它的使命在于为我们分析和解释各自所在的社会提供一个超越时间、空间和地域限制、具有普遍意义的框架。在此基础上，不同学者之间的交流不再只是信息的互换。

世界在变，我们各自生活的社会也在变，但创造历史的人所依据的基本理性原则不会变。如果我们不去思考人类所共有的基本理性原则的话，如何能够很好地分析不同社会和文化背景下出现的各种现象呢？坚持这个要求，我们并不是要放弃实证工作，不再从事信息的收集和整理。相反，我们应当为所有这些实证数据找到人类学的基础，这样才能让相互理解、相互借鉴变成现实。

我在与庄晨燕老师的交流过程中深切地感受到这一点。毫无疑问，通过指导她的博士论文研究，我对中国有了更多的了解。但在中介理论的框架下，这样的了解不再仅限于信息层面，或许可以说，今天我更加明白普通中国人的所思所想。我坚信，不同文化背景的学者之间的交流能够帮助我们更好地超越各自世界固有的屏障，共同构建一种真正意义上的社会人类学。在这样的前景下，社会学的危机自然烟消云散。

附录：让·加涅般的主要著作 ❶

Du Vouloir dire. Traité d'épistémologie des sciences humaines. Tome 1，Du signe. De l'outil，Paris：Livre et Communication，1990.

Du Vouloir dire. Traité d'épistémologie des sciences humaines. Tome 2，De la personne. De la norme，Paris：Livre et Communication，1992.

Mes Parlements. Du récit au discours. Propos sur l'histoire et le droit，Bruxelles：De Boeck Université，1994.

Leçons d'introduction à la théorie de la médiation，*Anthropo-logiques 5*，Louvain-la-Neuve：Peeters，1994.

Pour une linguistique clinique（dir.），Rennes：Presses Universitaires de Rennes，1994.

Du Vouloir dire. Traité d'épistémologie des sciences humaines. Tome 3，Guérir l'homme. Former l'homme. Sauver l' homme，Bruxelles：De Boeck Université，1995.

Raison de plus ou raison de moins. Propos de médecine et de théologie，Paris：Les Éditions du Cerf，2005.

---

❶ 让·加涅般的著述还包括他在雷恩二大的所有讲座录音整理（历时三十多年），我们从中可以看到中介理论诞生的整个过程。目前，皮埃尔·儒邦（Pierre Juban）主持的中介理论研究所正在整理这些讲座录音，准备正式出版。此外，应用中介理论的研究涉及语言学、心理学、社会学、人类学、考古学、建筑学等诸多学科，出版了大量专著和论文，加涅般生前所在的实验室（LIRL）出版了专门从事中介理论研究的杂志 *Tétralogiques*。

Theory of Mediation:
The clinical anthropology refounding the Human Sciences

Armel Huet

Abstract：The human sciences have always attempted to be scientific. Scientism and historicism are doomed to deadlock. Jean Gagnepain proposed on the basis of clinical anthropology a new epistemology of human sciences— Theory of Mediation（TDM）. TDM is a non-philosophical theory of human reason. It looks to the clinic（the study of pathological cases）for tis verification.

TDM is a theory about the uniqueness of Man. Gagnepain doesn't deny the animal in man. However man, in contrast to the animal, denies nature. The acculturation of perceptions, gestures, bodies and activities gives birth, in man, precisely to the faculties that the animal does not possess: the capacities for language, tool, institution and norm. The human reason is thus quadruple. All purely human phenomena, whatever they may be, make use of these four capacities of human reason.

TDM is a theory of Man. The better we understand the Man, the better we should explain the social. It presages an "ontological turn", a new perspective in social theory.

Keywords：clinical anthropology; human reason; cultural capacities; dialectical structuration; individual; subject and person

理论研究和学术史

209

任乃强和他的《西康图经》
方志的"经世"情怀

徐振燕 ❶

摘要：20世纪30年代，从国家到个人，"天下观"的思维模式被种种新的思想笼罩起来，但其基本脉络依然清晰可见。在这一背景下，任乃强眼中国家、民族和文明的图景逐渐展开。身处西南边疆，他的"方志"书写呈现出复杂的"心态"。一方面，这种书写基本顺应了国民政府的号召，试图以"中央朝廷"和"地方郡县"的对应情境来体现当前政治统治合法性；另一方面，"中央"与"地方"的对应关系在"边疆"这一特殊地带被蒙上明显的"教化"色彩，体现为强烈的"经世致用"特征。

关键词：任乃强；西康图经；西南地区；民族；边疆；国家

任乃强作为中国20世纪前半期的重要民族学家，应该得到民族学史撰述者的充分重视。民族学（或文化人类学）在中国被看作一门纯粹从西方引进的近代社会科学，而第一代中国民族学家也被认为是那些在国外受到专门训练的留学归国者，任先生虽然与留学归国的第一代民族学家几乎同时展开同类研究❷，但这样一位"土生"的研究者，并未受专业人类学民族学训练，也并不受西式学科意识的限制，因之通常没有被当作重要民族学家来看待。

任乃强一生经历复杂，身份多变，初志"以农立国"，转而投身"教育

---

❶ 徐振燕，河南大学马克思主义学院民族研究所讲师。

❷ 任乃强1929年首次进入康藏地区实地考察，同年，留美归国，时任"中央研究院"社会科学研究所民族学组助理员的林惠祥赴台湾进行高山族调查，后整理出版《台湾番族之原始文化》，被视为开中国人类学境内族群民族志田野工作的先河；也是这一年，留法归国的凌纯生对松花江下游的赫哲族进行调查，历时三月，其成果《松花江下游的赫哲族》，具有典型民族志的章节和内容，被认为是中国人类学者编著的第一部科学的民族志。1928—1929年间，留法归国，当时为中山大学语言历史研究所助理员的杨成志对川滇交界彝族聚居区进行了为期一年零八个月的关于当地社会组织、生活习惯、语言文字等方面的长期调查。这是人类学在中国西南地区进行的首次内容、目的和意义都十分明确的深入考察。以上内容根据王建民《中国民族学史·上卷》和胡鸿保《中国人类学史》整理。

改革"，后因"痛感列强对藏觊觎，而国人对藏事扞隔"❶，深入西南地区进行实地考察，逐渐"因地学需要而治史。因习史而泛涉政治、社会诸学科"，并"以未能专力一艺为憾，乃约束研究范围为川康藏三区。民国十七年（1928）后，更专以西康为研究对象"❷。

在晚年回顾自己的学术成就时，任乃强更为明确地表示：

余自束发受书，偏嗜地理。……余虽就读于农学院，然遍求诸家之论著研习之。窃以为地学当为各科学之基础，盖万事万物莫不受时空之影响也。因是，由经济地理而沿革地理，而民族地理，转而跻于历史地理学之研究，民族研究亦因此始。……于是，得有长时间与土著各民族接触，研究其语言、历史、情俗以及生产消费、文化艺术、宗教信仰、社会结构各个方面，以历史地理学之方法，探究康藏民族之社会发展历史。……然半途出家，于民族学基本知识初无所习，固不敢自诩为民族学者也。❸

任乃强虽无留洋经历，无专业的人类学教育背景，也不具有严格的"现代人类学"学术思想，但20世纪20年代末，他已深入康藏高原，对这一地区的人文地理、政治沿革、社会经济、民族文化进行全面的考察，而且将毕生的精力投入到了康藏研究中，在近百年的人生中，撰写了25部专著和数百篇论文、报告，其中大部分创作于20世纪30—40年代，对这一时期康藏高原地理历史和民族文化进行了全面细致的描述分析。

以实地考察为基础的康藏研究始于20世纪初。❹到抗战爆发，学术机构大量西迁之前，这方面的研究有三条发展脉络：一条脉络缘起于国人对边疆问题的关注；一条脉络以华西协和大学为中心，借华西边疆研究学会杂志为主要平台；最后一条脉络则始于国内对西方社会科学的引进。这三条脉络中，由边疆问题引发的研究最先出现，并在20世纪上半叶呈现爆发性态势。

从20世纪初期到抗战爆发之前，由边疆问题引发的研究是康藏研究领

---

❶ 任新建："任乃强藏学论文集整理说明"，载《任乃强藏学论文集》（上册），北京：中国藏学出版社，2009年。

❷ 任乃强："康藏史地大纲自序"，《康藏史地大纲》，拉萨：西藏古籍出版社，2000年。

❸ 任乃强："任乃强民族研究文集·自序"，《任乃强民族研究文集》，北京：民族出版社，1990年，第1页。

❹ 以20世纪初为康藏研究开端，排除了史志记载和明清时期入康官员的纪行作品，前者多简单传抄，后者多内指于自我感受，两者都较少对民族文化进行客观描述。

域的主要力量，其所掀起的对民族地区进行的实地考察浪潮是民族研究史上任何时间任何地区都未曾有过的。可以说，对民族地区开展的社会调查中，形成文字资料如此众多、内容如此翔实的地方唯有康巴藏区一带。仅就当时刊载资料而言，西康每县均有数份或数十份调查材料，调查者有政府官员，有文人学者，有汉族，也有藏族，甚至外国人。这些调查报告视角有别，层次不一，但共同之处是这些研究大多以实地考察为基础，以描述性的调查报告为主要成果，反映了当时康区社会政治、经济、交通及风俗等面貌，记录了一个个逐渐消失的"世界"。

与留学归国或接受专门训练的人类学家不同，这些民族文化研究者并非想要在中国的土地上实践西方的人类学理论，也不是想要用西方理论来分析和解释中国社会，他们中大多数人的活动目的是向政府和国人展示地理环境封闭的民族地区的自然和社会环境，作为促进了解，施加统治的参考。但他们在民族地区"周历城乡，穷其究竟，无论政治、军事、经济、宗教、民俗、山川风物，以至委巷琐屑鄙俚之事，皆记录之"❶的田野方法和考察内容无疑在很大程度上应当属于人类学范畴。而另一方面，正是因为没有受到专业的人类学民族学培训，他们对民族地区的观察和思考表现出颇为独特的风格。

抗战爆发后，随着学术机构的西迁，源于西方社会科学的社会学与人类学民族学一脉很快接手华西协和大学的教学和华西边疆研究学会的研究工作，将其纳入自己的发展路线中。与此同时，边疆研究脉络的部分学者的研究也逐渐与之相互影响，相互交融，形成中国民族学的一个独特方面。任乃强就是这样一位从边疆问题研究脉络中走出的康藏民族文化研究者。

作为接受西方思想影响的中国知识分子，游历在学术团体和学术机构之外的任乃强如何看待"内外"与"夷夏"之间的关系，并进行自己对世界的想象；他以什么样的心态同时面对向外和向内的两个"他者"——西方科学思想和康藏民族文化；同样力求对民族地区社会和文化的"客观"展示，建立在上述思想架构之上的书写却与现代民族志有所不同；同样使用"文明"、"民族"和"国家"的概念，其意涵所指却大相径庭。如何理解"民族志"的"客观"描述；如何认识构建于心态之上的思想和观念的变化？任乃强的书写对于现代中国人类学的启示意义也许就在于此。

❶ 任乃强：《西康图经·自记》，拉萨：西藏古籍出版社，2000 年。

理论研究和学术史

一、"经世致用"：在"天下"与"国家"的交汇中寻求平衡

抗战引发的学术机构全面西迁之前，任乃强深入康区进行实地考察共四次，分别在 1929 年、1932 年、1936 年和 1938 年。其中，1932 年入康是为协助勘探修建川康公路路线，1936 年入康是完成 1929 年未完成之两县考察，而 1938 年入康仅走访泸定一地。因此，在任乃强行走康藏的数次考察中，时间最长、搜集资料最详细且全面的当属 1929 年首次入康，根据这次考察材料写成的著作也最为丰厚。

1929 年夏季，任乃强应"川康边防总指挥部"之邀，以"边务视察员"的身份首次入康考察民情，历时 9 个月，周历西康 9 县地方，撰写了西康各县视察报告、"西康视察总报告书"、"道炉行船计划书 1929"、"开凿大渡河计划书 1929"、"开办康泸丹三县茶务计划书 1929"等文章和《西康札记》和《西康诡异录》等著作，除《西康诡异录》于 1930 年起连载于《四川日报》副刊之外，其他作品分别于同年开始陆续连载于《边政》月刊。❶这些作品中，西康各县视察报告和计划书主要描述和分析当地地理环境、社会组织和政治统治，以供边务人员施政参考，完成其"边务视察员"职责；《西康札记》和《西康诡异录》则记叙了沿途所听所见的民俗风情、人物传略等，意在能够"茶酒之暇，舟车之间，随地皆宜，不择读者"❷，使更多的人了解地理环境封闭、社会文化迥异的少数民族地区。1932 年到 1935 年，在以上文字基础上，任乃强进一步综合有关文献和档案资料，整理出《境域篇》、《民俗篇》和《地文篇》三个部分，命名为《西康图经》，先在南京《新亚细亚》月刊上连载，后由南京亚细亚学会出版发行。

从 1929 年开始发表的西康各县视察报告，直到 1935 年《西康图经》最后一部分《地文篇》整理出版，任乃强在 5 年多的时间里，写成著作 3 部，文章数十篇。当此阶段，任乃强著述中"修方志"这一目标逐渐明确，其作品的内容和书写风格也最终在《西康图经》中得到完整体现。

《西康图经》（三卷本）全面描述了康区的地质地理、历史概况和社会文化生活，为的是"欲国人明了西康情形"❸，从而对"国家事物的管理"❹

❶ 《边政》月刊创刊于 1929 年，由川康边防总指挥部编辑。
❷ 任乃强："西康图经·自记"，《西康图经》，拉萨：西藏古籍出版社，2000 年。
❸ 任乃强："西康图经·自记"，《西康图经》，拉萨：西藏古籍出版社，2000 年。
❹ 任乃强："西康图经·境域篇·弁言"，《任乃强藏学文集》，北京：中国藏学出版社，2009 年。

有所帮助。其中《境域篇》主要针对当时康藏界务纠纷，"根据史籍与档卷，将康藏间历史的、自然的、拟议的、现实的，种种界线之成立的原因、变革的状况，与其相关之一切质素，分条剖析，绘图说明"❶。一方面，据此以与英、藏抗争；另一方面，也为西康建省寻找理论依据和实践图经。《民俗篇》全面描述了康巴地区藏民和其他各民族的社会生活，目的在"俾国人能识番之真象"❷，从而消除误解和隔阂，促进民族融合与发展。《地文篇》则运用现代地学知识，描述和分析康藏高原的地形、地质、气象、水文，并进一步为西康建置和农林牧矿的开发建言。

《西康图经》是任乃强在康藏研究领域的一部具有深刻影响的作品，也是他 20 世纪 30 年代上半叶研究工作的集成之作，比较清晰地反映了任乃强这一时期思想特点及其发展过程。在此期间，任乃强以方志之"资政"和"教化"功能为依托，初步形成其"经世致用"的治学风格。此后，直到 1943 年接受华西协和大学之聘，兼任李安宅主持的华西大学边疆研究所研究员之前，任乃强的大部分作品都指向"修方志"这一目标，《西康图经》的成书是这一目标的初步展现。

（一）图经：指向边疆的文明与教化

"图经"是中国方志发展过程中曾经出现的一种编纂形式。"图"是指一个行政区划的疆域图、沿革图、山川图、名胜图、寺观图、宫衙图、关隘图、海防图等，"经"是对图的文字说明，包括境界、道里、户口、出产、风俗、职官等情况，图文相配，阅读的时候简明易懂。"图经"注重对疆域山川的记载，被认为由"地记"发展而来，而其内容已经比地记完备得多。魏晋南北朝时期，各地开始逐步纂修图经；隋、唐、北宋时期，图经最为发达，差不多成为当时方志的通称。唐代有些志书开始向图少文多的趋势发展。南宋时，图退居于附录地位，图经向方志过渡。元代因特殊的政治文化氛围，编修简易图经一度较为普遍。明代间有以图经为名的志书，之后以图经命名的志书极少。

从本质上说，图经作为方志的一种编纂形式，和方志一样，具有"资政、存史、教化"的基本功能。这也是任乃强编写的目标所指。

---

❶ 任乃强："西康图经·境域篇·弁言"，《任乃强藏学文集》（上册），北京：中国藏学出版社，2009 年，第 2 页。

❷ 任乃强："西康图经·民俗篇·后记"，《任乃强藏学文集》（上册），北京：中国藏学出版社，2009 年，第 462 页。

理论研究和学术史

资治是指志书对于地方行政官吏的施政参考之用，正所谓"治天下者以史为鉴，治郡国者以志为鉴"。❶方志的资政作用与其存史和教化功能有密切关系。任乃强认为："方志之体，虽入乙部，其用则为政书。顾政本在于人民，民生恃于产业，产业资于地利。人地之宜与不宜，史事详焉。地理、史事、人民、产业之情况既明，而后可言政务之宜。"❷在《西康图经》之《自记》中，任乃强借友人之口表述：❸

> 足下之愿，徒欲国人明了西康情形，促其向往开发之志而已。若然，则图志笔记（指当时连载于报刊的《西康札记》和《西康诡异录》，《西康图经》是在此基础上形成的），相辅为用，未可轻为轩轾。图志陈义宜高，意欲侈而辞欲约，体欲大而思欲微，是宜供学者参考，非一般人所能尽解也。笔记滑稽多趣，平易近人，茶酒之暇，舟车之间，随地皆宜，不择读者。故论引人入胜之力，笔记优于图志。况使二者互为经纬，相与发明，则笔记又图志之先导也。夫今国人尚多不知西康为何物，更无论其内容，即有谈论西康问题者，亦如群盲论象，疵缪丛生。足下笔记虽不佳，但能以实地观察之事物，翔实记载，宛转诱导，使人能想见西康之实况，为功已不小矣，讵可藐其委琐而弃之耶？❹

这段文字虽然在表述上颇为自谦地将阅读对象设定为普通国人，但实际上已经传达出任乃强创作中"资政"的基本意图。

然而任乃强并没有选择使用方志（显然这能够更加明确地体现"资政"和"教化"的色彩），而是用明代以后少有出现的"图经"来命名自己的作品。方志和图经的区别不仅在于出现的时间不同。清代史家章学诚认为，

---

❶ 章学诚认为，方志有资政的作用。一方面，"天下政事，始于州县，而达乎朝廷"（章学诚，"方志立三书议"，见章学诚著、吕思勉评：《文史通义》，上海，上海古籍出版社，2008 年），方志是最好的政况传达工具；另一方面，方志可以通过记述地方制度、历史文献，总结地方历史经验，"使之因书而守法度，因法而明其职掌"，起到资治和补救时弊乃至垂教后人的作用。并且，方志具有教化意义："史志之书，有裨风教者，原因传述忠孝节义，凛凛烈烈，有声有色，使百世而下者，怯者勇生，贪者廉立。《史记》好侠，多写刺客畸流，犹足令人轻生增气，况天地间大节大义，纲常赖以扶持，世教赖以撑柱者乎！"（章学诚，"答甄秀才论修志第一书"，见章学诚著、吕思勉评：《文史通义》，上海，上海古籍出版社，2008 年）
❷ 任乃强："西康通志撰修纲要"，《任乃强藏学文集》（下册），北京：中国藏学出版社，2009 年，第15 页。
❸ 这段文字描述了友人劝说任乃强在《西康诡异录》的基础上，修订成《西康图经》，供民众阅读以了解西康社会情境。而此时，任乃强正在试图撰写更为宏大而严肃的学术著作《西康图志》。
❹ 任乃强："西康图经·自记"，《西康图经》，拉萨：西藏古籍出版社，2000 年。

方志通常详细叙述一方之事，就像古代的列国史，应该无所不载，和专门叙述疆域山川的图经有所不同。也就是说，后者的眼光更加专注于地理环境和政治疆界。但近代史学家金毓黻指出："抻究前代纪地之书，二者漫无经画，区分甚难，方志为一方之史，世人已无异议，而图经亦详建置沿革人物古迹，以明一方之变迁进化，备史之一体，且为宋以后郡县志书之所本。"[1]也就是说，图经和方志本有相通之意，但内容上各有侧重。

以此来看，任乃强不以方志而以图经命名自己的作品，显然意有所指。一方面，图经作为方志的一种，和后者一样具有资政和教化的基本功能，而另一方面，则除了因为书中收录大量图片，以方便读者阅读理解以外，更重要的是意指作品注重"地记"，借"图经"上承"地记"的发展脉络，凸显其对"边疆境域"和"国家疆界"中地理意义（领土范围）的重视。

在中国传统的"天下"图式中，"疆界"或"边疆"备受关注，然"疆界"的观念却富有弹性。国力强盛时，可以"抚有四海，拓及八荒"，国力衰微时，则仅仅只冀望"保障京畿"。因此，边疆在大多数时候是一片可进可退、可收可放的"地带"，而不是一条固定的"界限"。这片不断变动的"地带"是华夏文明到异域文明的过渡区，在以"教化"为基础的"天下"图式中，这片地区在文化上的渐变性或可变性，使之成为可以保护"国家"安全的屏障。

20 世纪以来，近代国家概念已经引起国人的普遍重视，其存在的基本依托——"疆域"，被认识为"界限"所包围的一片"领土"。任乃强在《西康图经·境域篇》中详细论说了西康省界、县界乃至其所涉及的"国界"问题。

但在人们的内心，"国界"所涉及的内容显然比"省界"或"县界"更为复杂。在国家意识中，一条地理空间上的界线总是难以代替那片文明的过渡区域。直到 20 世纪 40 年代，在任乃强眼中，"边疆"摇摆于"异域"和"腹地"之间，其意涵始终不能脱离一片"化内"与"化外"间的变动地带。[2]

1942 年，吴文藻在其著名的"边政学发凡"一文中提出边疆有两种含义，一是政治上的边疆，一是文化上的边疆。"政治上的边疆，是指一国的

---

[1] 金毓黻：《中国史学史》，北京：商务印书馆，2007 年，第 165 页。

[2] 任乃强："论边腹变迁与西康前途"，载《康导月刊》第 5 卷第 6 期，1943 年；"论边疆文化及其人物"，载《宏康月刊》第 1 卷第 2、3 期，1946 年。

国界或边界言，所以亦是地理上的边疆。……文化上的边疆，系指国内许多语言、风俗、信仰以及生活方式不同的民族言，所以亦是民族上的边疆。"❶ 1943 年，吴泽霖在《边政公论》上发表"边疆的社会建设"一文，分析了边疆概念在地理、政治和文化上指向，认为真正的边疆不是地理意义上的，而是政治和文化意义上的。❷同年，卫惠林撰文更进一步把边疆的概念确立于文化意义之上，他说："我国边疆的含义与其说是政治的，毋宁说是文化的，乃由其文化的特殊性所构成的地区类型。凡是与内地纯中原文化异趣的特殊文化区域，即汉族本位文化圈以外，或与非汉族文化交错性较大的地区，我们普遍称之为'边疆'。"❸将边疆定义于文化意义之上显然与近代国家疆界的政治含义相悖，前者以"教化"为建立国家的途径，后者则用条约确定国家疆界，强调的恰恰是卫惠林摒弃的政治和地理含义。

剔除边疆含义中的政治因素，或者说忽视边疆在政治统治上的薄弱性也可以说正是为了强化中央政府在这些地区的统治合法性。

康区是仅次于西藏的第二大藏族聚居区，但除藏族外，还有汉、羌、彝、纳西、蒙古、回等 10 多个民族杂居于此，民族交融广泛而复杂。在近代国家疆界尚未完成的时代里，藏区和康区之间没有严格的疆界之限制，常常相互交融。而对于内地的文明中心而言，藏区与之形成的是松散的"朝贡关系"，康区至多只是受到其"间接统治"，一直以来，中央政府对其实行的是包括政治统辖、经济援助、礼义教化等措施在内的羁縻制。

近代以来，由于西方列强的觊觎，中央政府针对西康的行动，不论"改流"还是"建省"，目的都在于将康区置于政府的直接统治之下。在行政上，随着近代"国家"概念日渐深入人心，政治意义上的边疆地带开始转变成为地理空间中的一条明确界线。由于这一转变，理论上卫惠林已经可以将政治因素剔除于边疆概念之外，去关注它的文化因素，或者说，由于这一改变，边疆在国家安全上的政治含义反而可以被忽略，其在文明教化方面的因素却进一步凸显出来。

❶ 吴文藻："边政学发凡"，载《边政公论》第 1 卷第 5—6 期合刊，1942 年。
❷ 吴泽霖："边疆的社会建设"，载《边政公论》第 2 卷第 1 期，中国边政学会编辑，边政公论社发行，1943 年。
❸ 卫惠林："边疆文化建设区域制度拟议"，载《边政公论》第 2 卷第 1 期，1943 年。

1946 年，"边疆一词，虽已嚣腾众口，乃其界说，迄无定论"❶，任乃强为其定义为："大抵凡民族复杂，文化落后，交通不便，产业幼稚，政治未能全部贯彻之地，即为边疆。相对边疆，则为腹地。"并认为"边疆有定名，而无定地"❷。在这篇 1946 年发表在《宏康月刊》上的题为"论边疆文化与其人物"的文章中，任乃强提到美国学者拉铁摩尔的中国边疆研究，他说："美人拉铁摩尔，为我国下一定义，以精耕农工业区为腹地，粗耕与牧业区为边疆，甚合实际情形。然凡土地之不得精耕者，为有上列五大原因也。综言，析言，其义皆同。"❸

拉铁摩尔对中国传统边疆地带的界定基于地理环境对生计模式的影响。在他那里，"土地之不得精耕"的原因大半由于自然条件的限制，并因此导致"教化"难以推进。而任乃强所指之边疆地带形成的"五大原因"，则反过来，以为政治教化未能畅行，使得生计模式难以改变。实际上，早在 20 世纪 30 年代，任乃强就已经意识到康区独特的生计模式依托于其特殊的地理环境，不能强行代之以农垦❹，但差不多十年之后，任乃强却有意或无意地回避了这一点，而将边疆地带的形成完全维系在政治教化的纽带之上。

看起来仿佛边疆的政治含义已经随着国家疆界的确定得到解决，但实际上，在以"教化"为"国家"内涵的思维模式影响下，固定的界限很难让人信赖，划界而治是不牢靠的，因此，当近代"国家"概念被逐渐接受的时候，"教化"的重要性也同时在政治意义上被重新推出，可以说，民国以降，"国家"概念深入人心，但西南地区再次成为一片文明的过渡带。

并且更重要的是，国民政府在边疆地区的政治统治显然还不够稳固，以至于任乃强在抗战结束之后的 1946 年依然视之为"政治未能全部贯彻之地"❺，由于缺乏实力对边疆地区实行直接统治，国民政府从 20 世纪 30 年代开始试图采取怀柔手段，加强边疆民族对中央的向心力。正如蒋介石在

❶ 任乃强："论边疆文化与其人物"，载《任乃强藏学文集》（下册），北京：中国藏学出版社，2009 年，第 120 页。

❷ 任乃强："论边疆文化与其人物"，载《任乃强藏学文集》（下册），北京：中国藏学出版社，2009 年，第 120 页。

❸ 任乃强："论边疆文化与其人物"，载《任乃强藏学文集》（下册），北京：中国藏学出版社，2009 年，第 120 页。

❹ 任乃强："西康蕴藏的富力与建设的途径"，《任乃强藏学文集》（下册），北京：中国藏学出版社，2009 年。

❺ 任乃强："论边疆文化与其人物"，载《任乃强藏学文集》（下册），北京：中国藏学出版社，2009 年，第 120 页。

1934 年 3 月 7 日南昌演讲时称：

　　各国解决边疆问题之方法，就其侧重之点观察，不外两种：一即刚性的实力之运用，一即柔性的政策之羁縻。如果国家实力充备，有暇顾及边疆，当然可以采用第一种手段，一切皆不成问题；但吾人今当革命时期实力不够，欲解决边疆问题，只能讲究政策，如有适当之政策，边疆问题虽不能彻底解决亦可免其更加恶化，将来易于解决。❶

　　蒋介石所说的"刚性的实力之运用"和"柔性的政策之羁縻"的方法分别指向行政和文化力量，为避免缺失前者的可能性后果——把康区的政治统治重新推回到"边疆地带"的状态中——的发生，国民政府运用后者的时候加大了行政助力，通过行政力量推行汉族移民，促使当地部落汉化，消除与少数民族在文化上的区分，将历史上的中间圈完全纳入到中央文明的范围中。20 世纪 30 年代开始，对边疆民族实行"同化"很快成为贯穿政界和学界的主流思想和国策。任乃强的研究也是朝着同一方向进行的。

　　创作《西康图经》的时候，任乃强建立在方志书写性质上的"资政"意图因为西康的"边疆"地位而显示出特殊的意涵，对他而言，从政的目的不仅仅是对一方土地进行政治管理，而是要为之建立起普适性的社会秩序，其根本问题在于如何处理西南地区与新的政权国家之间的关系。从某种角度上说，文明与教化，作为"边疆"概念中的特定因素，将任乃强的"资政"意图扩展成为"经世"情怀。

　　（二）从"经世"到"致用"

　　方志作为地方文明史之一部分，本质上是一种对帝国的朝贡，是用文字的形式把地方加入到中央文明体系当中。一如王明珂所说，方志是模仿"正史"而产生的文类，并继承了正史的"历史心性"，从而使其书写体例应和了帝国体制下"地方郡县"与"中央朝廷"的关系情境。❷正因为如此，民国期间，中央政府曾三令五申，号召各地修志。1928 年国民政府行政院颁发《修志事例概要》22 条，对于修志机构的设置、内容体例、编修方法、审核办法、文字表述、印刷出版等作了详细规定。30 年代，各地修志局、通志馆纷纷成立，编写或修订地方志书。

---

❶ 引自维基百科：《1930 年代的中国》，http://zh.wikipedia.org/wiki/%E5%8D%81%E5%B9%B4%E5%BB%BA%E5%9C%8B。

❷ 王明珂：《英雄祖先与兄弟民族》，北京：中华书局，2009 年。

对此，张新民在其"多元性文化景观的形成与地方性知识的转型"一文中指出，民国修志是"传统志书修纂活动在变化了的新语境中的延续，表现了志书形式与权力话语相互配合的一贯价值诉求，显示了权力核心力图通过传统的继承来证明其合法性的思想意图"[1]。

张新民的表述与王明珂的看法在意思上有相通之处，进一步而言，如果说民国修志是在纵向关系上表达自身合法性的话，那么在边疆地区，这一目的在横向方面扩展为权力合法性的诉求，并被蒙上显著的文明教化色彩。

20世纪20年代末，任乃强由川入康，一方面由于"边疆地带"的特殊含义，另一方面则为了顺应政府号召，任乃强在新文化运动中形成的"知识救国"思想很快转变为"庶于化民成俗、体国经野之义，有所裨也"的"修志"意图。而他的这一意图因为方志所应和的帝国体制下"中央朝廷"与"地方郡县"的关系情境，尤其是这一对应关系在"边疆"所体现出的文明教化色彩，表现出一种儒家"经世致用"的理想色彩。此后，这一治学取向被认为是任乃强一生的学术追求，并由此奠定了我国藏学领域的研究风格。[2]

"经世致用"一向是在中国古代知识阶层中居主导地位的文化价值观。这种价值观认为，一种文化学术的价值标准是它的实用性，即由文化学术价值向政治伦理价值的转换。只是在不同时期，两种价值的内涵有所变化。先秦时期，儒家以天下为己任，其经世致用是要通过塑造理想君主建构一种合理化的社会秩序和政治形式。明末清初，以黄宗羲为代表的思想家提倡的经世致用，倡导学习对现实社会有用的东西，强调研究学问要和社会实际相结合。晚清以后，由于西方国家的压迫，也由于西方文化和政治思想的渗透，梁启超等所代表的知识分子们又重新张扬经世致用的口号，此时的经世致用，一方面取先秦儒家建构合理社会秩序和政治形式的"经国济世"目标，主张要有远大理想抱负，志存高远，胸怀天下；另一方面侧重于"学用结合"，强调用"科学"的知识直接解决现实社会问题。两相结合，实质上是要在传统文化与西方文化的交融中寻找一条救国自强之路。

❶ 张新民："多元性文化景观的形成与地方性知识的转型——民国年间贵州方志纂修的文化现象学探析"，引自 http://www.acc.gzu.edu.cn/go.asp?id=901。
❷ 任新建："任乃强藏学文集·整理说明"，《任乃强藏学文集》（上册），北京：中国藏学出版社，2009年，第2页。

巴蜀蒙所流

对任乃强来说，无论之前的"知识救国"，还是后来的方志修撰，他所秉持的经世致用思想无疑深受后者的影响。

与以梁启超为代表的世纪之交的知识分子（尽管梁启超一生都保持着他的思想活力，但此时他在思想界所取得的支配地位是后来无法比肩的）相比，"五四"一代知识分子对传统文化的攻击更为全面和彻底，儒家、道家乃至佛教都受到他们毫无保留的批判。人们开始否定过去的一切，认为在中国的过去和未来之间存在着不可调和的矛盾。梁启超倡导的经世致用理想遭到严重侵蚀。中国的知识分子开始全面求助于西方意识形态。此后，梁启超本人的思想也从经世致用向新的国家和国民思想转变。❶

作为"五四"一代知识分子，任乃强曾经被科学与民主的洪流推动着抛弃了传统文化（显然这一行为进行得并不彻底），"中学为体"遭到唾弃，现代"国家"概念取代了传统"天下"观，然而在西南边疆，情况却大不一样：这里从来未被完全纳入到中央文明的政治体系当中，更遑论如何接纳近代西方意识形态了。边界还未确定，"国家"意识有待贯彻；土司尚未清除，"民主"观念无从谈起；还没有完全纳入近代国家管理体制之下的"夷狄"，怎么可能被赋予"国民"理想？政治体制、国家组织，一切新文化运动中鼓吹的富有意义的架构在这里都显得不切实际。当内地的核心文明开始尝试全面迈向西方社会意识形态的时候，处于中间地带的异族文化显然是做不到的。

对任乃强而言，"中间圈"与"核心圈"之间存在着一条难以逾越的鸿沟。面对西方意识形态，为了把两者纳入同一个共同体中，任乃强不得不将"国家"意识具象为"边界"、"境域"、"领土"和人口。在他的眼中，"国家"不是一种政治架构，而是接受中央政府直接统治的一片"疆域"或"领土"以及生活在其中的人们。因此，任乃强力主西康建省，将康区纳入到政府的直接统治之下。但中央政府如何进行统治，采取何种政治制度，任乃强避而不谈。他创作《西康图经》三卷本，详细分析了西康建省的必要性和可能性，尤其是"境域篇"针对当时康、藏界务纠纷及国内对西康建省之条件和必要的争论，"将康藏间历史的，自然的，拟议的，实现的，种种界线之成立的原因，变革的状况，与其相关之一切因素，分条剖析，

---

❶ ［美］张灏：《梁启超与中国思想的过渡》，崔志海、葛夫平译，南京：江苏人民出版社，1995年。

绘图说明"❶，阐明了康藏境域界分的历史变迁和西康建省的理论依据和实践途径。在这一因果线索中，现实对历史的延续被予以充分的强调，其间的断裂却被有意或无意地忽略了，在任乃强看来，只要能够捍卫领土，清末大员赵尔丰、傅嵩炑和川边军阀乃至民国官员都没什么区别。

"国家"具象为"领土"不仅淡化了两圈之间的文明差异，也必然淡化了清廷和民国在政治思想上质的区别。"天下"在形式上转变成了"国家"，但在思想上显然还没有。帝国体制下"中央朝廷"和"地方郡县"的关系情境由此延续下去，支撑着方志的书写及其在边疆地带所表达的"经世致用"意涵。

然而有意的淡化恰恰是因为经验上的深刻意识。对任乃强而言，矛盾的焦点就在于如何对待核心圈与中间圈之间的文明差异。一方面，这种差异显著地伫立在他的经验和心态上；另一方面，为了使之紧密结合起来，共同面对外来危险，两圈之间的差异必须逐步消除。所谓"同文同轨，为中华民族永存不溃之基础。西康三大民族，三种文化，鼎峙而立，绝非建省所宜"❷。要解决这一矛盾，通过"文明教化"达到"大一统"的理想境界是必然的和唯一的途径。

但历经新文化的熏陶和"五四"运动的洗礼，任乃强不仅接受了西方近代科学知识，也准备积极接纳其社会意识形态。对他而言，上述"天下观"的思维方式显然已经不合时宜。于是在任乃强的笔下，内心深处的"大一统"理想，就是"文明"、"民族"、"国家"在"疆域"内的全面整合。而"文明教化"的途径可以解释为，一方面，文明慕化，落后文明必然向先进发展，才能达到物质富裕，达到边疆稳固、国家富强；另一方面，在西康各县，"汉民较多之地，即治权最固之地，亦即国防最坚之地"❸。基于这样的逻辑，无论文化差异还是民族冲突，实际上都成为"边疆问题"的一个方面。而为了解决这一问题，又必然要回到两圈差异这一根源上。因此，任乃强基本上赞同当时国内趋于主流的民族"同化"主张。

对于"民族"这一概念的界定和使用，任乃强没有作过明确解释。从相关的论述来看，他认为特定的民族应当建立在特定种族的基础上，划分

❶ 任乃强："西康图经·境域篇·弁言"，《西康图经》，拉萨：西藏古籍出版社，2009 年。
❷ 任乃强：《康藏史地大纲》，拉萨：西藏古籍出版社，2000 年，第 191 页。
❸ 任乃强："西康图经·民俗篇"，《任乃强藏学文集》（上册），北京：中国藏学出版社，2009 年，第 424 页。

一个民族首先应当以一定的血统为根据。尽管随地理环境而变异的体格和随社会环境而变异的文化习俗都可以成为划分民族的重要参考，但这些变异往往建立在以血统为根据的种族特征之上 ❶——这是他民族"同化"政策强调"调和血液"的重要原因之一。

就康藏住民而言，任乃强将"分布地域最广，约占西康全面积98%"的众多族群总称为"西康民族"或"康番"。西康民族不仅在分布上几乎覆盖了整个康区，在数量上也比其他族群更多，"现在西康住民，什八九为番，什一为汉人，百分之五六位其他民族"。构成西康民族的族群"具有大略相同之语文礼教与习俗" ❷，形成了一定的文化共性，基本上可以视为一个整体，并且他们在血缘上源于同一个祖先。

此时，在任乃强的笔下，西康民族在血统和文化上都与西藏住民不尽相同，前者为"羌与苗之混血种，而感受西藏文化之民族" ❸，后者为"羌与西藏土著之混血种，而融合中华与印缅两方文化之民族" ❹。即使喇嘛教通行康区，康、藏习俗语言已经融合之后，两地种族分野，依然严明：以丹达山为界，以东称为"康巴"，即西番，汉语为康坝娃，以西为"藏巴"，汉语称藏坝娃。这样的分析不仅在现实中，而且从根源上将康、藏民族区分开来，尤其是将康民视为羌苗混血，为其民族同化理论奠定了基础。

在任乃强眼中，康区的历史是一个摇摆于"化内"和"化外"之间的过程。摇摆的决定力量在于文化的熏染，而这种熏染来自于民间的互动——政治力量可以促成民间互动局面的形成。由此，他认为"同化番族

---

❶ 任乃强："西康图经·民俗篇"，《任乃强藏学文集》（上册），北京：中国藏学出版社，2009年，第203页。

❷ 任乃强：《西康图经》，拉萨：西藏古籍出版社，2000年，第422页。

❸ 史书记载，有三苗之国，在今两湖和江西之间。任乃强以为，舜曾将三苗豪族徙往三危（在今青海西北一带）。其时苗之文化已经与华夏相当，"既至其地，不免教以农牧兵刑之政；且与土人杂婚混血，造成草地之强族，是为羌族"。此后，羌族逐渐强大，广为蔓延。从根源上说，羌族是三苗后裔在北方的蔓延，称为北苗。其后部分羌人进入西藏，与当地土著混血，建立吐蕃国；另有部分循金沙、雅砻诸河谷南下。三苗豪族众多，迁徙剩下的人，进入南岭山区，"历世愈久，窜蔓愈远，分化亦愈繁，渐至语言习俗亦生差异，变为若干小族……我国古人不能细别之，统称为西南夷"，其实这些族群都是蔓延到南方的三苗后裔，称为南苗。大约在周秦之际，南苗向西，北苗向南，两族顺西南各大峡谷迁徙，相会在西康高原，"同源之族，言语易通，意志相感，风俗杂糅，新族于是生焉"，这就是西康民族。[任乃强："西康图经·民俗篇"，《任乃强藏学文集》（上册），北京：中国藏学出版社，2009年，第201—202页]

❹ 任乃强："西康图经·民俗篇"，《任乃强藏学文集》（上册），北京：中国藏学出版社，2009年，第205页。

第叁卷

之捷径，莫如移民实边"❶，但大量移民所需的财力物力难以一时间获得，折中起见，他提出六条关于移民同化的原则："改良译政，沟通语言；对徙番汉，调正情感；提倡杂婚，融合血液；奖励佛学，驯扰性情；改良吏治，诱进慕化；开发产业，促成合作。"❷也就是说，通过政府干预的部分移民，来引发文明进化，经济发展，尤其是经过血液调和，使民族之间的差异不复存在，形成彻底的民族融合。

此时，任乃强的同化政策与直接大量移民达到"用夏变夷"目的的最大不同在于，前者试图以"对徙番汉"和"融合血液"为途径，形成一种共同的或相互的融合作用，增强可实施性。在1929年"泸定县视察报告"中，任乃强曾经指出：

（泸定县）全县住民约万余户（现无确实调查），半在河谷平原，半在低山、高山二部。半自川西北及上川南移来，半为土著。土著本属夷族（此指康巴藏民），今则概已汉化。唯南境摩西以南之地，犹有保存旧俗之倮倮（指彝族），然已畏服汉官，数世从无作乱者。民俗淳谨畏官，识字者少，男女同等力作，毫无轩轾。女子承嗣，赘婿异姓，死则复赘，恰如内地娶媳然。❸

在这段文字中，任乃强明确指出泸定土著概已"汉化"，但另一方面，当地女子承嗣的传统却显示为藏式民俗。这样的矛盾意味着，"汉化"对任乃强而言并非完全意义上的文化改造，就民族建设而言，他所希望达到的目的是通过部分改造，在西康这一特殊地带造就一个特殊的群体，这一群体有两个显著特征，在精神上，信奉佛教，保持藏民的善良淳朴；在经济上，积极开发农林牧矿，促进社会物质发展。或者准确地说，任乃强希望看到的是，"处高原与河谷之间，兼营农牧业，每能兼通番汉语，奉喇嘛教黄教者多，虽从番俗，而亲汉官，多喜自称汉人，即称番民，亦慕汉化"的"汉番杂配者之子孙"，即所谓"扯格娃"，最终成为"现在政府统治下

❶ 任乃强：《任乃强藏学文集》（上册），北京：中国藏学出版社，2000年，第380页。
❷ 任乃强："西康图经·民俗篇"，《任乃强藏学文集》（上册），北京：中国藏学出版社，2009年，第373页。
❸ 任乃强："泸定县视察报告"，《任乃强藏学文集》（中册），北京：中国藏学出版社，2009年，第5页。

之社会中坚"❶。

英国驻川边副领事台克满曾经在其《西康游记》中分析了中央政府移民垦殖失败的原因：

汉官移民西康之企图，完全失败，而天主教之垦地政策，则有显著之成功。推原其故，盖由天主教所用之垦民，多属汉番混血种而非纯血统之汉人也。通常汉人尤以四川人，因不耐寒冷气候，殆不能生活于西康高原。不似体魄壮伟之河北、山西、山东人能络续移住内蒙，逼使蒙人后退，而耕垦其牧场也。又番人能于高寒之地农牧并重，而蒙人则只能牧畜，不解农业；此所以蒙人易于退却，而番则否。亦即汉人易向蒙古膨胀不易向西康移植之故也。❷

任乃强认为"此说解释汉人移垦西康之失败，虽不尽然，亦有理致"，主要认同汉番混血在西康民族同化政策中的意义。

从这个角度来看，任乃强并不赞同即刻的完全汉化，他的"对徙汉番"、"调和血液"，是想要在边地造就一个新的群体，并依靠弘扬佛教，使这个群体无论在血缘和文化上，都更加靠近内地的文明中心，成为其更为紧密的附属。这样的设想一方面是因为全面的汉化在当时的情况下还不太容易做到；而另一方面，也许是因为，在任乃强的意识中，中间圈始终是要与核心圈有所区分的，除非它们在最终的理想境界里达到"天下大同"。

但与此同时，任乃强也明确表示，汉族由于"文明发达"，其"同化能力，夙称伟大，附近民族，莫不受其陶熔"，且"汉族遗传力较番为强，故扯格娃之性情体格，衡七分似汉，三分似番，其学习汉文汉语，亦特容易"，而扯格娃更是"亲汉官、慕汉化，多喜自称汉人"。在这种情况下，使之信奉佛教并保持藏民的善良淳朴恐怕只能成为一种想象，汉番通婚的血液融合，最终的结果依然会是以汉族为中心的民族同化，难以逃脱"用夏变夷"的窠臼。对此，任乃强不可能没有清醒的认识，因而在更多的时候，他的叙述其实还是默认了所谓相互融合的"同化"其实就等于"汉化"。

---

❶ 任乃强："西康图经·民俗篇"，《任乃强藏学文集》（上册），北京：中国藏学出版社，2009年，第220页。

❷ 任乃强："西康图经·民俗篇"，《任乃强藏学文集》（上册），北京：中国藏学出版社，2009年，第400页。

到 20 世纪 40 年代，尽管依然提倡"促进汉夷通婚，利用汉与藏、彝族各有之优势之遗传力"，强调"发扬各族文化优长之点，使之交融"❶，但任乃强同时也明确提出，中央政府"力能制夷，则用夏以变之，苟不能制，则因势利导，以安中国"，并逐渐使"礼乐文教，渐以浸被，近腹各土，以次同化……"❷

最终，在汉夷杂居的中间圈对现代"国家"进行想象，任乃强不得不回到"天下观"的世界图式中寻求支撑。这一传统世界图式一般来讲包含着两个不同的层面。就政治层面上来说，这种认识世界的方式是一种自我中心主义的进步论，认为只有中国的文明才是真正的文明，而其他文明要根据其参与中国文明的程度来确定等级并进行教化。就哲学层面上来说，这种世界观传达出一种天下大同的乌托邦理想。不管这两个层次之间有何种差异，它们的共同之处是坚持一种大一统的理想，前者是有等级的统一，后者是天下大同。在任乃强而言，一方面他还不想也不能抛弃天下观中政治层面上有等级的统一；另一方面，他也试图从"天下大同"的理想中找到最终的道路。这造成他的同化政策中"混血"与"汉化"之间的矛盾和徘徊。从根本上说，不论"混血"还是"汉化"，任乃强都在试图以"有教无类"的大一统理想对"有类无教"汉族中心主义进行驳斥，但实际上，"有教无类"和"有类无教"不过是一枚硬币的表里两面，呈现的都是帝国心态下的"天下观"。

当梁启超的思想已经从经世致用转向民族国家，在康藏地区这一特殊地带，作为"五四"一代知识分子的任乃强，却不得不重拾曾经被批驳的经世致用理想，用中西结合的方法寻求建立在"天下观"基础上的国家影像。

此后，"经世致用"被认为是任乃强一生的治学追求。但随着时局的发展，这一追求与梁启超最初的倡导也渐行渐远。在梁启超那里，"经世"是一个含义复杂的概念，包括了在晚清时期逐渐形成的三重含义：入世意愿，对公职的政治义务，以及更为重要的政治制度革新。❸而对任乃强来说，"经世"所包含的政治革新意义在这个汉夷杂居的中间地带已经蜕变为建立在"天下观"基础上的虚无想象，现实中剩下的只有入世的意愿和对公职的义

❶ 任乃强："康藏史地大纲"，《任乃强藏学文集》（中册），北京：中国藏学出版社，2009 年，第 501 页。
❷ 任乃强："康藏史地大纲"，《任乃强藏学文集》（中册），北京：中国藏学出版社，2009 年，第 501 页。
❸ ［美］张灏：《梁启超与中国思想的过渡》，崔志海、葛夫平译，南京：江苏人民出版社，1995 年，第 52 页。

理论研究和学术史

务。因此，任乃强的"经世致用"所侧重的只能是"致用"，他所秉承的这一理想也只能回落到"资政"和"教化"的实用目标上，与传统方志并无二致。❶

1942年，任乃强在《康藏史地大纲》的初版自序中说："余尝任教，注重实践；从政，激嗜功利；治学，贵在受用，著书之旨，亦不离此数端。"❷后来他进一步指出，"知识只有反馈于社会、造福于社会才有存在的价值"❸，明确反对脱离实际的空谈。这在某种程度上似乎可以看作他在政治思想方向上的逃避，他所要做的只是用"科学的方法"解决现实的问题。实际上，行走康藏数十年，除汉藏疆界冲突和领土争夺之外，任乃强很少明确表达对政局的看法。他反对赵尔丰急于"用夏变夷"的态度，赞同刘文辉的"三化"政策，但他对赵尔丰及其后继者傅嵩炑的评价并不逊于刘文辉，因为在本质上，赵、刘都在追求一种"天下一统"的政治目标，只不过赵尔丰更具"帝国"气魄，而刘文辉和任乃强一样，只能在"国家"概念的笼罩下寻求"天下"的意象。

二、科学思想笼罩下：文明进化与宗教

西康历来缺乏文字记载，而政府实施新的统治又亟须对文化迥异却环境封闭、交通不便的少数民族地区的全面了解，因此，《西康图经》出版时，在康藏地区产生较大影响的国民政府边疆问题的权威和决策人之一、时任国民政府委员和考试院院长及亚细亚学会会长的戴季陶亲自为之作序，称之为"边地最良之新志"❹，对其即将产生的"资政、教化"意义寄予厚望。

戴季陶视《西康图经》为"新"地方志，有三方面含义。

其一，对于西康这样地理环境封闭的边远地区，历史上几乎没有什么记载可言，而任乃强的《西康图经》"其内容之精湛丰富与体例之正确明允自来志书中罕有其比，读之不但能悉一地之情况，其指示研究地方史地者

---

❶ 章学诚强调"修志非示观美，将求其实用也"，提出一方之志，要"切于一方之实用"。这种明清学人的"经世致用"思想最终成为任乃强"方志"书写的落脚点。

❷ 任乃强："初版康藏史地大纲自序"，载《康导月刊》第4卷第8、9期合刊，1942年。

❸ 任新建："任乃强藏学文集整理说明"，载《任乃强藏学文集》（上册），北京：中国藏学出版社，2009年，第4页。

❹ 戴季陶："序"，载《西康图经》，南京：新亚细亚学会，1933年。

以中正广大之道路者尤为可贵"❶，相比以往或其他志书，《西康图经》除了"资政"作用之外，还有助于学术研究的发展。实际上，这一"新"，强调的是《西康图经》"存史"的意义。

其二，因其地理位置偏僻，"国人中有颇明了巴黎纽约之街巷不能举西藏青海中最大之城市最大之山河之名者"，这就导致"国民欲要求其正确之爱国观念难矣"。《西康图经》的记述能够引导国人加强"国家"意识，重视"边疆"地带。这一"新"，新在"国家"概念的引入和边疆意识的强化。❷

其三，《图经》作志的方法与以往大不相同："古来作地方志者，必始之以天文而终之以人事，其中间之记载则为地理。今则地方位置之测定已无假于观星，而地理之记述则自地质以至于地文各有专家之记载。且人事统计发达以来，一切社会动态皆一一可于数字中求之，静态更无论矣。至是而作志之体例乃与昔日大异而难易亦各不同。"❸也就是说，戴季陶认为，民国志书相比以往，在作志方法上有两方面不同之处：

首先是体例有所不同。相比传统志书天文、地理与人事的书写范式，1928年国民政府颁布的《修志事例概要》在体例方面规定了一些新的改革性篇目，希望"通过志书体例的调整来重新组合建构新旧混杂的地方性知识，在历史的书写问题上获得权力架构所必需的代表文化形象的引领权与号命权"。虽然"权力力量的地方性到位仍显得极为疲软，意识形态的重新整合与统一也远未形成气候"，但"也或潜或显地影响到地方志乘的修纂，构成了其叙事学取向的潜在性规约"❹，西康虽然远在边隅，但任乃强的书写仍然在一定程度上反映了这种情况。更近一步说，在任乃强那里，体例的变化与调整也是使人"得一部之实况，竟全篇而一切如罗指掌"❺，从而于新的政治统治有所裨益的实际需要促成的。

❶ 戴季陶："序"，载《西康图经》，南京：新亚细亚学会，1933年。
❷ 就这一点而言，晚清自嘉道以来，边疆史地研究对此已经有所关注，就康藏地区来说，清道光二十五年（1845），姚莹被贬谪川藏期间，曾对西南各地进行实地考察，著《康輶纪行》一书，对西藏的历史、地理、政治、宗教以及风俗习惯等作了比较全面的考察，对英法历史，英俄、英印关系，印度、尼泊尔、锡金入藏交通要道，以及喇嘛教、天主教、回教源流等问题，都有所阐述，建议清政府加强沿海与边疆防务。民国以后，康藏研究的边疆问题脉络便因此而起。
❸ 戴季陶："序"，载《西康图经》，南京：新亚细亚学会，1933年。
❹ 张新民："多元性文化景观的形成与地方性知识的转型——民国年间贵州方志纂修的文化现象学探析"，引自 http://www.acc.gzu.edu.cn/go.asp?id=901。
❺ 任乃强："西康通志撰修纲要"，《任乃强藏学文集》（下册），北京：中国藏学出版社，2009年，第13页。

理论研究和学术史

其次在于"科学"的方法的使用。戴季陶序言中意指的"科学方法"主要是统计学。民国以降，这门学科被看作进行社会研究的"科学"手段。1928年颁布的《修志事例概要》中规定："志书中应多列统计表，如土地、户口、物产、实业、地质、气候、交通、赋税、教育、卫生，以及人民生活、社会经济各种状况，均应分年精确调查，制成统计表编入。"❶这一方法在任乃强当年撰写的"西康各县视察报告"中有明确的体现，但晚清以来，人们对"科学"所寄予的希望显然不止于此，任乃强关于用"科学"方法进行社会研究的设想也并非如此简单。在《西康图经》作为"新地方志"的特征中，这一"新"最为突出。

20世纪以来，由于科学与现代文明之间的密切关系，传播科学被认为是社会进步的当务之急，科学的重要性对于国内知识分子来说不断增长。人们对科学充满了希望，认为它必将带来社会发展和文明进步。胡适这样概括科学在中国受到尊重的特点：

这三十年来，有一个名词在国内几乎做到了无上尊严的地位；无论懂与不懂的人，无论守旧和维新的人，都不敢公然对他表示轻视或戏侮的态度。那个名词就是"科学"。❷

鸦片战争之后，为了更加深入的普及科学思想，20世纪之前那种以中国传统精神框架套用现代文明的方法——中学为体、西学为用——遭到严重质疑，知识分子号召人们将科学作为一种世界观来接受，彻底抛弃传统的生活哲学。科学很快取代了儒学，并几乎成为一种信仰，被人们作为教条而接受。

普遍而言，科学方法被认为具有四个基本原则：第一，经验原则，表现为对观察、假设、实验和再观察的需要；第二，数量原则，为取得精确的测量必须使用数量方法；第三，机械性原则，这意味着行为的抽象化表达；第四，通过科学而进步的普遍精神。❸但在20世纪初的中国，当人们大肆谈论科学的时候，实际上并没有一个对科学的统一认知。大致来说，科学被认为是一种理性的、实证的和精确的思维，正好与中国传统的中庸的和模糊的思想模式相反。

---

❶ 仓修良：《方志学通论》（修订本），北京：方志出版社，2003年，第361—362页。
❷ 胡适：《科学与人生观》，上海：上海东亚图书馆，1923年，第2—3页。
❸ ［美］郭颖颐：《中国现代思想中的唯科学主义》，雷颐译，南京：江苏人民出版社，1990年，第15—16页。

尽管还是有人，比如梁启超，担心对科学的信仰有可能最终会毁灭人类对自身的信仰。但他谨慎的警告在 20 年代初科学和玄学的论战中被击败了，科学主义获得了胜利，科学方法的应用范围不断扩大，包括了自然和社会生活两个方面。人们倾向于认为这个世界的所有方面，不论是生物的、物理的，还是社会的、心理的方面，都可以通过科学的方法来进行理解。这导致人们在"统治自然科学的自然法则（laws of nature）和被认为是描述了有秩序的、可分析的人类社会的自然法（nature law）之间画了等号"❶。也就是说，人们试图用自然科学的方法来分析和解剖人类社会。

　　（一）面对历史断裂：文明等级论的科学面貌

　　科学进入社会生活所取得的一个显著成就是社会进化论的普及。后者无疑是最早对中国社会思想产生强烈影响的科学理论。社会进化就其理论本身而言，不同的论者之间存在着很大的偏差，但基本来说，这一理论是生物进化论和社会演化论的结合。对于社会的发展，历史上有进步论和退步论两种论调。进步论是一种视进步为必然的天生的理论，从古希腊时代起就成为西方历史思想的主导。退化论则认为，人类在时间流逝中，随着从一种简朴的部落生活进入到另一种都市文明的生活，将会变得越来越不快乐。将生物进化论施加到社会发展过程上，也就是说，不把社会（或国家）作为人类人为创造出来的对象，而是将其看作自然成长的有机生命体，立足于通过生物有机体类推国家和社会发展规律，就形成了社会进化论。

　　社会进化论引入中国的时候，生物进化和社会发展之间的类比被高度强调了，这为这一理论赋予了更加"科学"的面貌，使之在 20 世纪初的"科学主义"年代很快受到追捧。

　　而另一方面，社会进化论中包含的"进步论"和民族中心主义与中国传统"天下观"中"自我中心主义"的文明等级论有相通之处，这从思维方式上为进化论在中国的普及铺平了道路。

　　在天下观的世界图式中，进步论和退步论都曾经占据一席之地。公羊"三世说"是一种进步论，而中国的道教则于退步论有部分相通之处。关于三者之间的关系，梁启超在日本讲演时曾经说道：

　　春秋之立法也，有三世。一曰据乱世，二曰升平世，三曰太平世。其意言世界初起，必起于据乱，渐进而为升平，又渐进而为太平。今胜于古，

❶　［美］郭颖颐：《中国现代思想中的唯科学主义》，雷颐译，南京：江苏人民出版社，1990 年，第 10 页。

后胜于今，此西人打捞乌盈（达尔文）、士啤生（斯宾塞）氏等所倡进化之说也。支那向来旧说皆谓文明世界在于古时，其象为已过，春秋三世之说，谓文明世界在于他日，其象为未来。谓文明已过，则保守之心生，谓文明为未来，则进步之心生。❶

但"三世进化"显然与社会进化论有着极大的不同，梁启超将其等同起来的做法，正是他后来反对的附会论。附会论的逻辑是将外来的事物与中国固有的事物联系起来，使外来事物正当化。附会论试图将"真的"和"自己的"协调起来，这一方面源于帝国心态下的自尊要求，另一方面也是思维方式转变过程中一种折中的过渡。由于这两方面的原因，附会论在19世纪后半期成为士大夫接受西学的一种方式。

20世纪初，梁启超本人首先发起了对附会逻辑及其所支撑的思考方式的批判，将其称为"思想界之奴性"。他在1902年写的《保教非所以尊孔论》中说：

若必一一比附之纳入之，然则非以此新学新理厘然有当于吾心而从之也，不过以其暗合于我孔子而从之耳。是所爱者仍在孔子，非在真理也。万一遍索之于四书、六经，而终无可比附者，则将明知为铁案不易之真理，而亦不敢从矣；万一吾所比附者，有人从而别之曰孔子不如是，斯亦不敢不弃之矣。若是乎真理之终不能饷遗我国民也。❷

梁启超之后，新文化运动的知识分子以科学为武器，进一步对附会论发起了猛烈的抨击。他们认为援用古代权威的态度是非科学的，迷信的，所谓"真的"是为科学的方法和手段所证实的，与是否是"自己的"全然无关。❸以这种方式，人们开始彻底否定中国的传统精神与现代文明之间的联系，全身心面对西方的意识形态。

然而"西学"尤其是西方社会科学的发展是一个延续的脉络，进化论的提出实际上是将此前西方社会关于人类生存思想的科学化，如果说进化论是一棵树，之前的启蒙运动就是它的根，越过对启蒙运动的理解去接受进化论，就仿佛移植树木时切去了根。因此，进入中国后，进化论不得不

❶ 梁启超："论支那宗教改革"，转引自［日］佐藤慎一：《近代中国的知识分子与文明》，南京：江苏人民出版社，2006年，第126页。
❷ 梁启超："保教非所以尊孔论"，《新民丛报》，1902年2月第2号。
❸ ［日］佐藤慎一：《近代中国的知识分子与文明》，刘岳兵译，南京：江苏人民出版社，2006年。

寻找它可以安身立命的根。附会逻辑无疑是这一行为的结果。

附会论遭到批判之后，中国传统精神被彻底否定，进化论原本有可能失去暂居之根，但科学的思想和方法正在此时进入了社会生活领域，它很快代替了附会逻辑中"我的"部分，使"真的"恰恰可以看似混然地连接在普适性的"科学"根基之上——因为"科学的"本身就意味着"真的"。或者准确地说，正是科学精神进入社会生活，替代儒教成为中国的精神信仰，也随之成为进化论乃至西方社会科学的"根"，附会逻辑作为一种折中的思维方式才彻底失去意义。

但实际上，如前所述，进化论是对19世纪西方人文思想的科学化。换句话说，"科学"思想不仅不是进化论的根，反而是以往思想积累的当前面貌。在中国，进化论将自己扎根于科学，恰恰有可能流于无根的尴尬境地。于是，立足于科学之后，进化论不再是一种对人类文明状态的思考，而成为一种史学方法——史学界的主流观点普遍主张历史学的性质是科学的，用来分析中国的过去，而研究过去又完全是为了解释目前的状况。比如王兴瑞认为："民族学研究的对象，是世界上一切文化低级的野蛮民族。……这些野蛮民族是我们祖先过去活动的状态，研究他们的生活，即无异于直接研究文明人的古代社会……所以说，自民族学兴，研究古代史的困难，便可迎刃而解了。"[1]这种将进化论当作历史研究方法的看法，是当时很多学者的选择。在西南地区，有人试图以摩尔根用亚美利亚加印第安人来探索古代社会的方法，将道孚榆科与中国内地情况相比，借以认识中国古代社会。[2]任乃强也认为西康社会文明程度，"适足与汉族周秦之际相当"。

接受过"五四"运动、新文化运动的洗礼，任乃强的大部分作品都强调用"科学的"调查研究为统治当局提供有效的行政管理依据，同时为当地居民在政府管理下适应新生活寻找"科学的"答案。这意味着，在任乃强那里，科学方法被看作是获得知识和真理的唯一手段，其适用范围不仅仅在自然领域，还包括社会领域。为此，任乃强强调对民族地区的社会文化进行实地考察，以实证的材料代替过去经验的感觉。

上世纪20年代末，当任乃强游走在康藏地区这个多个民族混居、多种

---

[1] 王兴瑞："琼崖黎人社会概观"，载《琼农》，1934年第9、10、11期，转引自王建民等：《中国民族学史》（上卷），昆明：云南教育出版社，第134页。

[2] 赵心愚、秦和平主编：《康区藏族社会历史调查资料辑要》，成都：四川人民出版社，2004年，第9页。

文化汇聚的"中间地带"，书写这个"华夷之间"的存在的时候，强烈的历史断裂感震撼了他。面对"恰似从二十世纪退到第几世纪去"的巨大落差，"社会进化"作为一个"科学的"概念必然不断地碰触他的神经。但是任乃强并不是一个唯物论的科学主义者，后者认为人类与自然的其他方面没有什么不同，思想和意识只不过是物质的副产品。

在有关进化的论述中，崇尚科学的任乃强从未明确提到生物进化与社会发展的类比，相反，在他笔下，生物进化和社会进化大多数时候是完全不同的。在人类社会中，生物进化仅仅关系到人种体质的演化，而社会进化则是一个历史过程，不同民族文化之间的差异应当用历史的眼光来看待，施之以历史研究的态度。❶也就是说，在任乃强那里，不断发展的并非社会本身，而是社会创造的文化——这其中所包含的文化的"人为"特征与社会进化论有着根本的差异，反而是文明"教化"的前提。

在《西康图经·民俗篇》中，任乃强辟专节论述"边地之社会风俗纯同先秦"❷，他说："文人慕古者，常憾不见上古时人。诚欲见之，则莫如到边地去。今日康地之社会民风，除多一喇嘛教外，殆无不可以先秦旧俗况之也。"❸在题为"古风"的这一小节中，通过将《诗》、《书》记载与西康社会中封建制、均田制、等级制、赋税徭役、宗教祭祀以及生活习俗等各方面进行对比分析，任乃强指出，康区的土司制度，与殷、周世的诸侯相同，均田制为西周井田制之遗留，嫔媵之制、奴隶之制和嫡庶制度等都是殷周遗制，生活习俗也是上古遗风。❹据此，任乃强认为，西康社会正处于初世纪的状态，情形大约与中国夏殷周世相当，换言之，汉族文明比西康先进两千多年。

在这里，不同的民族因为其文化发展状态不同而具有了等级性。尽管这一等级性同样表现在时间上，但被强调的却是文明之间的差异而不是社会发展的时间顺序，或者说，对这种等级的审视是横向的而不是纵向的。

"古风"一节的最后，任乃强引述了清代姚莹《康輶纪行》中的一段记载：

《康輶纪行》云：蕃人有合古者数事：女衣裳前著幅一也。（按：谓衣前围方裙，即古之蔽也。）蕃僧见人，必以哈达；即古之束帛，二也。蕃人见

---

❶ 任乃强：《西康诡异录》，成都："四川日报社丛书"，1931年，第1页。

❷ 该节题为"古风"，由《西康札记》中"边地风俗之一般"一节补充整理而来。

❸ 任乃强："西康图经·民俗篇"，《任乃强藏学文集》（上册），北京：中国藏学出版社，2000年，第383页。

❹ 任乃强："西康图经·民俗篇"，《任乃强藏学文集》（上册），北京：中国藏学出版社，2000年，第383—385页。

官长，必偻背旁行，即古一命二伛，再命而偻，循墙而走之义，三也。长官有问，必掩口而对，四也。礼失而求诸野，不其信乎。❶

这段引述意味着，对任乃强而言，进化论无非昭示了中国的一句古话："礼失而求诸野"，在这种更加含蓄的附会逻辑中，"我的"再次彰显了强大的力量。

和姚莹一样，任乃强用历史发展的进步论来解释汉藏文明之间的差异，而不是反过来，从汉藏文明的差异透视社会发展规律。这种横向的比较很容易使他在思维方式上回归到天下观的世界图式中，也使他对社会进化论的理解回归到汉族中心主义的文明等级论上。在他的内心深处，社会进化无非是文明等级论的变体，两者之间的区别只不过是文明等级的空间性和时间性的不同罢了。

正因为此，尽管任乃强初入康藏，曾经有过以进化论研究历史的想法——他在《西康诡异录》中提道："此次从成都走到西康的西境去，恰似从二十世纪退到第几世纪去活了一年的人回来。此中的差异太大了，惊奇的感觉，淹没了研究历史的安详态度……"❷但如同后面将要提到的，数年之后，当任乃强将目光真正从方志转向史学的时候，他却不得不放弃了"进化史观"，因为基于"天下观"的文明思考方式，任乃强无法从根本上完成文明等级从空间到时间上的转化。

当任乃强在"西康各县考察报告"、《西康诡异录》和《西康札记》的基础上撰写《西康图经》的时候，关注不同族群文化的人类学理论在西南地区的影响开始有所显现，在一些社会考察文章中出现了对人类学理论的应用，甚至出现了部分深入人的心灵史的考察："西康关外人民一般都忽略物的所有权，似乎物之所以为你的，并不是你有物的所有权，而是你有威力可以保管它，假使你的威力不足或消失，你的物未尝不可为我的物。所以康人都喜欢出高价买好枪，因为有枪便可以增加保管物品的威力。"❸这样的认识不仅可以解释当时藏族社会某些行为和现象，而且涉及私有观念的产生。体质人类学和人种起源等方面知识在西南地区的社会考察中也产生了很大影响。任乃强在《西康图经·民俗篇》中也记载了当地藏民的体质特

❶ 任乃强："西康图经·民俗篇"，《任乃强藏学文集》(上册)，北京：中国藏学出版社，2009年，第385页。
❷ 任乃强：《西康诡异录》，成都："四川日报社丛书"，1931年，第1页。
❸ 王涤瑕："榆科见闻记"，载赵心愚、秦和平主编：《康区藏族社会历史调查资料辑要》，成都：四川人民出版社，2004年，第241页。

点，从中可以看出人类学知识在当时的普及和影响。

但是，不论西方的信息量如何增加，只要知识分子内心深处文明观的根底不发生变化，他们对世界的认识就不可能发生根本的变化。而这种深刻影响知识分子思考方式的"天下观"并非顷刻之间就被完全颠覆的，更准确地说，由于缺乏相应的替代（科学成为世界观是一个复杂的过程和结果，尤其在多文明交汇的中间圈，此时还远未做到，或者说实际上很难做到），这种"文明观"从未被完全颠覆过。

在任乃强的进化论中，社会发展没有完整的线性时间序列：中国和西洋之间的差异落脚在机械技术或自然科学领域，而关系到人之生存方式和人类社会存在状况的差异才是"文明"的差异，他说，"其人（庄房娃）起居饮食一切物质享用，皆较牛场娃优。社会组织，风俗礼仪，亦较繁杂。盖牛场娃为接近原始时代之康人，庄房娃为其已进化者也"❶。这样的判断意味着，文明的差异仍然必须从人伦秩序（区分人与禽兽的标准）和礼之秩序（区分中华与夷狄的标准）的完备上去寻求，其中烙印的还是士大夫的精神结构——映射着帝国心态下的文明观。

正是基于天下观的文明等级论和大一统理想，任乃强深为赞同刘文辉的"三化"政策。但身处 20 世纪初这样一个科学主义时代，任乃强必须为这一政策提出"科学的"依据，于是进化论作为一种科学分析的方法成为任乃强所主张的同化政策的基础。他在《西康诡异录》中主张："纯粹康藏土人，体格与汉人差异极大……凡此四点，皆民族历史期短之征象，与其环境适应殆无关系。"❷这一主张意味着，在任乃强那里，人种进化是一个既定的过程，基本遵从自身的发展规律，不受或少受特殊因素的影响。如前所述，任乃强并不乐于将生物进化与社会进化等同起来，但在这里，他将体格差异与民族历史联系起来，有把人种进化看作社会进化一个方面的意图。这暗示了一项类比：人种历史期短者必将向历史期长者发展，从而文明落后者必将向文明先进者进化。人种进化涉及生物学领域，作为自然科学，这一领域更加具有实证性，与之相类比可以赋予文明进化更为科学的面貌。但这样的观点显然过于武断，因此，到了《西康图经》中，任乃强进一步补充了藏、汉人种体格上的差异，并修正其观点为："以上诸点，有

❶ 任乃强：《任乃强藏学文集》（上册），北京：中国藏学出版社，2000 年，第 216 页。
❷ 任乃强：《西康诡异录》，成都："四川日报社丛书"，1931 年，第 18—19 页。。

为人种历史演化之征者，有为适应寒冷干燥气候所致者。"❶

文明等级论被赋予进化论的外表后，表现出更为"科学"的面貌。任乃强拟牛顿万有引力定律总结出同化"定律"，展示了同化现象作为科学规律的抽象性与可重复性："两民族间之同化力，与其文明程度为正比例，与其距离为反比例"❷。并由此解释汉藏民族之间的文明关系，为同化政策寻求依据和方法："汉族较之番族，先进二千二三百年。此番族所以易受汉族同化之故耶。然而数千年来，番族竟未受同化者，交往断绝距离太远故也。（谓人的距离，非谓地的距离）"❸。在其他地方，任乃强也曾说："犷武强梁如东胡、鲜卑、氐、羌、苗、蛮、女贞诸族，一经接触，即归融合；况西番雍容和善之族乎。云南土民，号称一百余种，在昔汉族政教之下，一千年以来，除惠民一度作乱之外，率皆戢然向化，未有骚乱；况西康单纯一致之族乎。过去西番之所以未被同化者，特以道路梗塞，汉番接触甚稀，文语隔阂，情感不通故也。"❹虽然前者呈现为"科学"的面貌，后者则从"文明教化"的角度进行阐释，但在不同表述方法的背后，其实质却是一样的。看起来，在科学思想的笼罩下，"天下观"的文明等级论在 20 世纪 30 年代的中间圈，毋宁说进一步加强了。

（二）宗教：作为社会文化生活的一部分

进化论的普及并不是科学进入社会生活领域的唯一成果。由于科学在本质上反对任何不能被实证的东西，因此，科学进入社会生活以后，第一个受到致命伤的就是宗教。相比对进化论的"曲折的"理解，人们对宗教所进行的批判尽管意见不一，但基本上是在一个统一的概念范畴中展开的，这可能得益于中国儒家"无神论"思想在人们意识上的型塑（但大多数知识分子却是根据进化论而不是无神论来否定宗教和传统道德的，这也使得对宗教的批判随后转向儒学能够顺理成章）。1917 年到 1921 年，任乃强在北平读书和工作期间，那里展开了对宗教的批判性讨论，1922 年，讨论转变成对宗教的猛烈进攻。

之后，对宗教的批判转向整个传统文化，因为这一文化的代表——儒

❶ 任乃强："西康图经·民俗篇"，《任乃强藏学文集》（上册），北京：中国藏学出版社，2009 年，第 208 页。
❷ 任乃强："西康图经·民俗篇"，《任乃强藏学文集》（上册），北京：中国藏学出版社，2009 年，第 223 页。
❸ 任乃强："西康图经·民俗篇"，《任乃强藏学文集》（上册），北京：中国藏学出版社，2009 年，第 383 页。
❹ 任乃强："西康图经·民俗篇"，《任乃强藏学文集》（上册），北京：中国藏学出版社，2009 年，第 372—373 页。

理论研究和学术史

学，在某种意义上被看作是一种宗教。此时，任乃强已经回到四川。他没有继续经历整个20年代中国思想界对传统文明更为严厉的批判，但科学的思想及其对宗教的攻击已经刻印在他的内心。

"五四"一代知识分子以对待宗教的激烈态度而著称，在他们看来，宗教是一种粗劣的迷信，必将被文明的进程涤荡。"五四"知识分子反宗教立场基于一种对科学的坚定信念。这一信念要求他们必须否认所有非物理的东西，这种非物理东西的突出代表就是人类的宗教信仰。科学主义者必须为宗教找到一种彻底的解释，因为对"没有根据"的信仰的证据和联系性的怀疑的任何一点保留，都将使这一派哲学的根基动摇。这样，在科学主义者那里，宗教意识成为物质运动的一种形式，宗教价值变成一种专断的社会统治力量和权威——一般来说，宗教只是与原始信仰和蒙昧相连的朴素见解。❶

任乃强试图将科学看作获得真理和知识的唯一手段，他对进化论的理解不是反驳而是说明了这一点。作为科学的崇信者，任乃强对宗教的解释是唯物论的，认为宗教只是原始时代人类对事物的蒙昧解释，他说："人类迷信，发生于恐怖的环境，宗教信心，又因受迷信驱迫而坚定，故自然环境特异之地域，每为宗教发源地，或热烈诚虔之宗教拥护者。"❷在《西康诡异录》中，任乃强以较大篇幅介绍了康区藏民的宗教信仰，基本上用"迷信"二字为之定性。对于藏民的神山崇拜，任乃强说：

大抵康藏土人，于大山皆神之。盖因山高气薄，罡风凛冽，冰雹不以时至。逾者饥渴疲窒，每多道死。愚人以畏葸之情，在无可奈何之际，不免侥幸神佑，发为祈祷。幸而顺利，则归功于神；不幸而困逆，则归过于己。以此之故，山神乃多，而亦殆无不灵。❸

当然，任乃强的解释与儒家"无神论"思想不无关系。基于其汉文明中心主义的基本态度，他一贯于从外部对宗教进行审视。针对西藏地方的丹达山神崇拜，任乃强进行了更为具体的分析：

丹达之有神，故亦犹一切雪岭之有神也。故丹达神独为死于王室之汉官，如世所传，颇多可疑边地奇寒，尸皆不腐，况在雪窖中，其僵立鞘上，本甚寻常，土人必不至于奇而神之。意盖福康安等鼓励将使之权术尔。❹

---

❶ ［美］郭颖颐：《中国现代思想中的唯科学主义》。
❷ 任乃强：《西康诡异录》，成都："四川日报社丛书"，1931年，第35页。
❸ 任乃强：《任乃强藏学文集》（上册），北京：中国藏学出版社，2009年，第84页。
❹ 任乃强：《任乃强藏学文集》（上册），北京：中国藏学出版社，2009年，第84页。

从其相关叙述来看，任乃强对宗教持明确的反对态度。在 1929 年的呈给政府的"西康各县视察报告"中，宗教完全被排除于任乃强的视野之外。视察报告分门别类叙述了西康在治 9 县的境域、地势、地质土壤、气候、农林牧矿、治城、交通、人民、教育、团务、吏治、土司和教堂等各个方面，但宗教不在其中（关于喇嘛寺的少量记载主要关注寺院势力与政府统治的冲突）。任乃强对宗教的这种处理方式与 1928 年颁布的《修志事例概要》不无关系，后者明确规定："天时、人事，发现异状，确有事实可征者，应调查明确，据实编入，以供科学之研究，但不得稍涉迷信。"❶

但不可否认，任乃强本人从根本上赞同将宗教视为迷信的看法，并认为在"视察报告"这种科学严谨的官方汇报文字中，不应当出现非科学的东西。因此，关于康藏地区宗教信仰的描述被任乃强记录于《西康诡异录》中，后者在其看来，"原是游戏之作，非国书公文可比"❷。多年以后，任乃强在《泸定考察记》中，仍然多次对当地民间宗教习俗进行批驳。认为这些民间信仰乃"鬼神妖魅，皆游戏小计，无大效用"，"其为妄言，不待辨矣"。❸

然而任乃强并不打算就此把宗教直接丢进历史的垃圾箱。在《西康图经·民俗篇》的叙例部分，任乃强说："昔人图经，多志怪异。著者向习科学，痛斥迷信。近为见闻所移，觉怪异亦有可研究处。故于世传康藏异事，亦选录之。"

由于对宗教的唯物论解释始终没有改变，任乃强"觉怪异亦有可研究处"，必然从实用角度出发，着眼于现实性目标。事实上，任乃强并不试图将宗教从藏民的生活中剔除出去，而是主张"崇其教，不易其俗，因其俗以治其民"❹。在他那里，宗教是虚无的，但却有一定的实用价值。他提出的同化政策中，"奖励佛学，驯扰性情"是其中重要的一条。

实际上，"五四"运动之初，知识分子曾经从实用性角度来判断宗教。陈独秀曾于 1917 年指出："宗教的价值在其对社会福祉的直接贡献。"❺也就是说，宗教对于社会具有一定的道德意义。但这一论调很快就被推翻了，

❶ 仓修良：《方志学通论》（修订本），北京：方志出版社，2003 年，第 361—362 页。
❷ 任乃强：《西康诡异录》，成都："四川日报社丛书"，1931 年，第 19 页。
❸ 任乃强："泸定考察记"，《任乃强藏学文集》（中册），北京：中国藏学出版社，2009 年。
❹ 任乃强：《任乃强藏学论文集》（上册），北京：中国藏学出版社，2009 年，第 54 页。
❺ 陈独秀："答刘经扶"，载《新青年》第 4 卷第 3 号，1918 年。

理论研究和学术史

在科学思想的进一步冲击下，人们开始认为，道德和宗教没有任何联系，为求得报偿而投向宗教的道德是被动的、不自然的和虚伪的。[1]但任乃强显然并不想要如此彻底地对待康区藏民的宗教信仰，他认为，康巴藏民有四种美德：仁爱、节俭、从容和有礼，这四种美德都源于藏民笃信佛教，长期尊奉唐初吐蕃赞普苏隆赞所颁布的 16 条德行标准的陶铸。更进一步说，"康藏社会重心，全在喇嘛寺，举凡文学、艺术、占卜、教育、医药、祈祷、知识、财富、令教、信仰，莫不由喇嘛寺操持之，此其势力，非易扑灭，可知也。无论喇嘛教本身是否应予提倡保护，单就统治康藏之政术言，即不能不爱护喇嘛，提倡佛教"[2]。因此，佛教不但不应当取缔，而且应当大力宣扬。

由此，任乃强在理想上为西康这一特殊地带造就了一个特殊的群体，这一群体，如前所述，有两个显著特征，在精神上，信奉佛教，以保持藏民的善良淳朴；在经济上，积极开发农林牧矿，促进社会物质发展。通过这一设想，任乃强实际上将精神文明（20 世纪 20 年代中西文化论战中称为"精神性"的东西）和物质文明二分开来。至于两者之间的关系，在当时是一个远未明晰的话题。一些人认为（毋宁说是希望）在实现了一定的物质文明，或者说社会达到工业化水平以后，相应的精神文明就会自发地随之而来。尽管他们不能否认工业化依赖于精神和物质两方面的因素，并且还有人认为，仅仅物质方面的建设并不必然或自动地伴随着所希望的思想意识或制度上的提高和改进，恰恰相反，思想意识的落后是妨碍中国实现工业化的最大障碍之一，但前述的观点还是获得了多数人的赞同。因为相比在一个社会中树立起一种精神境界，发展它的物质文明显然是一个更容易实现的目标。[3]

1916 年至 1918 年，吴稚晖先后在《新青年》上发表三篇文章，认为科学是进步和工业社会实现的伴侣。他在《青年与工具》和《再论工具》两文中分析了物质文明概念，并提出："吾绝非崇拜物质文明之一人。惟认物

---

[1] 周策纵：《五四运动：现代中国的思想革命》，周子平等译，南京：江苏人民出版社，1996 年。

[2] 任乃强：《西康诡异录》，成都："四川日报社丛书"，1931 年，第 91 页。

[3] "五四"一代学人因此被指对社会的改革和发展缺乏耐心和持久性，企图在几年的时间里取得西方国家经过几百年的努力仍没有完全实现的事情（周策纵：《五四运动：现代中国的思想革命》，周子平等译，南京：江苏人民出版社，1996 年）。

质文明为精神文明所由寄之而发挥则坚信无疑。"❶这一观点在 20 世纪 20 年代产生过相当的影响，不论任乃强对此是否完全赞同，至少这一看法为他改变康藏地区落后面貌的迫切心情找到了可行的路径。于是，在任乃强那里，科学和物质文明等同起来，物质文明则必定与国家富强、人民幸福相等，而精神文明，被放置在了物质文明之后。此间，不论"同化"、"汉化"和"文明进化"，任乃强都更加强调物质文明的发展，他的论述也大多围绕这一主题进行。这其中的原因，一方面，任乃强对作为一个改变康藏地区落后面貌的"实干家"的兴趣，远远超过了作为一个民族文化的理论家。在走进西康的最初十年时间里，他基本上将自己所要寻求目标定位于物质文明及其能够带来的国家富强和人民幸福，并为之"荷锄携筐，身亲耕耨，发种种蒙泥沙，肤色黔黎如健壮农"地奋斗着。但另一方面，可能更重要的是，因为不能从根本上去除两圈之间的文明区分，同时又不能彻底否定传统文化，任乃强似乎有些无奈地放弃了对精神世界的思考。❷

　　放弃对精神世界的思考从一个侧面透露出任乃强关于科学思想的矛盾：一方面，他笃信科学，不仅在自然科学领域——比如农学和地学——的研究中使用现代科学方法，而且主张用实证方法面对民族文化，并以唯物主义的态度来解释宗教；但另一方面，他又不能将社会生活领域的某些命题——比如道德——完全付之于科学，或者说，将其对社会生活的理解扎根于"科学"之上，建立以"科学"为基础的世界观。❸可以说，尽管信奉科学，但在任乃强的意识中，科学远非万能。但传统文化已经遭到摒弃，究竟应当如何面对"科学"所无法解决的问题，成为任乃强所要面对的一大难题。1942 年，在对西康文化建设的建言中，任乃强进一步明确了他关于宗教与科学并行的设想，他说：

　　　　科学文化之发展，在康省有特别重大之意义：一、一切经济建设，皆

---

❶ ［美］郭颖颐：《中国现代思想中的唯科学主义》，雷颐译，南京：江苏人民出版社，1990 年，第 30 页。

❷ 可能因为个中矛盾，任乃强很少谈及汉人社会精神性的东西，但初入西康，目之所及，汉人"多内地亡命之无赖，因生活逼迫来此者，身体孱弱，嗜烟好讼，为其通病。心底奸险者，十居八九。咸以剥取番民自肥为志，上者以工商工技取之，下者以挑逗夺巧取之，最恶者投身胥吏，藉官搰索之"，而藏民则"男女力作如一，不知学问，无机械心，性淳谨，有先秦风"，任乃强不由得感叹"边地社会本无弊，弊皆汉人教之作之也"（任乃强：《任乃强藏学论文集》（中册），北京：中国藏学出版社，2009 年，第 29 页）。目睹这种情况，文明究竟是进化还是退化在任乃强心中也许产生过疑惑，此后，任乃强很少在道德层面上谈及汉藏社会之间的关系，但提倡佛教一直是其治边政策的内容之一。

❸ 在 20 世纪 20 年代关于科学与"玄学"的论战中，科学主义者坚持，科学本身能直接产生一种人生哲学。

须以科学知识为基础，培养康省人民之科学观念始利于各种经建事业之开发。二、佛教文化之利在于驯抚悍民，而其害，则为削弱国力。为救其弊，当以科学文化与之并肩发展，俾其不相妨而相成。❶

这一设想看似填补了任乃强对精神世界思考的缺失，实际上却使他前述关于科学的矛盾更为明晰地显现出来：一贯于从外部来审视宗教，佛教在任乃强看来是反"科学"的封建迷信；而物质文明的发展恰恰要建立在科学知识的基础上。任乃强对这一矛盾的视而不见，只能有一种解释：因其固有的文明观和建立于其上的思维方式，任乃强实际上将科学看作一种方法，而不是一种思想。佛教在方法上是反科学的，但在思想上，或社会生活方式上都不是。也就是说，尽管从外部审视宗教的时候，佛教被视为愚昧的迷信，但当其被理解为一种"信仰"的时候，任乃强多少有些放松了他自我中心的"科学"准则，隐约显示了对佛教的"主位"思考，更重要的是，任乃强是将宗教放在社会文化生活中去理解的，而不仅仅是将其放在宇宙观或人生观的路径上去考察。

三、别样民族志：当下的历史

和宗教一样，任乃强对民族文化的描述最初也没有展现在"西康视察报告"当中，而是被纳入了《西康札记》和《西康诡异录》。这些内容作为一种旅途杂记，分别于1930年起陆续刊登于《边政》月刊和《四川日报》副刊，后来被整理成书，最终为《西康图经·民俗篇》的写作奠定了基础。

任乃强关于西康社会民族文化的描述，尤其是《西康图经·民俗篇》因首次最为详尽地论述西康的民俗文化而著名，堪称西康地区第一部民族志。《民俗篇》分上下两篇，其中"下篇"简略分述了西迁汉人、泸南倮倮以及滇边摩些、估倧、民家、傈僳、怒子、俅夷等族群的生活状态，由于任乃强并未亲临其地，因而他对这些滇边族群情形的描述大多取自文献记载，尤其主要摘录清乾隆年间余庆远撰写的《维西见闻录》一书。"上篇"是《民俗篇》的重点内容，这部分的叙述建立在长期深入的实地考察基础上。在"上篇"中，任乃强以大量的篇幅完备地叙述了"康番"的人种、职业、衣食住行、性格礼俗、岁时、娱乐、语言等方面的情况。由于藏族妻子罗哲情错的影响和帮助，任乃强能够更加深入细致地全面描述西康地区族群

---

❶ 任乃强：《康藏史地大纲》，拉萨：西藏古籍出版社，2000年，第197页。

分布、社会组织和文化生活的各个方面。更重要的是，由于长期以来人们往往片面地将藏族文化概括为宗教文化，忽视藏族文化中的非宗教文化，因而书中所记述的西康民俗文化，更显其民族资料方面的价值。

任乃强民族文化记述的着眼点并非在其民族学价值，而在于从方志"资政"作用出发而延伸出的"存史"意义。方志以"存史"为重要目标，这里"史"的一方面含义是"当下的历史"。

关于志书性质，历来有"地理"和"历史"二说。古代大多数学者都把方志看成是地理书，历史文献目录也往往把方志归入地理类。但清代史学家章学诚提出"志乃一方之全史"之后，"志属信史"逐渐得到普遍认同。章氏认为，周代"外史掌四方之志，是--国之全史也"。也就是说，古所谓"国史"，其实就是"四方之志"的归纳，而方志则是"国史"之地方版本，两者书写的都是社会生活的各个方面。

这些书写，不论国史还是方志，从后人的眼光来看，都是前人留下的史料。民国方志与旧方志相比，体例有所改变，但并未越出传统史书含义的范围，后人视之，也不过是史料而已。但方志以"信今传后"、"以章利弊"为本，详近略远，突出当代，特别重视搜集和保存当代的文献掌故，要求修志者不仅要广泛搜集本地的各种文字材料，而且要深入民间，加意采访，掌握第一手资料，以免日后"放失难稽，湮没无闻"❶，其"存史"角度更多立足当下，立足田野调查。

作为一种对"当下历史"的记录，方志和民族志的确有共通之处，只不过前者的"历史"是"自我"和"他者"共通塑造的，而后者的"历史"则是通过学术规范塑造出来的。换句话说，方志展现的是历史上的当下，民族志描述的是想象中的历史。

任乃强创作《民俗篇》的初衷并非是为康巴藏民写志，而是配合刘文辉的"三化"政策，从方志目标出发，实施其"资政"、"教化"与"存史"的功能。如前所述，戴季陶视《西康图经》为"新地方志"，主要新在科学方法的使用，尤其是以往的方志，"必始之以天文而终之以人事，其中间之记载则为地理"，而在近代科学思想的影响下，"作志之体例乃与昔日大异

❶ 章学诚："记与戴东原论修志"，载章学诚著、吕思勉评：《文史通义》，上海：上海古籍出版社，2008 年。

而难易亦各不同"❶，有关"人事"方面的记录不仅在数量上大为增加，在方法上也出现了明显的变化。

方志作为中国传统的书写方式，本来注重于"人事"。这些"人事"大多是容易被主流社会记忆——例如正史——遗忘的边缘性时空。时间上，"晚近史家，不记现存之人，与当代之事，苟以避请托，远恩怨，非史之正也"，而方志却能够"略远详近，以章利弊"❷，注重晚近或当前史事；空间上，方志大多强调描述本地特质，并力图表明"本地"为中国整体的一部分。❸就此意义而言，传统方志的书写作为对"边缘地区"的当下塑造，可以看作一种别样的"民族志"。

20世纪以来，在西方社会科学的影响下，传统方志对人事的记录产生了一些变化。任乃强指出："方志为辅政之书，人民为施政对象，其种族分布、社会结构、文化情俗，关系重大，甚于地理。乃过去方志，人物传外，户口风俗，率寥寥数语。于其社会体象之全，因果构成之理，胥费经意……"❹因此，在《西康图经》中，一方面，日常生活方式的琐碎细节被详细记录下来；另一方面，20世纪以来国内思想界关于"民族主义"的讨论以及辛亥革命之后中央政府对民族平等的强调，都使这些记录被要求赋予一种"研究精神和平情态度"❺。由此，所谓"人事"能够较为客观地展现出一种生活方式及其背后的价值观念，在某种程度上具有了人类学的意义和价值。

任乃强本人反对轻视边地民族，他认为在西康这块汉、藏、傈三族混居的土地上，"过去汉人，狃于用夏变夷成见，对彼两族文化，过于轻视，酿成种种错误，大为国防之累"，因此主张以"平情态度"研究他们的社会文化，为政府管理提供客观的现实依据。❻但这并不意味着任乃强真正想要或者能够平等地看待这些民族及其文化。事实上，直到1940年撰写"西康图经撰修纲要"之时，任乃强才初次明确提出用"平等"的态度对待汉藏

❶ 戴季陶："序"，载《西康图经》，南京：新亚细亚学会，1933年。
❷ 任乃强："西康通志撰修纲要"，《任乃强藏学文集》（下册），北京：中国藏学出版社，2009年，第14页。
❸ 王明珂：《寻羌：羌乡田野杂记》，北京：中华书局，2009年。
❹ 任乃强："西康通志撰修纲要"，《任乃强藏学文集》（下册），北京：中国藏学出版社，2009年，第14页。
❺ 任乃强："西康通志撰修纲要"，《任乃强藏学文集》（下册），北京：中国藏学出版社，2009年，第15页。
❻ 任乃强："西康通志撰修纲要"，《任乃强藏学文集》（下册），北京：中国藏学出版社，2009年，第14页。

民族，"痛矫昔人漠视边民之习，以副总理民族平等之义"❶。在此之前——准确地说甚至包括此后直到内地学术机构全面西迁，尽管任乃强反对轻视边地民族，但他对这些民族的重视与其说落脚在社会文化上，不如说落在边疆政治上。

1929年，任乃强初次入康，曾在康定武侯祠看到一块石碑，上面镌刻清果亲王允礼所作《七笔钩》词一首。果亲王于雍正十二年（1734）奉诏送达赖喇嘛从泰宁回西藏，经过康定（时称打箭炉），写下这首词：

万里遨游，西出炉关无尽头。山径雄而陡，水声恶似吼。四月柳抽条，花无锦绣，惟有狂风，不论昏合昼。因此把万紫千红一笔钩。（咏景物）

出入骅骝，惯做君家万户侯。世代承恩厚，顶戴儿孙有。凌阁表勋猷，荣华已够，何必执经，去向文场走。因此把金榜题名一笔钩。（咏土司）

蛮寨圈中，人住其间百尺楼。遍地丧家狗，满屋屎尿臭。乱石砌墙头，彩旗前后，经幢标杆，独立当门右。因此把雕梁画栋一笔钩。（咏番屋）

无面羊裘，四季常穿不肯丢。白雪堆山厚，盛夏凉风透。沙葛不需求，氆氇耐久，一口钟儿，哈达当胸扣。因此把锦绣绫罗一笔钩。（咏番服）

客到不留，奶子熬茶敬一瓯。蛮浊青稞酒，糌粑拌酥油。牛腿与羊肘，连毛入口，风卷残云，食尽方丢手。因此把山珍海味一笔钩。（咏饮食）

万恶光头，铙钹喧天不竟休。口念糊涂咒，心想鸳鸯偶。两眼黑油油，如禽似兽，偏袒肩头，黑漆钢叉手。因此把三皈五戒一笔钩。（咏喇嘛）

大脚丫头，辫发蓬松似冕旒。细折裙儿绉，半节衫无钮。褪裤不遮羞，春风透漏，方便门儿，尽管由人走。因此把礼义廉耻一笔钩。（咏番女）❷

这首词被任乃强记录下来，先是刊登于《四川日报》副刊，后收入《西康诡异录》。任乃强评论说：

其人（果亲王）好弄文，康定泰宁与化林坪，皆有其遗墨。七笔钩，系其讥鄙康蛮，游戏之作，见者多斥其不通，然西康自雍正朝始设武官，光绪朝始置文官，到边者又多学问浅薄之俦，故数千年来迄无文艺传世，此作虽俚，亦足珍矣，爰全录之。❸

❶ 任乃强："西康通志撰修纲要"，《任乃强藏学文集》（下册），北京：中国藏学出版社，2009年，第14页。

❷ 任乃强："西康图经·民俗篇"，《任乃强藏学文集》（上册），北京：中国藏学出版社，2009年，第385—386页。

❸ 任乃强：《西康诡异录》，成都："四川日报社丛书"，1931年，第33页。

理论研究和学术史

人类学研究所

任乃强仅从文辞鄙俚的角度评价这首词，并认为"此作虽俚，亦足珍矣"，显然于心态上认同果亲王在礼仪教化方面对藏民的蔑视，完全没有意识到"平情"态度的意义。于是很快，有人就向任乃强指出，国民政府已经通令全国，革除对少数民族使用"蛮夷戎狄"称呼的陋习，而任乃强却在《西康诡异录》中称康巴藏民为"康蛮"，有轻视西康同胞的嫌疑。对此，任乃强解释说："藏语呼茶为'甲'，汉人为'甲闵'，犹言产茶之地人也。蛮子为'白闵'，无适当译义，通俗译为'蛮家'。蛮家通汉语者，对汉人言语，常谓'我们蛮家，你们汉人'，未尝以称'蛮'为耻。但出西康，如内地后，即深恶呼此二字。盖在西康时，不自知其弱点，亦无人对之嘲笑，便觉称蛮无可异。入内地后，处处自惭形秽，亦处处遭汉人鄙视，便觉称蛮为羞。蛮字本身，并无若何羞辱轻重意义存在也。"❶

此时任乃强已经清楚地看到，人通过"他者"获得"自我"的认知，因而完全"客观"的叙述可能并不存在。但他没有在这一想法上作过多停留，而是进一步指出，"美名宁有何用呢？如果康蛮有可敬处，蛮子二字一般可敬，如其始终是可鄙的民族，纵称之为'康先生'，又有何益？"任乃强的解释实际上是说，如果不促进文明进化和经济发展，平等看待少数民族的愿望就不可能实现，而自己力主推动当地社会发展，才是真正想要平等看待土著民族。

虽然为自己的行为作了有力的辩解，但任乃强还是放弃了这种用法，之后，他没有再使用"康蛮"来称呼康巴藏民。一方面，是因为国民政府的通令禁止；另一方面，从任乃强的辩解中可以看出，他其实已经意识到，虽然不能做到完全的客观叙述，但至少外部认知不能无视一个群体的主观意愿。

此后，随着国内思想界关于民族问题的进一步讨论以及国民政府的官方倡导，1933 年《西康图经·民俗篇》出版之时，《七笔钩》被收入到"'同化'问题"一章中，用以表明"当时中国官府厌薄边地，轻视番族，无心同化工作"的错误心态。此时，看起来任乃强已经初步完善了他用"研究精神"对少数民族文化加以"平情叙述"的想法，并努力将这一态度贯彻于对民族文化的书写中。但实际上，尽管 20 世纪以来，国内思想界关于"民族主义"的讨论不断深入，并且民国成立之后，很快将民族平等作为其

---

❶ 任乃强：《西康诡异录》，成都："四川日报社丛书"，1931 年，第 19 页。

民族政策的基本原则，但大力宣传中华民族的一体性，尤其是中央政府致力于以"同化"方法促成民族之间的差别的消失，反映出的恰恰是建立在"天下"图式上文明等级意识。在此基础上形成的"平等"观念很难造就真正客观的"平情的"叙述。

因此，很多时候，任乃强将"平等"理解为一种"接纳"，与果亲王《七笔钩》中鄙夷的排斥态度相反，任乃强对藏民社会生活的描述饱含着一种同情的喜爱，然而同情本身常常意味着等级性。尤其是一旦涉及"文化"的内容，任乃强以汉文化为中心的价值判断标准就会表露无疑。直到1939年，任乃强在《泸定考察记》中，这样评价当地景观文化："古柏连云，谓市外大白果树高与云连也。聆下忍俊不禁。白果，曰银杏，曰公孙树，从无训为柏者。此树即在坊侧，往来者无不见。寿龄不过百年，高不过三丈，以为圣物，已奇。诬为连云，又奇。诂为柏，可谓奇想三绝。"另有："（风塔凌云），凌云，盖夸言也。余见其塔甚小，座山亦卑，去云层远甚。"❶这些话读起来十分有趣，仿佛可以想见，泸定城外那棵巨大的白果树和城北五里的山峰以及山上的"风塔"，作为当地民俗文化的表征，在汉文化的注视下渐渐"小"下去。

此外，任乃强还评论说："（灵蟹吐霞）所云荒诞，而强云确凿。即如所云，以蟾为蟹，雾为霞，亦殊荒谬。……冷碛附近，有佛耳崖万历石刻、对岸营盘河坝之古磊、金竹坪之周土司世茔，与近今新开盘旋空际之马路，及利济全坝之堰水，皆极有标题价值。冷人未取，而为此荒诞标语，亦可惜。"❷这些评价显然是以汉文化为标准来衡量当地的社会习俗，其中所包含的礼俗教化心态与果亲王的《七笔钩》如出一辙。

可以说，当任乃强以政府官员的身份，怀抱"资政"、"教化"的理想进入康区的时候，研究者和被研究者之间不平等的殖民主义关系就已经形成了。仿佛是民族研究摆脱不掉的魔咒，这一形态总是伴随着人类学家的田野调查。但与后来人类学研究不同的是，任乃强并不打算或者无法对此进行隐瞒。更准确地说，由于没有受到严格的学科训练，任乃强不可能意识到知识生产"客观性"的内涵和意义。"平情"在任乃强而言意味着客观，但客观如何可能却不是任乃强思考的问题。

---

❶ 任乃强：《泸定考察记》，《任乃强藏学文集》（中册），北京：中国藏学出版社，2009年，第204页。
❷ 任乃强：《泸定考察记》，《川大史学·任乃强卷》，成都：四川大学出版社，2006年，第414页。

理论研究和学术史

　　然而从另一方面来看，也正因为如此，在任乃强的书写中，没有什么需要坚守的理论方法规则，他只是也只能凭借自己的眼光和经验判断事物。尽管反对歧视边地民族，试图造就一种所谓的"客观展现"，但任乃强显然不打算隐藏自己的主观见解。在《西康图经·民俗篇》中，任乃强详细记载了当地各色人等的外贸服饰、表情语言，描述他们的个体和团体行为，相互之间的交往。他描绘当地藏民的语言风格说：

　　其意虽悍，其辞甚谦。誉长官，必曰"名如日月，恩逾父母"，称朋辈，必曰"凤仰山斗，欣聆教益"，称头人，辄曰"金光万丈之头"，称人足，辄曰"尊贵莲花之足"。虽在仇敌，不出慢言。其聆人言语，必于关节间歇处，应曰唯唯。如属拂意之语，报以一哂而已。❶

　　这些描绘中包含的情感取向十分明显，对藏民语言中过分夸饰的嘲弄和对其平和谦让的个性发自内心的赞赏溢于言表。而对于康藏盛行之跳歌装，任乃强坦言"聆之毫无趣味，渐昏昏坐寐"。参加作法仪式时，"余座侧适有一大鼓，隆隆震耳欲聋，碳气亦不可耐，切盼其法早毕"，法毕，走出门外，"如解倒悬矣"。❷

　　事实上，尽管不像果亲王的《七笔钩》那样尖刻，但任乃强对康藏文化的描述也常常带有明显的嘲讽之意。他通过自己尴尬的如厕经历来表现藏民家中厕所的肮脏污秽，无意中用自己的"偏见"展示文化的差异与扞格。他这样描述当地人的"卫生习惯"：

　　男妇终身不洗脸，故无脸盆。偶有盥者，用茶杯盛水，以指蘸而揩之，俾面皮沾水而止。汗垢之属，堆积过厚，得水粘润，则以指力搓去其一部。妇女为保其面部光润，常以蜂蜜或碗儿糖涂于两颧及额颏间，初涂甚光亮，隔日而晦，灰尘粘积后，乃黑如漆，远望若鬼。牛厂妇女不得蜜与糖者，竟以牛屎涂之，外人骤见，莫不惊怪。❸

　　这段文字充满戏谑，读起来让人忍俊不禁。尽管任乃强强调科学思想，主张以"研究"的精神，"平情"叙述少数民族的文化习俗，但他"士大

---

❶ 任乃强："西康图经·民俗篇"，《任乃强藏学论文集》（上册），北京：中国藏学出版社，2009年，第357页。

❷ 任乃强："西康图经·民俗篇"，《任乃强藏学论文集》（上册），北京：中国藏学出版社，2009年，第290—291页。

❸ 任乃强："西康图经·民俗篇"，《任乃强藏学论文集》（上册），北京：中国藏学出版社，2009年，第311页。

夫"心态下的"偏见"总是不由自主地流露出来。

与人类学用"科学的"语言对民族文化进行"客观的"描写不同，任乃强不会也不可能"将自己的偏见用学术的外壳包装起来"，他率直的表述表达的不仅仅是"他者"，也是"自我"，而正是这种独特的表述，打破了我们对少数民族的"刻板印象"。一如王明珂评价黎光明的《川康民族调查记录》时所说："我也读过许多人类学著作，它们中也没有一本如同黎光明的报告那样能有血有肉地描述'人'，包括文中不经意流露的他'自己'，而让我感觉身在当时社会之中。"❶

在任乃强的笔下，"他者"常常是鲜活的，"自我"也无时无刻不存在于"他者"中间。与人类学所追求的"客观知识"不同，此时，恰恰是"自我"和"他者"的互动与融合，造就了当时的真切情境，让人仿佛感到身在那一刻"他者"与"自我"交汇的历史中。由此，任乃强的书写构成一种对"边缘地区"的"当下"塑造，其本身正在形成后来的"历史"。

《西康图经》三卷本的创作从 1932 年开始，延续到 1935 年。这期间，康藏研究的两条脉络——华西边疆研究学会一脉和边疆问题研究一脉在研究内容上都表现出"博"的取向，尽管其研究路径并不相同——前者在研究范畴上是学科性的，后者则是社会性的。从边疆问题研究着手，任乃强的"方志"书写呈现出复杂的"经验"和"心态"。一方面，这种书写基本顺应了国民政府的号召，试图以帝国体制下"中央朝廷"和"地方郡县"的对应情境来体现当前政治统治合法性，表现了新的语境下志书形式与权力话语相互配合的价值诉求；另一方面，"中央"与"地方"的对应关系在"边疆"这一特殊地带被蒙上明显的"教化"色彩，体现为任乃强志书书写中强烈的"经世致用"特征。可以说，从国家到个人，"天下观"的思维模式被种种新的思想笼罩起来，但其基本脉络依然清晰可见。在这一背景下，任乃强眼中国家、民族和文明的图景逐渐展开，这显然不仅仅是任乃强眼中的西南图景，也是那一代学人眼中的。

❶ 王明珂：《寻羌：羌乡田野杂记》，北京：中华书局，2009 年。

理论研究和学术史

Ren Naiqiang and His *Xikang Chorography*:
Statecraft of the Chorography

Xu Zhenyan

Abstract: Nineteen thirties, from the nation to the individual, mode of thinking of "world view" was covered up by all sorts of new ideas, but its sequence of thought was still visible. Against this background, the view of country, nation and civilization of Ren Naiqiang unfold. In the southwest frontier, his writing of "local chronicles" exhibited a complex "mentality". On the one hand, this kind of writing conformed to the national government's call to correspond the situation of the Empire, on the other hand, the correspondence beteen the "central" and "place" in the "frontier" was covered with the "moralization", and embodied distinguished feature of "practicalness".

Keywords: Ren Nau-qiang; Xikang Tu-Jing; southwest region; frontier; nation

作者简介

濑川昌久（Masahisa Segawa，Center for Northeast Asian Studies，Tohoku University），东京大学文化人类学专业学术博士。曾任日本国立民族学博物馆助理研究员，现任日本国立东北大学东北亚研究中心教授。濑川昌久师从中根千枝，是当前日本文化人类学界有关中国宗族、族谱和族群研究的重要代表，主要著作有《中国人的村落与宗族——香港新界农村的社会人类学研究》（1991）、《客家——华南汉族的 ethnicity 及其境界》（1993）、《族谱：华南汉族的宗族·风水·移居》（1996）、《中国社会的人类学——来自亲族·家族的展望》（2004）等；编著有《了解生活亚洲读本·中国》（合编，1995）、《中国文化人类学读本》（合编，2006）、《人类学：近现代中国的民族认识》（2012）等。除主持日本文部省课题《近现代客家著名人物的客家特性形成过程之研究》外，还设计、主持了《中国南部的族谱：以比较版本、手抄本之社会性功能为中心的研究》（文部省特定领域研究，2001—2004）、《关于海南岛地方文化的人类学研究》（文部省基础研究，2002—2004）等重要课题。

朱宇晶，香港中文大学人类学博士。现为华东师范大学社会发展学院人类学研究所讲师，主要研究方向为：政治人类学、经济人类学、基督教、民间借贷。本科在北京大学社会学系学习，后转到清华大学社会学系攻读硕士学位，转向人类学；2004—2006 年在《中国学术》从事助理编辑工作；之后到香港中文大学人类学系攻读博士学位，毕业论文通过呈现基督教在温州的发展历史和现状讨论分析国家、地方和教会三者之间的关系。曾参加多次国际会议，发表有 "From Borrowed Idea to Main Discourse: Religious Freedom and Religious Right in China since 1900s"（XVII ISA World Congress of Sociology，2010）、《中国 12 村贫困调查》（内蒙古、甘肃卷，撰写人之一，2009），"代理结构：基层政府与企业关系"（2002）等。

陈晨，美国芝加哥大学人类学系博士候选人。2006 年毕业于清华大学

251

人文社会科学学院，获比较文学与文化研究学士学位。2008年毕业于清华大学社会学系，获人类学专业硕士学位。2008年至今求学于芝加哥大学人类学系，其中2010年获得芝加哥大学社会文化人类学硕士学位。研究兴趣包括性别、婚姻、亲属制度、身体人类学、媒介人类学、科技与全球化等。目前正从事题为"成双结对：科技、消费与婚姻市场"的博士论文的田野研究。曾获得包括福特基金会、芝加哥大学中国研究中心等多项奖学金和研究基金的支持。曾参加多次国际会议，代表作品包括："Consuming Bridal Photographs in Contemporary China"（当代中国对婚纱摄影的消费研究）、"Public Intimacy in Beijing：Negotiating Marriage Choices in Zhongshan Park"（公共亲密性在北京：在中山公园商讨择偶选择）等。

张俊峰，毕业于山西大学历史系，获历史学博士学位，现为山西大学中国社会史研究中心副教授。曾在复旦大学历史地理研究中心从事博士后研究，先后在清华大学、日本早稻田大学等做访问学者。主要研究兴趣为水利社会史、环境史、历史人类学。发表专著《水利社会的类型：明清以来洪洞水利与乡村社会变迁》（北京大学出版社，2012）。在《历史研究》、《史学理论研究》、《史林》、《中国社会经济史研究》等学术期刊发表论文30余篇。

张瑜，女，山西大学中国社会史研究中心硕士研究生，现主要从事汾河流域人口资源环境史研究。在《历史教学》、《山西大学学报》发表论文两篇，获得2012年国家研究生科研创新项目支持。

阿梅尔·余埃特（Armel Huet），法国雷恩第二大学人类学与社会学研究所资深教授，巴黎第十大学博士。1967年创建雷恩二大社会学系，1975年创立雷恩二大社会学研究所（LARES），1995年创立后成为语言学、心理学、社会学和人类学研究的综合研究平台的人类学社会学研究所（LAS），并从1975年开始担任研究所所长直至2007年。曾担任法国研究与高等教育部社会学委员会专家、法国设备部学术委员会负责人。世界法语社会学家协会（AISLF）、国际社会学协会（ISA）和欧洲规划学院联合会（AESOP）成员。著有《城市理性，共同体与社会性》、《论休闲》、《人类学与社会学重构》、《规范游戏：公共权力的地方建构》、《城市生产与公共权力》、《交互人类学与神话的破灭》等著作和论文。曾多次参加与中国西南少数民族地区非物质文化遗产保护相关的国际学术交流活动。

　　徐振燕，毕业于中央民族大学民族学与社会学学院，获法学博士学位，研究方向为文化人类学，现为河南大学马克思主义学院民族研究所讲师。先后在《西北民族研究》、《中国人类学评论》等刊物上发表多篇论文："读格奥尔格·西美尔《宗教社会学》"（2009）；"评梁永佳《象征在别处——社会人类学探讨》"（2010）；"评格勒《藏学、人类学论文集》"（2010）；"评《最后的绅士——以费孝通为个案的人类学史研究》"（2010）；"一个民国学者的田野行走——任乃强和他的《泸定导游》"（2010）。

作者简介

编后记

　　本书的编辑正值蛇年春节，《人类学研究》迎来了第二个春天。感谢学界同人的关注和赐稿，共同推动中国人类学更加多元和健康的学术发展。

　　在"专题研究"部分，本书收录了四篇历史的研究论文。论文作者以人类学者为主，也包括了历史学者，体现了历史人类学研究的跨学科特点。在人类学特别是中国人类学的研究中，对历史的关注尤为重要，普里查德（E. Pritchard）曾经批评功能学派"在泼出了进化论推测性历史洗澡水的同时，也泼出了真正的历史这个婴儿"。他认为史学家是按照历史发展往前写历史，而人类学家则是回溯历史。"人类学要么是史学，要么什么都不是"。我们希望中国的人类学研究能够不断有历史的厚度。

　　濑川昌久教授长期从事华南族群特别是客家族群的研究，本篇论文主要探讨了客家族群在近代的象征建构，作者认为：客家作为汉族的一个"亚族"范畴在前近代至近代的中国历史演变中有一个逐渐形成的过程，一批客家学者在其中扮演了角色，特别是由罗香林所代表的客家民系研究者，对于一批客家出身的民国著名军政人物（如孙中山等）所谓"客家"性的建构过程，他们那些被强化了的"性格"是被夸张了的。作者详细分析了这种赋予著名人物以"客家"性的过程，论述了这一过程中著名军政人物的性格是如何与某种被当作族群性范畴的综合特征联系起来，又如何通过援引被当时社会作为本源性纽带予以公认的一些关系，使得这种客家性得到社会的广泛认可，并积累形成稳定的族群认同意识。本文提供了一个有益的视角，让我们以一种动态的过程观点去理解族群的文化认同之建构。

　　朱宇晶的论文通过对温州近代历史上基督教的历史命运反观地方社会和国家秩序在近代历史中的演变。作者分析了"辨（华夷之辨）、分（海内分心）、聚（民族国家）"三个历史阶段构成的连续统，这是一个围绕基督教而展开的文化生产过程。基督教的"本土化"也是一个"基督教"的建构过程，它在温州社会所遭遇的问题化并不仅仅是一个殖民侵略的问题，它和当时的国家政治与地方的世俗政治、教内政治紧密联系在一起，是一个被不断塑造和建构的客体。如反洋教运动中所谓的东西方文化冲突并非

是基督教传入时的本来问题，而是在特定年代的国家和地方社会冲突中被"问题化"的。反洋教运动也并非简单的"民族主义"所促生，基督教作为现代民族国家建设中的一个重要"他者"，与民族主义互为文化手段，一方面文化精英向普通民众启蒙了民族主义的概念和话语，另一方面有着民间社会"自下而上"的推动。本文有助于我们理解一个作为建构过程的"中国的宗教"以及当代社会中的宗教"中国化"。

陈晨的论文通过 1911—1928 年清华学校的身体规训技术，探讨了"现代性"的文化实践。"现代性"是 19 世纪末 20 世纪初知识精英所追求的目标和时髦的社会话语，清华学生在追求"现代性"的过程中是以本土的文化认知和传统资源来"转译"西方现代性的。换句话说，"现代性"并非简单外来的文化侵略，它在很大程度上是出于文化压力中的中国社会"自找"的。"现代化"之路伴随着国家改造并关联到国民身体改造。清华学生发展出一套"身体—国家"的身体观，认为对自身身体的规训有助于改变中国这个"东亚病夫"的国家身体，由此可以去国疾而强国势。"现代性"因为不同的社会诉求和文化实践，呈现出一种游移不定，帝国主义的教化工程、进化论式的民族主义"自省"、儒家修身治国的道德话语均融合在学校的规训实践与清华学生对于规训的认知之中。"现代性"的内涵与形式不断在身体规训中被商讨并不断被赋予新的文化意义。

张俊峰和张瑜的研究讨论了山西汾河流域水利社会中宗族势力，尝试理解宗族在区域社会发展尤其是水利发展中所起到的作用。作者强调了宗族与水利两者之间互有影响的特点，宗族凭借水利发展，水利亦依靠宗族而得以创立和发展。在宗族与水利之间，须综合讨论国家、宗族、村庄、水利的复杂关系，实现对宗族与水利关系的准确理解，以便能够跳出宗族看宗族，跳出水利看水利。作者的一个理论关怀是将"北方宗族"作为一个研究概念，尝试与华南宗族的研究进行对话与思考，希望探讨"北方宗族的生成与发展而言，是否也经历了一个所谓的文化创造过程，如果有，这个过程是如何开展的。如果没有，其是否有一个自身独有的历史发展脉络，比如近来已有研究者提出北方宗族是中国宗教的早期形态等，但是这个早期形态是如何发展演变的，恐怕仍有继续讨论的必要"。

在"理论研究和学术史"部分，本卷收录了两篇论文。一篇是对上个世纪产生于法国的"中介理论"的介绍，这一长期以来一直沉睡的理论，正在当今人文社会科学的困境中缓慢苏醒。另一篇是老一辈学者任乃强的学术史研究，是一篇值得研读的学术史研究。

"中介理论"对读者是一个陌生且多少有些艰涩的理论，本篇论文只是一个初步的介绍，作者余埃特教授是中介理论创立者法国学者让·加涅般的学生，他运用这一理论撰写了博士论文并长期进行相关研究。所谓"中介"，就是人与其生存世界之中间连接，即人类的理性。换句话说，人之所以能够生存于世界，乃因人具有理性。这一理性与韦伯的社会行动的价值理性和工具理性等理性不同，它是人之所以为人的基本能力。人类通过如下四种模态的中介与现实世界建立关联，并在无意识状态下对其形式化：（1）逻辑模态，人类据此进行推理、思考和阐述；（2）技术模态，人类以此来对世界进行改造；（3）社会模态，或说群体－政治模态，人类借此建立社会关系，进而形成制度和社会；（4）伦理模态，人类借此有选择地满足自身欲望，从而获得自由。中介理论的重要意义之一在于它尝试挑战近代以来的人文社会科学。该理论认为科学主义和历史主义的做法都不可取，中介理论的使命在于思考人如何认知自身所面对的社会历史世界，如何将超越时空限制的人的认知机制形式化。要理解人类的理性，数学统计或者意义阐释方法都嫌不足，需要科学实验即临床人类学的实验方法（尚需推广到广义临床即田野和生活中的人类学认知与行为实验——编者），并以此超越传统意义上生物性和文化的两分。

在"任乃强和他的《西康图经》"一文中，徐振燕以任乃强的治学经历，探讨了20世纪30年代前后的一代知识分子如何以被种种新的思想笼罩起来"天下观"的思维模式，在边疆研究中展开他们眼中的国家、民族和文明的图景。论文分析了任乃强以什么样的心态同时面对两个"他者"——西方科学思想和康藏民族文化。一方面，这种书写基本顺应了国民政府的号召，试图以帝国体制下"中央朝廷"和"地方郡县"的对应情境来体现当前政治统治合法性；另一方面，"中央"与"地方"的对应关系在"边疆"这一特殊地带被蒙上明显的"教化"色彩，体现为任乃强志书书写中强烈的"经世致用"特征。在中西交杂的研究理论和方法背后，正如作者已经涉及的，不同学者们的研究动机是学术史需要特别关注的。

编者

2013 年 2 月 12 日

编后记

稿　约

　　《人类学研究》是一份由浙江大学社会科学研究院主办的、立足于中国经验而追求深度学术问题的专业出版物，目的是为中国以及海外中国经验研究者提供一个学术交流平台，促进中国人类学及世界人类学发展。

　　《人类学研究》注重发表建立在经验或实证研究基础上的学术探索，即通过具体的民族志加以人类学理论提升。当然，我们也欣赏呈现清晰学术发展脉络和指明未来研究方向的学术史力作。这样的作品可以是全局性的，也可以是针对某项研究的或某个问题的，同样要求富有深透性理论关怀。

　　我们希望著者在每篇文章中充分梳理前人已有的研究，告诉读者前人已解决了哪些问题，哪些问题还没有解决或解决得不够好；与其他学科相比，论文的人类学视角是什么，它相比其他学科带来了怎样的启示，以及在论文的结尾能够凸显出何种诠释新意与新论。

　　为此，我们推崇在某个领域长年投入辛勤劳动的敬业学者的稳健之作，我们也乐于介绍青年才俊的新锐作品，然而，认真的学术积累是获得研究的意义和价值的共同前提。这不仅指其个人的学术造诣，也包括其师承、流派一代代人的递进性探索。我们只有尊重前人的成果，不浪费前人的劳动，才能深拓精进，显现出人类学学科的对话品性和反思特征。

　　《人类学研究》现每年出版两本，每本选入六七篇文章，每篇文章篇幅在三万字上下，个别稿件可达四五万言，目的在于使著者充分阐述自己的观点。《人类学研究》主要发表立足于人类学领域的优秀文章，对于别开生面的新兴领域和交叉学科之作，只要选题意义重大，且有带动未来某个领域发展方向的潜力之作，也会积极采用。我们以刊登人类学家的作品为主，适当登载具有人类学问题意识和带有人类学方法论色彩的社会史、民俗学、社会学等领域的优秀论文。以下为投稿体例。

　　一、稿件一般使用中文。作者可以通过电子邮件投稿，也可将打印稿一式三份邮寄到相应联系人住址。

国内联系人

张猷猷

地址：浙江省杭州市西湖区玉古路浙江大学求是村 11 幢 506 号

邮编：310013

电邮：zyy123828@163.com

国外联系人

方静文（Fang Jingwen）

地　　址：Harvard-Yenching Institute, Vanserg Hall, Suite 20, 25, Francis Avenue, MA 02138

电邮：shamrock410@126.com

二、稿件的第一页应包括以下信息：

（1）文章标题；（2）作者姓名、单位以及通信作者的通信地址和电子邮件地址。

稿件的第二页应提供以下信息：

（1）文章标题；（2）200 字以内的中文摘要；（3）3—5 个中文关键词；（4）文章的英文标题、作者姓名的汉语拼音（或英文）和作者单位的英文名称；（5）200 字以内的英文摘要。

三、文章正文中的标题、表格、图等编号必须连续。

一级标题用一、二、三等编号，二级标题用（一）、（二）、（三）等，三级标题用 1、2、3 等，四级标题用（1）、（2）、（3）等。一级标题居中，二级及以下标题左对齐。前三级标题独占一行，不用标点符号，四级及以下与正文连排。

四、每张图必须达到出版质量，行文中标明每张图的大体位置。

五、注释和参考文献应在引用文句左上角处，用阿拉伯数字加圆圈（如①②③）标出，并在文末标明该注释引自何文。体例如下：

①杨必胜、潘家懋、陈建民：《广东海丰方言研究》，北京：语文出版社，1996 年，第 2 页。

②孙衣言："会匪纪略"，载马允伦编：《太平天国时期温州历史资料汇编》，上海：上海社会科学院出版社，2002 年，第 128 页。

③ Soothill, William Edward, *A Mission in China*, London: Turbull and Spears, 1907, pp. 43-44, 69-70.

《人类学研究》编辑部